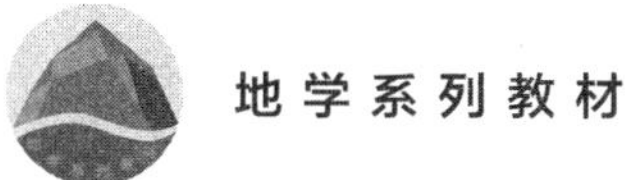

地学系列教材

环境地质学

（第三版）

主　编　潘　懋　李铁锋

中国教育出版传媒集团
高等教育出版社·北京

内容提要

本书是 1997 年地震出版社出版的《环境地质学》的第三版。2003 年由高等教育出版社出版的《环境地质学》(修订版),被列为普通高等教育“十五”国家级规划教材。

本书以人地关系为主线,系统阐述了环境地质学的基本概念、基本理论、研究内容和基本工作方法。全书共分九章,在概述环境地质学基本概念和理论体系的基础上,探讨了环境地质学理论研究的主要问题,详细地论述了各种地质资源的赋存特征、供求状况及其开发利用对地质环境的影响,探讨了地质灾害对人类生存环境的破坏、人类活动与地质环境的相互作用和影响、表生地球化学环境与人体健康的关系,最后介绍了环境地质调查评价与制图的基本研究方法。

本书可作为高等学校地质科学、地理科学及环境科学等专业本科生和研究生的教材或教学参考书,亦可供从事环境地质、生态地质、环境保护与环境规划研究的专业技术人员参考。

图书在版编目(CIP)数据

环境地质学 / 潘懋,李铁锋主编.--3版.--北京:高等教育出版社, 2023.2

ISBN 978-7-04-059720-2

Ⅰ.①环… Ⅱ.①潘…②李… Ⅲ.①环境地质学-高等学校-教材 Ⅳ.①X141

中国国家版本馆CIP数据核字(2023)第011131号

Huanjing Dizhixue

策划编辑 陈正雄　　责任编辑 杨　博　　封面设计 张雨微　　版式设计 王艳红
插图绘制 李沛蓉　　责任校对 刘娟娟　　责任印制 田　甜

出版发行 高等教育出版社
社　　址 北京市西城区德外大街 4 号
邮政编码 100120
印　　刷 北京市科星印刷有限责任公司
开　　本 787mm×1092mm 1/16
印　　张 15.75
字　　数 380 千字
购书热线 010-58581118
咨询电话 400-810-0598
网　　址 http://www.hep.edu.cn
　　　　 http://www.hep.com.cn
网上订购 http://www.hepmall.com.cn
　　　　 http://www.hepmall.com
　　　　 http://www.hepmall.cn
版　　次 1997 年 8 月第 1 版
　　　　 2023 年 2 月第 3 版
印　　次 2023 年 2 月第 1 次印刷
定　　价 31.90 元

物 料 号 59720-00
审图号:GS(2022)604 号

环境地质学

(第三版)

主　编　潘　懋
　　　　李铁锋

1 计算机访问http://abook.hep.com.cn/1222693，或手机扫描二维码、下载并安装Abook应用。

2 注册并登录，进入"我的课程"。

3 输入封底数字课程账号（20位密码，刮开涂层可见），或通过Abook应用扫描封底数字课程账号二维码，完成课程绑定。

4 单击"进入课程"按钮，开始本数字课程的学习。

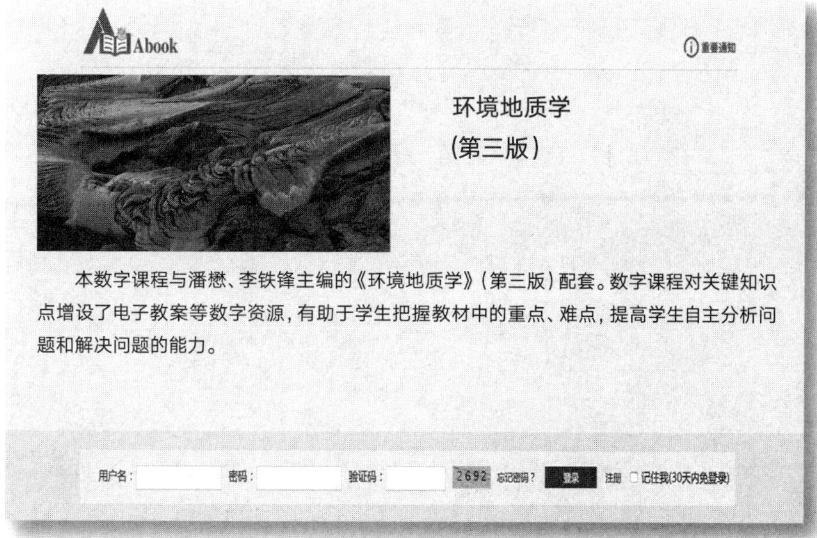

课程绑定后一年为数字课程使用有效期。受硬件限制，部分内容无法在手机端显示，请按提示通过计算机访问学习。

如有使用问题，请发邮件至abook@hep.com.cn。

http://abook.hep.com.cn/1222693

编辑联系方式：yangbo1@hep.com.cn

第三版前言

《环境地质学》1997年出版后，受到地质科学、地理科学及环境科学等专业师生的欢迎。2003年，本书被列为普通高等教育"十五"国家级规划教材，并改由高等教育出版社出版。此版为本书问世23年的第三版。

20多年来，随着现代科学技术的蓬勃发展和人类活动对地球表层翻天覆地的改变，人地相互作用的深度和广度呈现出前所未有的变化，环境地质学基本理论、基本工作方法得到极大丰富和提高。本版的修订，力求体现继承发扬和有限外延的原则，主题内容和章节安排继承了原书框架，修改、更新了有关内容和数据，补充了环境地质学研究的前沿问题等内容，删除了多数人较少接触的放射性废物处置方面的内容，将"能源与地质环境"一章并入"矿产资源开发与地质环境"。

本书的修订过程，得到了许多同事的帮助，马学军提供了有关地面沉降和地裂缝的相关数据，王雨山、魏建朋协助绘制了书中部分插图。高等教育出版社地学编辑人员为本书的出版付出了辛勤劳动。在此向他们表示衷心的感谢。

由于编者水平有限，虽经努力，《环境地质学》第三版难免仍有不足之处，希望读者批评指正，提出宝贵意见。

作　者

2020年11月30日

第二版前言

自本书第一版出版迄今已5年有余。5年多来，环境地质学已经成为地球科学不同领域交叉渗透的前沿学科，一系列理论研究成果和重大环境地质问题的解决进一步完善了环境地质学理论体系，RS、GNSS和GIS等高新技术和手段为环境地质学从定性到定量、从宏观到微观、从浅部到深部的多层次系统研究提供了广阔的前景。国内一些学者相继编著出版了各具特色的环境地质学教材，高等院校的地球科学专业更加注重培养环境地质理论研究和工程实践的人才。

本书以潘懋、李铁锋、孙竹友编著的《环境地质学》（地震出版社，1997年8月第一版）为蓝本，保持了原版的篇章体系，充分吸收国内外的最新研究成果，增加了环境地质学研究方法的论述，使学生在掌握环境地质学基本理论和方法的同时，能够运用所学知识积极参与灾害治理与环境保护的实践。

本书编写过程，得到了许多同事的支持和帮助；北京大学教务部教材办公室对本书的编写和出版给予了大力支持。地震出版社的王伟先生协助办理了本书版权的转让事宜。本书出版过程中，高等教育出版社徐丽萍先生付出了辛勤的劳动。在此向他们表示衷心的感谢。

书中错误和不妥之处，恳请读者批评指正。

潘　懋

2003年5月28日

于北京大学逸夫贰楼

第一版前言

随着人口的剧增和工业化进程的发展，地球环境遭到了不恰当的开发和破坏，使人类面临诸多的环境问题。人们逐渐认识到发生于地球表层环境的全球性重大变化正在直接影响着人类的生存和社会发展。1992年联合国第二届环境与发展大会通过了《21世纪行动议程》，使世人更加意识到环境保护的重要性和迫切性。20世纪90年代被联合国确定为"国际环境教育十年"和"国际减灾十年"。最近几届国际地质大会一再强调，为了解决当前许多环境问题，特别是全球性环境问题，地质学家应该为此做出贡献。当代地质科学比以往任何时候都更有能力研究和解决人类社会发展中的许多重大问题。同时，人类生存和社会发展对地质科学的要求也越来越高。许多国家的地质机构已把工作重点逐渐转移到环境地质调查、研究方面上来。

我国人口众多，经济上属于发展中国家，环境问题更加严重。许多环境问题是由于不合理利用各种地质资源、不当进行工程建设而造成的。目前，我国在环境地质研究方面，已开展了大量的调查工作，并取得许多重要成果。许多高等院校的相关学科纷纷调整专业方向，注重培养环境人才；传统水文地质、工程地质工作多数已被环境地质工作所代替，具有我国特色的环境地质学理论体系正在逐渐形成。

本书的编写集作者多年的教学经验和科研成果，同时参考了国内外大量的最新研究成果。全书共分十章，第一、二章分别介绍了环境地质学的基本概念、研究内容和环境地质学理论研究的几个前沿问题；第三、四、五、六章分别论述了土地资源、水资源、矿产资源和能源的供求状况及其开发利用对地质环境的影响，以及资源保护和可持续利用；第七章介绍了地质灾害的特征及其对人类的影响；第八章叙述了几种主要人类活动与地质环境之间的相互作用和相互影响；第九章论述了地质环境与人体健康的关系；第十章以地质环境质量评价为主要内容论述了环境地质学的基本工作方法。

环境地质学的理论体系和研究方法正处在不断发展和完善之中，某些方面的研究和探索还很不够。由于我们的水平有限，书中难免存在缺点和错误，恳请读者批评指正。在本书编写过程中，得到了许多同事的支持和帮助；书中图件由河北地质学院李艳秋老师清绘。在此向他们表示衷心感谢。

作　者

1996年7月

目　录

第一章　绪　　论

第一节　环境地质学的研究对象、内容与分科

一、环境地质学的研究对象和任务

随着地球环境的日益恶化和自然灾害的频繁发生，人们已经意识到所有的环境问题都与地质环境密切相关。一方面，大地构造循环、岩石循环、地球化学循环、水循环对大陆与海洋的分布和全球性气候变化起着决定性作用，控制着地貌、岩石、矿物、土壤、水体的空间分布。另一方面，人类的生存离不开地质环境，地质环境是支撑人类生存和发展的重要基础；而且，随着世界人口剧增和经济迅速发展，矿产资源、土地、地下水等开发力度加大，人类活动深刻影响和改变了地质环境，地下水资源衰减、地质灾害、矿山环境地质问题、环境污染等环境地质问题频发，社会影响巨大。人类与地质环境之间存在着相互作用、相互制约的密切关系。

环境地质学是地质科学中一门新兴的分支学科，也是环境科学的重要组成部分。它应用地质科学、环境科学，以及其他相关学科的理论与方法，研究地质环境的基本特性、功能和演变规律及其与人类活动之间相互作用、相互制约关系。其研究对象是人类社会与地质环境组成的复杂系统。

环境地质学的任务是在分析地质环境组成要素的特征和变化规律的基础上，研究人类活动与地质环境的相互关系，揭示环境地质问题的发生、发展和演化趋势，全面评价地质环境质量，提出地质环境合理开发、利用和保护的对策与方法，为实现人类社会、经济的可持续发展提供科学依据。

二、环境地质学的研究内容

环境地质学属应用地质学，研究内容十分广泛，一切与人类有关的地质环境问题都属于环境地质学的研究范畴。但迄今对其所应研究的内容尚无统一认识。概括起来，其主要内容应包括下列几个方面。

1. 全球变化的研究

全球变化研究是环境地质研究基础性工作，海洋－大气－陆地相互作用与水循环研究、元素迁移的环境地球化学研究、过去事件和作用过程的高分辨率研究、陆地生态系统对全球变化的

响应、地表过程及其环境效应、晚更新世以来地质环境演化与未来生存环境变化趋势预测、人类活动对全球变化的影响等问题的研究已受到国际地学界的普遍重视。

2. 区域环境地质问题的研究

区域地质环境调查、评价和预测，是环境地质研究最基本的内容之一，也是环境地质工作服务于国土整治和环境保护的基本手段，主要包括区域地质环境背景值调查、地质环境质量现状综合评价、不同比例尺的环境地质填图、各种环境地质问题的调查与研究。在此基础上，对区域地质环境的演化趋势进行预测，为国民经济规划和国土空间开发利用服务。

3. 资源开发环境地质问题的研究

主要研究人类与资源、地质环境之间的相互作用和相互制约关系，研究各种资源（矿产资源、水土资源、生物资源、风景资源等）的分布格局及其与地质环境的关系，研究资源的可开采性和可利用性，以及资源开发利用对生态系统物质循环和能量循环的影响，研究资源开发的综合调控机制和优化技术，保证地质环境向良性循环方向发展。

4. 地质灾害研究与防治

研究在内、外动力地质作用下所产生的各种地质灾害，研究其发生机制、时空分布规律与成生联系，开展地质灾害风险评估，建立区域或重点地区地质灾害监测预警系统，制定科学、经济、合理的地质灾害防治规划与措施，制定减灾、防灾、灾后恢复与重建方案等。

5. 城市环境地质研究

由于城市建设速度快、人口增长迅速，人类活动集中，对城市环境的影响作用较强，常形成特殊的环境地质问题，如“三废”污染、水资源枯竭、地基沉陷、水资源开发引起的地面沉降和海水入侵等。因此，必须研究城市环境污染与破坏的原因和机制，以及防治措施，建立城市地质环境监测系统，开展城市地质环境质量综合评价和变化趋势预测，编制城市环境地质图系，提出城市环境地质问题的防治对策，为城市规划和建设提供依据。

6. 重大工程建设的环境地质研究

目前，人类大规模工程建设活动对地质环境的影响越来越显著。对人口聚集、经济建设活跃地区的环境影响更为严重。因此，必须研究人类各种工程活动（建筑工程、采矿工程、水利工程等）与地质环境的相互关系，重点研究人类工程活动对地质环境的反作用及由此而诱发的各种地质灾害，开展地质环境容量评价、地质灾害风险评价和移民工程地质环境质量损益评价等。

7. 地下空间开发利用的环境地质问题研究

研究地下空间资源禀赋和断层活动性、地下岩土体结构、含水层渗透性、土体承载力、岩溶塌陷等制约因素，研究各类地下空间开发利用特征，分析地下空间开发利用可能引起的地下水渗流场改变、涌水突泥、岩溶塌陷及对周边建筑物影响等环境地质问题及其发展趋势，提出地下空间开发利用地质环境效应防治对策。

8. 医学环境地质研究

探索地质环境对人体健康的影响，特别要研究能引起人类某些疾病的发病率和死亡率增高的地质因素。同时，要研究各种污染物质直接或间接影响或危及人、其他动物的健康和生命的机制及防治措施。

目前，医学环境地质研究已不限于地方性疾病，开始涉及人体必需元素或有害元素对生命作用的多方面研究。因此，医学环境地质研究将在与生命科学的结合中不断丰富和发展。

9. 生态环境地质研究

生态地质研究是国土资源规划与管理的基础，研究内容具有综合性，包括地质环境的状态性质、生态地质环境对人类生存的制约作用、地质环境变化对生态系统平衡的影响和作用、人类活动对生态系统的影响、地质环境与生态系统之间的关联性规律。

10. 流域尺度水资源平衡与综合管理研究

研究地表水和地下水的生态功能、相互作用与转化，促使地表水和地下水向良好的生态状态和化学状态转变，评价河流盆地及其子流域的水资源量和水平衡状态，保障水质良好的淡水资源可持续利用与公平利用，通过实施河流盆地管理规划改善土地利用、治理水土污染、控制废物排放、提升资源管治能力，支撑社会经济、环境与生态的可持续发展。

11. 三维地质填图与模型构建

地球系统由复杂的三维地质构造格架与动态变化的地质过程组成，为准确反映自然地质实体，满足水资源管理、地质灾害防治和资源开发等的需要，三维 / 四维地质填图与模型构建成为现代环境地质学研究的重要内容之一。参数化三维地质模型不仅形象地展现了三维空间地质体，还被赋予了相关的地层属性、水文地质参数（如渗透系数、给水度）、工程地质参数等属性数据。

12. 地质环境保护与生态恢复技术研发

针对农业开发环境地质问题与洪水灾害，研究河流缓冲带、沿岸生境、湿地与洪泛滩区等生态系统修复技术；针对污染或退化的土壤，开展生态修复技术研发并加强其应用，促进污染场地的修复与治理；针对化石燃料对环境的负面影响，开展 CO_2 地质储存技术研发和工程示范；针对滑坡、泥石流灾害，研发监测预警关键技术，开发不同尺度滑坡、泥石流风险定量评估与管理工具；针对资源利用，研究水、土地、矿产资源利用效率评估方法与技术，通过资源效率推进集约节约利用自然资源。

13. 资源环境承载能力与国土空间综合利用研究

资源环境承载能力是衡量人地关系协调发展的重要判据，是衡量区域可持续发展的重要指标之一。主要采用专家打分法、统计学方法、系统动力学方法等对资源承载力要素系统（土地资源承载力、矿产资源承载力、水资源承载力等）和环境承载力要素系统（国土空间环境承载力、水环境承载力、旅游环境承载力等）进行综合分析计算，以定性和定量相结合的方法来表征区域资源环境系统对社会经济的承受能力，为优化国土空间功能结构、提高国土空间利用效率、改善国土空间环境质量、促进区域社会经济协调可持续发展提供决策支撑。

14. 地质环境安全监测

开展地质环境空、天、地一体化监测体系研究，优化升级地表水监测、地下水监测、土地利用监测、区域地面沉降监测、矿山地质环境监测、地质灾害监测、饮用水源地保护区监测的方法手段和监测内容；加强监测数据实时获取、传输与分析技术方法研究，为资源环境承载力监测、地质环境与自然资源综合管理提供实时、可靠、准确、全面的监测数据。

15. 现代科学技术在环境地质学中的应用研究

环境地质学是一门高度综合性的交叉性新兴学科，涉及内容广、研究领域多，地质环境监测数据量大。

计算机及网络通信、遥感（RS，remote sensing）、全球导航卫星系统（GNSS，global navigation satellite system)、地理信息系统(GIS, geographic information system)、虚拟现实(VR, virtual reality)、海量数据存储等高新技术的发展,为地质环境监测数据的自动化传输、管理、分析和可视化提供了极大的方便。利用这些先进科学技术,国际上已建立了全球环境观测系统、地震灾害监测网、全球陆地观测系统等监测网络。基于地理信息系统,建立环境地质信息数据库、研究各类环境地质信息处理技术、模拟分析各种环境地质灾害的演化过程也是环境地质学研究的关键课题之一。

非线性科学理论与方法、模仿生物学习功能的自学习系统在研究地震、滑坡、崩塌等环境地质问题的渐变性与突变性,以及人类工程活动与灾害过程“自组织临界”特性的关系等方面的应用也越来越受到重视。

三、环境地质学的分支学科

目前,环境地质学还没有形成系统的学科体系,但作为一门综合性的科学,正不断发展出许多新的分支学科。

根据研究对象、内容的差异,以及学科的特点,可将环境地质学分为理论环境地质学、综合环境地质学、部门环境地质学、灾害地质学、社会环境地质学、环境地质技术方法等。如果把环境地质学作为一门应用地质学,则按地质学基础性学科的分支,环境地质学可分为:环境水文地质学、环境工程地质学、环境地球化学、环境地貌学、环境矿产资源学、环境医学等。

目前,比较成熟的分支学科主要有:① 环境水文地质学;② 环境工程地质学;③ 环境地球化学;④ 灾害地质学;⑤ 城市环境地质学;⑥ 矿山环境地质学;⑦ 农业环境地质学等。其中环境水文地质学的迅速发展,又进一步分化,向更低一级的分支学科发展,如区域环境水文地质学、污染水文地质学、医学水文地质学等。

随着地质学各个分支学科向环境科学的交叉渗透,环境地质学的学科体系正在不断充实和完善。许多重大环境地质问题,如区域稳定性评价、滑坡、泥石流、诱发地震、地面沉降、海水入侵、岩溶塌陷、固体废物处理等,都已形成新的专门学科。1997 年 1 月,中国科学院与原国家环境保护总局联合成立地质环境系统研究中心,将其理论研究定位于“环境动力学”,重点开展现代地质环境的形成机制和系统各要素相互制约、相互作用的规律研究。从环境污染治理、保护环境和可持续发展的角度来研究矿物资源的开发利用则形成了“环境矿物学”。

第二节 环境地质学的研究方法及与其他学科的关系

一、环境地质学的研究方法

环境地质学是在地质科学、社会科学、环境科学和现代科学技术基础上发展起来的一门新兴交叉学科,研究内容既包括由水圈、大气圈、生物圈、岩石圈相互交汇的自然地球系统,又包括人类活动与自然系统的相互作用及其发展、演变过程。环境地质学研究所遵循的原则与上述学科密切相关,概括起来体现在研究对象的区域性、研究思路的系统性、研究方法的综合性与多样性、研究成果的实用性等方面。环境地质学的研究方法必须与上述特点和环境地质学的研究内容相适应。

1. 自然历史分析法

自然历史分析法是传统地质学的基本研究方法，它也适用于环境地质研究。环境地质学所研究的对象，即人类－地质环境体系是在自然地质历史过程中形成的，而且随着所处条件的变化，还在不断地发展演化着。通过已有环境地质问题的形成条件、机制和环境地质作用的研究，类比预测未来可能产生的变化和问题，是人类能动调控人类－地质环境体系和保护改善地质环境的前提条件。因此，“由已知推未知”的自然历史分析法是环境地质研究必须遵循的基本研究思路。

2. 地球化学法

通过对化学物质在环境中的迁移转化规律的研究，以及对矿物组成和结构特征的研究，探索地质环境的变化。如水土流失现象与风化过程相关，而风化速率又同组成岩石的矿物性质和外部水热条件有关，通过对矿物成分和物理化学性质的测定和研究，可以评价风化作用的进程。又如克山病、氟中毒等疾病的地区分布与某些环境地质因素相关，研究这种特定区域地质环境中化学元素的丰度及其在各个生态环节中的运动规律，有利于揭示人体健康与地质环境间的内在联系。

3. 系统分析方法

环境地质学的研究对象是具有复杂圈层结构、层次分明的人地环境系统，涉及自然地球系统和人类社会经济活动等诸多方面因素。在确定各种环境要素之间的关系，综合分析影响地质环境质量的地球动力和人类活动之间的相互作用的基础上，必须应用现代数学原理和计算方法，包括灰色系统分析方法、线性或非线性系统分析方法、耗散结构论、非线性动力学等理论，系统揭示环境污染、土地荒漠化、地震与火山活动、崩塌与滑坡等环境地质问题的发生过程、机制和规律。重点剖析大气圈、水圈、岩石圈和生物圈的相互作用，以及人类活动对全球环境和生态系统的影响，建立表达人地环境系统相互作用的动态模型，为生态破坏、环境污染和地质灾害等环境地质问题的预防和治理提供有效的优化方案。

4. 环境地质制图方法

环境地质问题具有空间性、动态性和综合性。分析、研究环境地质问题，全面、系统地调查收集资料并绘制专题图件是最基本的方法，包括对自然的、社会的环境要素的调查、描述、取样和监测，掌握地质环境值特征，分析环境地质问题的发生机制、分布规律，进行环境地质图件的编制。

环境地质图不仅能表示出某一时刻的环境状态，还能揭示出随时间流逝而发生的演化趋势。因此在环境地质图中，除了应用各种颜色和线条等制图语言外，还要有数字和数字符号。这些数字和数字符号同一定的环境数学模式相关联，借助计算机技术和虚拟现实技术，建立地质环境要素数据库和图形库，可根据更新的数据随时编制动态的环境地质图，可实现环境地质问题的虚拟现实表示。

5. 模型模拟与预测方法

模型模拟是在环境地质调查、资料收集和分析测试基础上进行的研究方法。模型方法是对环境系统的结构、功能和演化特征进行模拟和仿真，主要有结构模型、评价模型、仿真模型和预测模型等。

环境地质研究还需从时间、空间和强度上对环境地质问题的演化作出预测，减轻或避免因环境地质问题而引发的灾难和损失。预测方法主要立足于以下三个方面：① 以监测为主要手段的预测预报研究；② 基于成因机理的预测预报研究；③ 数学模型模拟预测研究。预测模型大体上可分为统计预测模型、数值模拟预测模型和系统预测模型。目前，基于非线性动力学理论的突变论、混沌、分形和耗散结构论等建立起来的灾害预报模型亦得到广泛应用。

6. 环境地质评价方法

环境地质评价的目的是通过揭示环境地质问题的发生和发展规律，评价其危险性及其对人类造成的破坏损失，分析人类社会在现有经济技术条件下防灾减灾的能力，运用经济学原理评价灾害防治和污染治理的经济投入及其环境效益、经济效益和社会效益。评价方法主要有模糊聚类法、模糊综合判别及系统分析法等。评价内容包括强度评价、危险性评价、破坏损失评价、社会经济易损性评价和防治工程评价等。

开展环境地质评价，必须建立一套符合区域环境特征的综合评价指标体系，构建科学、合理的评价模型，在环境地质评价的基础上，开展环境地质区划研究。

7. 现代科学技术方法

现代及未来环境地质学研究，更普遍采用的方法和技术手段是观测和探测技术、测试与分析技术、模型与实验技术和资料信息的计算与处理技术。遥感（RS）、全球导航卫星系统（GNSS）、地理信息系统（GIS）、全球数字地震台网（GDSN，global digital seismic network）、甚长基线干涉测量技术（VLBI，very long baseline interferometry）、环境同位素技术，以及物理、化学、生物的分析测试方法等高新技术和手段为环境地质学从宏观到微观、从定性到定量、从浅部到深部、从地球到宇宙空间的全方位多层次的研究提供了广阔的前景。

目前，人文、社会和经济科学的有关理论与方法也被应用于环境地质研究中，使环境地质研究的思想方法、理论方法和技术手段在实践中不断得以提高和丰富。

总之，环境地质学研究应以系统分析法为主线，以信息方法贯穿始终，通过重点区域实地考察、综合观测、模拟实验、剖析典型地质事件和生态环境事件等途径，直接获取环境变化的大量信息，并利用电子计算机进行信息加工处理，揭示地球表层系统与人类社会系统的演化规律和控制因素，阐明地球各圈层相互作用机制，预测地球表层未来变化的趋势。

二、环境地质学与其他学科的关系

地质科学以岩石圈作为主要研究对象，环境地质科学不仅研究岩石圈，而且还要研究岩石圈与大气圈、水圈、生物圈和“智慧圈”的相互关系。地质环境既受自然环境（主要包括大气环境、水环境与生态环境）的制约与影响，又与人类活动密切相关。所以，环境地质学既要研究地质环境与自然环境的相互关系，还要研究地质环境与人类或人类社会，即与社会经济系统之间的相互影响与相互作用。由此可见，环境地质学包括自然科学与社会科学的许多领域，涉及的范围非常广泛，而且错综复杂，因此，必须应用现代科学的新理论、新方法，如系统论、信息论、控制论，及相应产生的系统科学、信息科学和现代应用数学等，建立新的理论体系。

环境地质学作为地质科学中的一门新兴学科，是地质科学与环境科学两者互相渗透重新组合而形成的一门边缘学科。地质科学中的地层学、岩石学、地质构造学、第四纪地质学、水文地质学及工程地质学等的基本理论，仍然是环境地质学的基本理论。但要解决环境问题，地质科学的基本理论还必须与环境科学中的基本理论——特别是环境质量的基本理论和有关监测系统的基本理论——相互融合起来，形成新的理论基础。这就涉及环境科学中有关环境管理学、环境控制学、环境监测学、环境工程学和环境经济学等学科的基本理论，这也是目前建立环境地质学新理论体系中的一个薄弱环节。

由于环境地质学研究内容的高度复杂性，特别是许多有关因素的可变性与非确定性，所以既要应用复杂巨系统的理论进行系统分析，纳入系统工程的轨道，还要应用和引进非线性动力学和耗散结构学等现代复杂理论，来创建新的理论体系，同时还需要配合诸如数值模拟、物理模拟等新方法和遥感、同位素等技术，建立遥控监测系统、数据库系统、专家决策系统等，开展环境发展趋势的预测预报。总之，环境地质学是正在迅速发展中的一门学科，需要在认真总结实际经验与吸纳最新理论的基础上，创立环境地质学的理论体系，逐渐形成一门完整的、系统的、独立的学科。

第三节　环境地质学的发展简史

环境地质学成为一门独立的科学，虽然还只有50多年的历史，但是它的孕育过程却是源远流长，由来已久。人类在漫长的发展过程中，主要是通过生产和消费活动而逐渐扩大和加深自己对环境的认识，明确自己与环境的关系，并以日益丰富的知识充实环境地质学的内容，使它日趋完善地成长起来。

一、环境地质学的孕育阶段

人类是环境的产物，同时又是环境的改造者。随着时代的进步，人类开发、索取、改造活动不断增长，产生的环境地质问题也就越来越多，对人类的生命财产和自然环境带来了灾害，甚至破坏了自身的生存环境。

在开发地质环境和与地质环境恶化现象作斗争的过程中，人们不断积累知识、总结经验，逐渐提高了对地质环境的认识，萌生了合理开发环境和保护环境的思想。中国古代大禹治水，开凿运河，引浊放淤、排沟筑岸、建造台田等，都是合理开发利用地质资源和保护地质环境的典型范例。公元前3世纪荀子在《天论》一文中提出："从天而颂之，孰与制天命而用之！"即人可以征服、利用自然界，阐述了"制天命"的观点。

欧美部分国家在产业革命后，社会经济得到了很大发展，环境问题也随之大量涌现，引起了科学家的重视与警惕，开始了对环境和环境地质问题的研究与探索。

19世纪末，法国人文地理学家布拉什在其所著《人地学原理》中指出，人是一个积极的因素，自然环境提供了可能性的范围，而人类在创造自身的居住地时，又反过来按照自身的需要、愿望和能力来利用这种可能性。美国学者马什在1864年出版的《人和自然》一书中，论述了人类活动对森林、水体、土壤的影响，并呼吁开展自然保护运动。英国利物浦大学教授罗士培则引用了"协调"一词，"协调"既意味着自然环境对人类活动的限制，也意味着人类社会对环境的合理利用与保护。恩格斯在《自然辩证法》中也阐述了合理开发和保护自然环境的基本思想及两者的辩证关系，告诫人们必须节制开发活动，协调好人与自然环境的关系。

二、环境地质学的创立与发展阶段

环境事件日渐增多和突出，进一步引起了国际社会的重视。1972 年联合国在瑞典的斯德哥尔摩召开了第一次人类环境会议，发表了《联合国人类环境会议宣言》，大大促进了环境调查研究工作的进程和环境科学的形成与发展。

20 世纪 70 年代以来中国学者编著出版了《环境科学》《环境科学基础知识》《环境学概论》等一系列著作。

地质环境是自然环境的主要组成部分之一，环境地质学是环境科学的组成部分，环境地质学与环境科学得到了同步发展。Hackett（1962）最早提出“环境地质学”一词，并很快被广泛接受，出现了专门性文献。Moser 在 1969 年指出：“环境地质学是应用地质学、水文地质学、工程地质学、地球物理学和其他相关科学的原理，来研究一个地区资源如何为人类最大利益而得到发展。”1972 年英国沃德和美国杜博斯发表的《只有一个地球》一书，从地球的未来前途出发结合人类社会、经济、政治等方面讨论了环境问题，呼吁人们明智地管理地球。进入 20 世纪 80 年代，环境地质学在西方国家已初步形成为一门比较系统的学科，如美国凯勒（Keller E.A.）、科茨（Coates D.R.）、伦德格伦（Lundgren L.W.）、塔克（Taak R.W.）、蒙哥马利（Montgomery C.W.）等人都曾著过《环境地质学》，其中凯勒和蒙哥马利的《环境地质学》（*Environmental Geology*）已分别出版了第 5 版和第 7 版。国外这些版本的《环境地质学》，内容广泛，既有属于普通地质学的内容，又有飓风、洪水等自然灾害学范畴的内容。

随着国内大量环境地质问题的出现，地质环境开发和保护方面要求的提高，以及国际环境保护交流工作的加强，中国环境地质学也开始创立并得到发展。20 世纪 80 年代，环境地质学的理论与方法在中国进入了深入研究、讨论阶段。刘东生、万国江等于 1980 年提出：“环境地质学是研究人类活动和地质环境相互作用的学科，是地质学的一个分支，也是环境地学的组成部分”，“研究内容包括自然和人为引起的环境地质问题。”张宗祜于 1988 年提出：“环境地质应当是研究人类技术经济活动与地质环境相互影响的学科。”“环境地质工作中，要考虑自然 - 技术系统的空间范围的界限，考虑决定工程与地质环境相互作用的可能范围。”陈梦熊于 1995 年提出：“环境地质科学是地质科学与环境科学两者互相渗透重新组合形成的一门新的边缘学科。”孙鸿烈主编《地学大辞典》（2017 年）对环境地质学给出了权威定义，“运用地质学的基本理论和方法，研究地质环境的基本特征和演化规律、探索人类活动与地质环境相互作用的地质学分支学科。介于地质学和环境科学之间的一门边缘学科”。

李鄂荣等（1991），徐增亮等（1992）分别以 Keller（1976）的《环境地质学》（Environmental Geology, 3rd ed）为蓝本编译出版了《环境地质学》；李铁锋等（1996）编著出版了《环境地学概论》，潘懋等（1997；2003）编著出版了《环境地质学》。朱大奎等（2000）、吴志亮等（2001）、徐恒力（2003）、戴塔根等（2007）、陈余道等（2018）相继编著出版了环境地质学教材。这些教材从不同侧面广泛探讨了环境地质学的基本概念、学科特点、理论体系、研究内容和对象等内容，使环境地质学逐渐发展成了一门比较完整的独立学科。但上述教材各有特色，有的具有行业特点，戴塔根等的环境地质学教材主要针对地矿工程专业的学生，朱大奎等的教材更适合地理专业的学生，潘懋等编著的教材侧重于地质类专业的学生。

中国在环境地质研究方面已开展了大量工作，取得了许多重要的成果。中国地质学会于1987年3月正式成立了环境地质专业委员会，并召开了全国第一届环境地质学术交流会议，着重对区域环境地质、城市环境地质、地震地质灾害、环境水文地质、环境地质制图，以及新技术、新方法在环境地质调查研究中的运用等进行了交流、讨论。

自20世纪80年代中期开始，中国专门性或与环境地质有关的调查研究工作得到了广泛的开展，取得了大量成果，如：晚更新世以来地质环境演化趋势与全球变化研究、全国大江大河和重要交通干线沿线地质灾害专项调查与研究、区域性环境地质图系编制和论证、沿海经济发达地区及城市环境地质调查与研究、水资源开发引起的环境地质问题研究、农业环境地质调查研究、重大或专项工程地质调查研究和地方病调查研究等。

21世纪以来，全球和区域合作成为环境地质研究的重要组织形式，主要研究内容包括全球气候变化、全球物质和能量循环等。环境地质研究进入快速发展和完善阶段。美国、欧洲等国家逐渐确立了以问题为导向、以需求为研究目标的工作思路，环境地质研究在气候与土地利用变化、水资源利用和保护、地质灾害预警预报、城市环境地质、矿山环境地质、环境健康、生态系统等领域不断完善和深化。地球物理勘探、遥感、地理信息系统、大数据等技术在环境地质研究中得到广泛应用，全球性和区域性的地质环境监测网络不断完善。

在中国，相继开展了全国地下水资源与环境评价、城市环境地质调查与评价、大江大河（长江、黄河）环境地质调查、地面沉降调查与防治、地质灾害防治与监测预警、矿山环境地质调查、资源环境承载能力评价与监测预警、地下水污染调查与防治等环境地质调查研究工作，基本摸清了全国环境地质条件及主要环境地质问题。崩塌、滑坡、泥石流、地面塌陷等地质灾害减灾防灾理论、方法和技术研究，特别是滑坡成灾模式、高精度监测预警技术、风险评估方法、防治技术研发等方面取得了明显进展。建立了华北平原、长江三角洲和汾渭盆地地面沉降专业监测网，对地面沉降和地裂缝的形成机制、模拟预测、监测预警技术方法等进行了深入研究，基本掌握了地面沉降分布与演化特征。初步查明了我国矿山地质环境现状，编制了全国性和地方性矿山环境地质图系。建立了国家、省（市）、地（市）、县四级地下水监测网络，共计2万多个地下水监测井，监控面积达 $350\times10^4\ km^2$；地质环境监测预警能力显著提高，信息服务能力显著提升。

在人才培养方面，许多高等院校的相关专业纷纷调整专业方向，注重培养环境地质理论研究和工程实践的人才，传统的水文地质、工程地质工作多数已被环境地质工作所代替，具有中国特色的环境地质学理论体系已基本形成。环境地质学在中国地球科学人才培养中占有重要的地位。

第二章　环境地质学基本理论问题

第一节　地质环境的内涵与基本特征

一、地质环境的内涵

所谓地质环境，系指岩石圈及其表层风化产物，包括地球岩石圈和表层风化层两部分地质体的组成、结构和各类地质作用与现象。地质环境是具有一定空间概念的客观实体，它包含物质组成、地质结构和动力作用三种基本要素。地质环境的上限，是地表或岩石圈的表层；对地质环境下限位置的确定，目前有多种意见，大致可分为两类：一类是从人类活动对环境影响的角度衡量，把下限定为人类的科学技术水平和生产活动的能力所能达到的地壳深部，另一类则是从环境对人类和其他生物的适宜性来衡量，其下限达到与区域地壳稳定程度有关的地壳深部甚至地幔。

地质环境是人类生存发展的基本场所，它构成了人类生活和生产条件的客观实体。它对人类的作用可分为地质资源开发与地质体利用两大方面。地质资源开发包括人类开采地下固体矿产、石油和地下水，以及土地资源的开发利用；地质体利用主要是指人类对地质体空间利用，以及地质体的物理、化学特征及其对人类的适宜性等，人类在地球表面修建楼房、筑路架桥、开挖地下隧道、欣赏地质景观等。人类依赖地质环境生存和发展，同时人类活动又不断地改变着地质环境的化学成分和结构特征。

地质环境与大气、水、生物，甚至宇宙空间也有密切的关系，它与大气圈、水圈和生物圈及宇宙环境进行着密切的物质交换和能量流动。这种物质循环与能量交换的关系常称为“地质作用”，它们之间是一个相互开放的系统。广义而言，地质环境的空间范围包括岩石圈、水圈、生物圈、大气圈的下部，这些圈层相互影响、相互作用，彼此之间进行着频繁而剧烈的能量迁移和物质交换。

随着人类对资源需求的剧增和科学技术日新月异的进步，人类活动对地质环境的影响和作用越来越大，而地质环境对人类活动的干扰则表现出两种不同的反应趋势——良性反应（正环境效应）和恶性反应（负环境效应）。人类活动的方式和地质环境的反馈作用共同构成了环境地质学的重要理论与实践基础。

二、地质环境的基本特征

(一) 地质环境资源

地质环境资源,指地质环境系统内可供人类利用的一切物质。随着科学技术的进步,这种资源的内涵在不断地发展。在现阶段,至少有下列几个方面:① 矿产资源;② 能源资源;③ 土地资源;④ 地下水资源;⑤ 建筑材料资源;⑥ 地质景观资源;⑦ 地质空间资源等。这些地质资源,绝大多数是不可更新资源,使用后不能再生。水资源虽能得到更新,但其年可用量也是有限度的。所以,滥采、滥用地质资源,必将带来严重后果。

(二) 地质环境容量

地质环境容量,是指在人类生存和自然生态环境不受损害的前提下,某一特定地质环境单元所能容纳的污染物的最大负荷量,包括绝对容量和相对容量两个方面,前者是指某一地质环境所能容纳某种污染物的最大负荷量;后者是指某一地质环境在污染物的积累浓度不超过环境标准规定的最大容许值的情况下,所能容纳的某污染物的最大负荷量。

地质环境容量是有限的,与该地质环境单元本身的组成、结构及其功能有关,取决于地质环境组成要素,如地下水、土壤和岩石对污染物的自净功能,通过这种自净功能,地质环境对外来的污染物质进行内部消化,起到自动调节的作用。此外,通过人为的调节,控制地质环境的物理、化学和生物学过程,可以改变污染物质的循环转化方式,提高地质环境容量。

(三) 地质环境质量

地质环境质量,是指一个特定地质空间适应人类社会经济活动发展的优劣程度。一定程度上由地质环境的组成、结构、稳定性和抗扰动能力等因素决定,其好坏对人类的生活和社会经济的发展都会有很大的影响。地质环境质量的好坏,可以由以下几个方面的条件来评定。

1. 自然地质条件的稳定性

自然地质条件是决定地质环境质量的主要因素,其中最重要的有:地质构造的稳定性、斜坡稳定性、地基稳定性、岩层性质和地质灾害的发育情况。

2. 原生地球化学背景

人类生存于地球化学场的作用下,钙、镁、钾、钠、碳、氮、氧、磷等元素及某些微量元素是人体和其他生物体发育所必需的。环境中某些元素含量过高、过低或存在对人体有害的其他元素,均会给人的健康带来危害。所以,环境的地球化学背景值是地质环境质量的一个重要标志。

3. 地质资源的丰富程度

矿物资源、能源资源、土地资源、地下水资源、建筑材料资源和地质空间资源等是人类赖以生存和发展的重要物质基础,人们的生活水平与地质资源的丰富程度及其可用价值的大小密切相关。矿产资源、能源资源和地下水资源等资源的储量和开采价值也是社会财富的一种衡量指标。没有可供人类利用的各种地质资源,现代人类文明是不可能出现的。

4. 抗人类活动干扰的能力

地质环境脆弱的地区，抗人类活动干扰的能力很差，人类工程经济活动稍有不慎，就可能使地质环境状况恶化。例如，中国西北地区，气候干旱、植被稀少，自然地质环境脆弱，人类活动的轻微干扰即会出现荒漠化等环境恶化的现象；处于半干旱气候条件下的华北平原，农田水利活动不当，很容易加剧土壤盐渍化。

5. 受污染或受破坏的程度

人类对自然界的干扰日益扩大，地球上几乎已不存在未受人类活动影响的区域。天然的地质环境越来越少，人为因素对环境的影响越来越大，评定地质环境质量的好坏，必须考虑人为因素的干扰程度。废弃物导致的环境污染、大型工程活动对生态环境的破坏均不同程度改变了地质环境质量。

地质环境的整体质量取决于各组成要素的质量。但在评价地质环境质量的优劣时，除考虑各要素的平均状况外，还应找出质量最差的要素，并做出评价。因为，人类活动常常使环境质量最差的因素首先受到影响，从而引起地质环境的变异。

（四）地质环境承载力

地质环境承载力，是指在不影响人类健康并维系良好的地质环境质量、保持地质环境系统稳定或向良性发展的前提下，某一时期、某种状态或条件下，某个特定地质环境空间内地质资源禀赋和地质环境容量所能承受人类各种活动和社会经济发展的最大潜能。“能承受”是指不影响地质环境系统正常功能的发挥，所承载的是人类活动（主要指人类经济发展行为）在规模、强度或速度上的阈限值，其大小可用人类活动的方向、速度、规模等来表现。

（五）地质环境相容性

地质环境相容性是指地质环境对人类施加的某种干扰的适应性。地球上各种不同地质环境，其发生、发展受地质构造、岩性、水文、地质作用和地形条件控制。每一类地质环境都是一种具有自身特征和功能的地质空间，它们对各类工程活动的相容性是不一致的。因此，对人类活动的干扰，表现出不同形式的反应。

地质环境对人类活动的干扰有两种不同的反应趋势——良性反应和恶性反应。良性反应即人类活动的正环境效应，主要表现为：在人类活动作用下，地质环境向着稳定有利的方面发展。如在潜水位高的沼泽地和盐碱地上进行人工排水，降低地下水位，加上施放有机肥料等措施，盐碱地可以逐渐转变成好地。而在有些地区，人类活动不当，地质环境将出现恶性反应，即人类活动的负环境效应。如在黄土高原地区，脆弱的地质环境受到盲目采伐、开垦坡地、破坏植被等人类活动的影响，会加剧水土流失，使环境向着不毛之地的方向发展。应当指出，在同一类地质环境系统内，不同的工程活动，可能产生两种截然不同的反应趋势，这取决于人类活动与该地区各种环境要素之间的作用性质。

（六）地质环境的反馈作用

地质环境的反馈作用，即地质环境受人类活动干扰后对这种干扰做出某种反应的作用。地质环境的反馈作用是环境地质学的重要理论基础。

地质环境较容易受到人类活动影响。当人类活动的规模和强度超过了地质环境的承受极限后,必然导致地质环境发生变化,对人类活动做出反应。其实质就是地质环境在人类作用力影响下,对物质和能量的输入与输出的动态平衡关系进行调整。当人类作用力不大时,通过地质环境内部的调节能力,对外界的冲击进行补偿和缓冲,就可以完成这种调整过程,维持地质环境系统的稳定性,表现为不易觉察的"隐蔽的"形式;当人类作用力增大,超过其自身的调节能力时,地质环境只有通过剧烈的变动,才能建立起新的平衡关系,反馈就以"显露的"形式表现出来。

研究地质环境的反馈作用,是准确预测环境变化的基础,是环境地质学的核心问题。但是,人们至今对地质环境系统各要素之间的相互作用、相互依赖的复杂关系,能量的转换,平衡关系等反馈作用机制,尚未完全认识,需要进一步探讨和研究。

第二节　环境地质作用

一般而言,环境地质作用主要指人类与地质环境间的相互作用,具体包含:① 自然地质作用,即各种自然地质因素、自然地质现象作用于固体地球表层的作用;② 人为地质作用,即人类通过对自然界的利用、改造和保护,干预地球表层变化的各种作用。本节重点讲述人为地质作用和人地关系问题,即人类活动与地质环境的相互作用关系。

一、自然地质作用

传统地质学认为,自然地质作用是地质动力引起的,使地壳组成物质、地质构造、地表形态等不断发生变化的各种作用。有两种基本类型的作用——内动力地质作用和外动力地质作用,它们推动着地壳的运动、变化和发展。内动力地质作用,有构造运动、岩浆活动、地震作用以及变质作用、外动力地质作用包括风化作用、斜坡重力作用、剥蚀作用、搬运作用、沉积作用和固结成岩作用等。这两种基本地质作用控制和改变着地球表面的结构和形态。

二、人为地质作用

在人口剧增、社会生产力和科学技术飞速发展的情况下,地球表面受到了人类活动的强大冲击,人类活动已成为使地球表面发生变化的又一动力,产生了其规模与速率都可以同天然地质作用相比拟的人为地质作用。

人为地质作用是环境地质学的重要研究内容。人类活动的地质作用意义,随着社会经济的发展和科学技术的进步也不断扩大。当前条件下,人为地质作用的表现形式主要有以下几个方面:

1. 人为剥蚀地质作用

矿山剥离盖层,工程挖掘土石,农业平整土地等,都在很大程度上破坏地壳组成物质,改变地表形态,其地质效应同天然外动力引起的剥蚀作用完全一样。在这些区域内,人为剥蚀作用的强度与速率甚至要比天然剥蚀作用强大得多。

2. 人为搬运地质作用

人类在工程活动中，每年要移动许多地壳物质，有的是为了某种需要利用运输工具加以搬运，如填筑地基、采矿、场地开挖等；有的是由于人类对资源的不合理开发活动，造成地表物质的迁移，如盲目砍伐森林、过度放牧等引发水土流失。据估计，人类活动每年搬运的物质总量已超过了全球水流的搬运强度。天然水流的搬运作用，一般将风化产物从上游搬向下游，所搬运物质的大小随水流携带能力的大小而变化。人为搬运作用可以把物质从低处运到高处，其物质大小和流向一般随需要和人的意志而变化。

3. 人为堆积地质作用

人类活动在地球上形成了许多人工堆积土，特别是在城市地区、滨海地区，这种人工堆积土的分布面积和厚度，可以达到相当大的规模。日本东京港地区，大片土地由人工填积而成，填地范围近 40 km^2，扩大了陆地面积。

4. 人为塑造地形作用

经济建设和工程活动使地表形态发生了很大变化，形成了许多人为地貌景观，如农业上平整的土地、梯田，水利建设中兴建的水库、运河、灌溉渠系；采矿堆积的尾矿废石堆，采矿场陡壁斜坡、矿坑、陷落漏斗；城市区的人工湖、假山，道路路堤、路堑；海岸地带的防潮大堤、人工岛，围海、围湖造地，等等。其规模和速率，常常比天然外动力作用对地形的塑造还要巨大。

5. 人类活动的其他地质作用

人类活动还可以使地壳表层内的地球化学场、应力场、水动力场、热力场等发生改变，产生其他新的地质作用和地质现象。例如，在长期大规模强烈开采地下水的地区，由于开采区含水层压力的降低，导致含水层发生新的压密作用，引起地面沉降，在岩溶发育区发生地面塌陷。水动力条件的变化，引起岩石化学性质与物理性质的变化和水化学性质的改变。大型水库、深井注水等人类活动，足以促使某些断层活化，引起地震。矿业活动，可以改变某些矿物在地壳内的分布状况，发生矿物的人为迁移和富集作用。

上述人为地质作用，必然破坏地质环境在天然地质作用下的平衡条件，形成新的平衡关系。随着人口的增长，社会生产力的发展和科技的进步，人为地质作用力将愈加强大，它们对地质环境的冲击亦将更加强烈。深入研究人为地质作用现象的发生、发展，有助于评价地质环境的变化趋势。

三、主要的环境地质作用

1. 环境水文地质作用

环境水文地质作用是指地下水在人为和自然因素影响下，由水化学、水动力学、水物理学和生物学性质变化引起的对人类生产和生活环境的制约作用。按作用的机制，环境水文地质作用主要有环境水文地球化学作用、环境水动力学作用、环境水物理学作用、环境水文地质生态作用。

环境水文地球化学作用是指在一定渗流和水文地球化学条件下物质迁移、转化的作用，是决定污染物质迁移转化规律的主要作用。通过这些作用，水污染物质在环境系统中发生迁移、富集、转化、分散、净化、毒性改变，从而造成水质恶化、公害病等不良环境影响，或使水体发生净化作用。

环境水动力作用是指由地下水动力学要素变化而引起的地质环境中相间能量的交换作用，通过荷载效应、应力腐蚀效应、孔隙水压力效应、潜蚀及吸蚀效应等作用，破坏地质环境中相间或相内力的平衡，引起地面沉降、岩溶塌陷等灾害发生，地下水位的升降变化，会造成水力坡度、渗透速度、水压力等动力学特征的变化。

环境水物理作用是指地下水对热能的传播和转化而引起的建筑物地基失稳和地下水水质变坏的环境作用，由于人工热流出物的影响，水温度发生变化可引起水体热污染，影响水质和水生生态平衡。

环境水文地质生态作用是指地下水水位、水质、水温变化所产生的生态效应，以及生态系统变化对地下水的影响。地下水是生态环境系统中最活跃、最敏感的因子之一，是生态环境演化的重要地质营力，是生态环境系统中物质迁移与能量转换的重要载体。地下水运移及水中污染物转化对植被和农作物生长产生影响，甚至危害人体健康，湿地等生态系统变迁也会改变地下水运动规律，人类活动对地下水影响巨大并由此引起各种生态环境问题。

2. 环境工程地质作用

环境工程地质作用是指在自然因素作用下，由于人类工程活动所引起的区域性或局地性地质环境变化及其对人类反馈作用。即人类工程 - 经济活动与地质环境之间的相互作用及其影响。如水库蓄水引起的浸没作用，水库蓄水和深井注水诱发的地震作用，大量抽取地下水和石油加剧的非固结土层的压实作用，露天采矿边坡的卸荷变形破坏，页岩气开发水力压裂引起的震动作用，摩天大楼对地基土的压实作用等。

3. 环境生态地质作用

环境生态地质作用是指在自然因素和人为因素综合影响下，引起生态地质环境系统的组成、结构和功能发生变异，产生生态环境地质问题与效应的各种地质作用，是人类活动与地球动力作用、地球化学作用和其他现代地质作用相互刺激、相互影响、相互反馈的综合地质作用。如地下水水质、水量和水温等变化引起生态平衡的破坏；大量开采地下水造成区域性水位下降，使包气带土壤水分减少，土壤结构破坏，出现土壤沙化和草原退化；不恰当的引水灌溉造成的地下水水位上升而引发土壤盐渍化，从而破坏农业生态平衡；水污染物中氮、磷等营养物过多，造成湖泊、海湾等水体中藻类灾害性生长，危害水生生态系统。

四、人地关系与可持续发展

人类一经出现，就与地球环境发生了关系，也就是说，在地球上开始出现了人类与环境的关系问题，即“人地关系”。人类是环境的产物，环境为人类的生存和发展提供了必要的条件；同时人类又是环境的塑造者。随着生产和科学技术的发展，人类越来越大地对自然环境产生影响，两者间密切而对立的关系日渐加剧。

(一) 地理环境决定论

地理环境决定论，也称为自然环境决定论，是 18、19 世纪流行的西方社会自然主义思潮的一部分。地理环境决定论者认为，人同植物一样是地理环境的产物，地理环境、自然条件对人类社会发展起决定作用。其核心思想是地理环境决定人类的生理和心理特征，进而决定人类的民族生理特征、文化发展及经济基础、上层建筑等，并由此决定人类社会的发展，人类只能被动地适应地理环境。这一理论的主要代表人物有法国的孟德斯鸠、美国的布克尔和森帕尔、德国的拉采尔等。

中国学术界对“地理环境决定论”有过激烈的争论，但事实证明，地理环境决定论有其合理之处，胡焕庸线的存在证明了这一点。胡焕庸线西北区域属于干旱、半干旱气候，以草原、沙漠、戈壁滩及雪域高原为主，资源环境承载力低，因此该区域人口规模及人口密度极低，区域社会经济发展相对落后。然而，随着物联网、大数据、云计算等技术的推广应用，以无人企业为代表的无人经济将快速发展，智慧时代的无人经济为产业发展突破胡焕庸线提供了新的机遇。

地理环境决定论阐明了自然环境对人类社会发展的制约作用，但人类社会的历史演变有其固有的内在规律，自然环境只是人类社会发展的客观物质条件而不能上升为主导的或决定性的因素。

（二）人类中心论

随着科学技术和社会生产力的发展，人类社会利用和改造自然的能力不断提高，地理环境决定论受到否定和批判，“人类中心论”的思想应运而生，特别是在工业文明时期最为突出。其核心思想是一切以人为尺度，人可以统治自然，单纯地从人类自身需求出发，把地球看作是人类活动的场所和任意开发的对象，盲目追求征服自然，推动人们同自然界作斗争，忽略了自然环境对人类社会的影响和制约，从而出现了“人定胜天”“人有多大胆，地有多大产”的口号，过分强调了人的主观能动性，而忽略了地理环境对人类社会发展的制约作用，其后果是人地关系对立，自然环境退化，出现生态危机。

（三）人地关系危机

通过对自然的依赖与开发，人地关系得以萌生，人地矛盾也同步形成。但人类诞生以后的很长岁月中，生产力水平极为低下，人类只不过为了生存而适应和利用环境，很少有意识地改造环境，对环境影响不大。随着生产的发展和科学技术的进步，特别是农业革命和产业革命，使人类利用和改造环境的能力大大增强。与此同时，也出现了严重的环境问题。“人类主宰自然”的狂热思想和不惜代价地向自然开战的行为，使人与环境的矛盾日益升级，人地关系产生危机，把地表环境人文时期固有的、早已存在的“环境与发展”问题激化和突出起来，并成为人类社会可持续发展的主要阻滞力量，威胁到了人类自身的安全和兴盛。

1. 人地关系危机的实质

人口、资源、环境和社会经济发展之间的多重关系是人地关系的客观表现。四者运动方式的失当和比例关系的失调，加剧着人地关系的矛盾和危机。

人类活动与地球环境是构成人地复合系统的对立因子，它们的相互依存性和制约性决定着系统的运行过程和演进方向，然而，人类和自然各有其独特的、自我支配的客观规律，它们的存在方式与运动形式无时无地不在影响着对方。任何一方的不正常“扰动”和非弹性“越轨”都会影响人地复合结构的进化与功能的良性发挥，最终影响系统组织和自身发展，甚至导致衰退。这是人地关系危机的根本原因。长期以来，人类活动的方向、方式、速率、强度、规模与自然系统的运行规律和演化趋势严重背离，超越了地球环境的“生态阈值”，使人与自然间相互作用的依存关系转变成了对抗性的矛盾关系。由此可见,人地关系危机的实质在于人类与地球环境之间的矛盾对立,即人类的社会意识、文化价值观念、发展战略和经济活动与生存环境的潜在利用方向、可承载能力之间的巨大差异和全面失衡。

2. 人地关系危机的表现形式

人类对环境的影响基本上表现在两个方面:一是对环境施加积极的建设性影响,提高环境质量,创造新的更适合于人类生活的人工生态系统;二是消极的破坏性影响,造成环境的污染和资源的破坏。人地关系危机的表现形式包含以下几个方面:

① 地球表层环境变迁对人类的影响,主要表现为地质灾害直接或间接恶化地表环境,降低环境质量,对人类生命财产造成危害或潜在威胁,使社会经济蒙受巨大损失,阻碍人类社会向前发展。

② 地质资源短缺对人类社会经济可持续发展的制约作用。如水资源、矿物能源短缺导致工业和城市发展减缓或停滞,土地资源不足使地球的人口承载量受到限制。

③ 人类工程经济活动诱发或加剧地质灾害,造成地表环境退化,反过来制约、影响人类社会的发展。如过度放牧、森林砍伐和不适当的农业利用导致土地退化,使生态环境恶化,农业生产力下降。

④ 人类活动的副产品,即人工废弃物对地球环境的污染。由于各种废弃物品对环境的污染,地球表层已很难找到一块洁净的地方。水体污染、土壤污染和空气污染是人类健康的大敌。

(四) 人地协调论

20 世纪 60 年代以来,人们目睹了地球面临的种种危机,开始日益重视人类与自己赖以生存环境之间的协调,人地关系协调论逐步形成并得到公认。它一方面使人类活动顺应自然环境的发展规律,充分合理地利用自然资源和地质环境;另一方面,对已经破坏了的不协调的人地关系进行调整。协调论的核心思想是人类具有认识自然、改造自然的能力,自然环境对人类社会发展也具有促进和制约作用;人类应当与自然环境建立平等友好、互惠共生、和谐互进的伙伴关系。倡导人类在积极认识、遵循和利用自然规律的基础上,合理、适度、有效地改造自然,谋求人地关系的和谐统一,推动人类社会与自然环境相互协调和可持续发展。

在协调人地关系时必须把握以下几条规律:

① 人地系统主从律:即人首先是地球环境演化的产物,人地之间存在客观的主从关系。人类对自然的改造必须顺应自然环境的演化规律,因势利导,使自然环境演化向着有利于人类的方向发展。

② 人地系统反馈律:即人对地的能动作用,总会伴随地对人的反作用的规律。

③ 人地关系递进律:即人类社会越是发展,对地球环境的控制能力越强、客观依赖性越高的规律。

④ 人地适应律:即人类社会发展的条件必须合乎地球体系;功能释放物质转换与能量传递的自然规律,必须合乎地球资源和自然环境的合理更新与维持条件。人类经济活动适应环境容量是维护人类与地球环境之间良好关系的基本前提,也是维持人地生态系统内部平衡的基本条件。只有这样,才能形成人地系统协调发展的规律。

人地关系的协调应当从多方位入手，采取各种手段。一方面，要寻找适宜某项人类活动的最佳区位，即资源环境、生态、文化、技术和经济等各种人地关系因子良好组合和理想匹配的空间区位；另一方面，要进行系统环境组分和结构的调控，改变人地关系因子的特征和趋向，使其尽可能满足人类活动不断增长的多样化需求。

（五）可持续发展的人地观

人与地的关系是伴随着人类的产生而出现的，人地关系思想经历了曲折漫长的发展过程。从古代天命论的人地观，到文艺复兴时期的决定论和社会达尔文主义，再到机械唯物主义影响下的或然论、"人定胜天"的征服论，乃至目前的协调论，无不反映了各个历史阶段的人类社会状况和科学技术水平。

可持续发展的提出是人类"环境哲学"的重大进步。20 世纪 50 年代以前，人们总是自觉或不自觉地认为，地球向人类社会提供自然资源和环境空间的能力是无限的。然而，随着人类对自然干预的广度和深度不断发展，环境危害日益严重。20 世纪 60 年代以来，人们开始意识到地球自然资源和环境空间是一种稀缺资源，如何支配、使用它关系到人类的幸福，当代人肩负着按照人类利益合理管理地球环境的责任。以 1987 年联合国世界环境与发展委员会发表《我们共同的未来》为标志，可持续发展的人地观便应运而生。可持续发展的定义是："既满足当代人的需要，又不对后代人满足其需要的能力构成危害的发展。"其基本含义是指在不损害后代满足其需要的前提下，追求一种最大限度地满足当代人们生产、生活需要的发展模式。

国际学术界和决策界曾对发展的持续性定义展开了一场大讨论，认为持续性包含生态、经济、社会三个方面。生态持续性指维持健康的自然过程，保护生态系统的生产力和功能，维护自然资源基础和环境；经济持续性指保证稳定的增长，尤其是迅速提高发展中国家的人均收入，同时用经济手段管理资源与环境，使经济发展与资源保护协调起来；社会持续性指长期满足社会的基本需要，保证资源与收入的公平（包括代间与代内）分配。

可持续发展除反映在时间维度上，还具有空间维度的含义。即在水平方向上从全球到区域的变化，在垂直方向上从自然圈层到人类活动各部门的变换。这些空间既相对独立又相互作用。区域可持续发展是指区域的经济、社会、环境和资源相互协调，即在经济发展过程中要兼顾局部利益和全局利益、眼前利益和长远利益；要充分考虑到自然资源的长期供给能力和生态环境的长期承受能力，既要满足当代人的现实需要，又要足以支撑或有利于后代人的潜在需要。全球可持续发展则是满足全球需要的世界发展。

可持续发展在本质上就是优化人地关系和人与人的关系。要实现可持续发展，就必须树立全球共享、人类命运共同体的思想观念。以尊重自然、顺应自然、保护自然的科学人地观为指导，培养全球性、长远性和差异性的环境意识，珍视和充分利用环境质量与自净能力，减少环境损失，防止环境污染和生态破坏；培养广义性、有限性和稀缺性的资源意识，坚持节约利用、综合利用和持续利用原则，充分发挥资源的多重功能，提高资源利用效益和水平；培养遵从循环原则、平衡原则和共生原则的生态意识，遵循相生相克、最佳功能和最小风险原理，保证生态的平衡与进化。此外，还必须培养科学的人口意识、合理的生产意识、适宜的消费意识和正确的文化意识。

第三节 环境地质学理论研究的主要问题

一、全球变化

全球变化问题，也称全球环境问题、地球环境问题。20世纪中叶以来，由于人类对地球环境的影响不断增大，地球圈层，如大气圈、生物圈、水圈、土壤圈发生一定程度的量或质的变化，造成许多全球性的环境问题。全球变化观点是20世纪80年代中期产生的地球科学研究的新思维。全球变化问题的提出标志着地学、生物学及相关学科的研究进入了一个新的深度和广度，是当前和今后几十年内自然科学，特别是地球科学领域中一个最重要的前沿课题。

地球的表生环境是一个多因素的复杂的动态平衡系统，任何一种因素的变化都会打破系统的平衡，驱使整个系统发生有规律的调整，直至达成新的平衡。20世纪中期以来，由于世界人口的剧增和经济的迅速发展，人类对自然环境的作用越来越大，引发全球性气候变化，地球物质和能量循环严重失调，地球系统结构发生畸变，产生了一系列的全球性环境问题，如沙漠化、水土流失、土地退化、森林破坏、资源衰竭、生物物种剧减、空气和水严重污染、酸沉降、有毒有害物品扩散、臭氧层破坏、温室效应加剧等。当代全球变化的主要原因是人类活动强度和广度在地球系统中的迅速扩大及其对地球各圈层正常秩序的严重干扰。

为了研究和有效解决全球环境变化问题，国际科学理事会(ICSU，International Council for Science)于1986年正式组织国际地圈生物圈计划(IGBP，International Geosphere-Biosphere Programme)，即全球变化研究。该计划的目的在于对未来几十年至百年的自然和人为的全球环境变化进行预测。它主要是研究和了解地球系统中生物的、物理的和化学的过程，以及地球系统各圈层间的相互作用过程，强调地球系统的整体行为对环境的影响，强调人与环境的相互作用。

全球变化研究是当今人类为迎接日益严重的全球环境问题挑战而提出的一项战略性计划，也是环境地质学理论研究的一个重要课题。

二、地球系统科学与各圈层相互作用

地球系统是由多个圈层有机结合而成的具有特定结构和功能的有机整体，大气圈、水圈、岩石圈和生物圈既相互联系，又相互作用。

从科学角度看，人类目前面临的全球性变化问题，涉及地球的整体行为及各圈层之间的相互作用。如青藏高原抬升对大气环境的影响；海陆边界变化的影响；火山爆发对大气圈的影响；大气质量对人类活动、生物生存的影响；地球内部气体向大气圈释放，以及地壳表层风化作用对大气某些成分的吸收机制等。这些都需要从地球系统的整体来认识和研究，否则就难以对发生在地球上的重大变化(以及突发性灾害)做出客观的解释并进行预测。

1986年国际科学理事会第20届大会将气候系统的概念拓展到针对全球环境问题的地球系统，并推出了国际地圈生物圈计划。1988年美国国家航空航天局“地球系统科学委员会”出版了《地球系统科学》专著，正式系统地阐述了地球系统和地球系统科学的观点，强调将地球的大气圈、水圈、岩石圈、生物圈看作是一个有机联系的地球系统。

从全球角度认识地球系统的整体行为，注重地球各圈层界面特征的研究，探究地球系统的变化规律、全球环境问题的产生原因（自然的和人为的）及其变化趋势，提出规范、控制和调整人类自身行为的对策，最大限度地使地球环境朝着有利于人类的方向发展，是当今科学的前沿领域，是地球科学、环境科学和宏观生物学向深度和广度发展的必然结果，也是环境地质学研究的主要目标。

三、陆地水循环与水环境变化

在地球表层系统，水圈是与岩石圈、大气圈、生物圈相互作用的一个特定的物质系统，水是联系各个圈层的媒介。水广泛渗透和作用于大气、岩石和生物要素中，水作为载体在水圈与岩石圈之间、水圈与大气圈之间、水圈与生物圈之间传输物质和能量，是连接各个圈层的纽带。

陆地水环境变化对淡水资源的供应有直接的影响，与国民经济、生态环境有着密切的联系。河湖洪水泛滥与河湖、沼泽湿地干涸都会对工、农、牧业生产，人民生活，生物多样性带来很大的危害，乃至产生其他生态环境地质问题。这些变化主要有河川径流减少或断流、水循环变异、冻土萎缩，区域地下水水位下降、泉口下移、流量减少、湖泊和沼泽湿地减少或干涸、水体污染等，其结果是淡水资源短缺。

环境地质学需要开展陆地水圈形成条件、演化规律及其在人类活动影响下的变化趋势研究，开展陆地水环境变化对大气水－地表水－地下水循环的影响研究，开展湿地系统等生态水文演变过程和驱动机制研究，开展流域或盆地尺度水资源平衡、开发利用潜力、相关环境地质问题和地下水开发利用与生态环境调控研究，开展地下水渗流理论、弥散理论及在各种地质过程中水岩相互作用的研究，开展海平面上升预测及其对沿海地区地质环境的影响、全球性气候变化对水资源的影响、大流域地下水资源可再生性与跨流域调水、水资源短缺与供需矛盾及其出路的研究。

四、地球关键带物质运移与能量转化

地球关键带，是指地表岩石－土壤－生物－水－大气等各圈层的相互作用带，也是地球各圈层相互作用的结果。地球关键带是一个复杂的体系，其核心是风化成土过程。这一过程改变了地形地貌，决定了生态系统的运行与演化。有学者认为，地球关键带是以界面为特征的，其空间界限范围上到植被冠层，下到地下水含水层底部，包含近地表的生物圈、大气圈、土壤圈，以及水圈和岩石圈地表或近地表的部分。

地球关键带物质运移与能量转化研究，需要加强以土壤包气带、含水层为重点的地球关键带的综合调查监测，探究地球关键带自身，以及关键带与外界在相互作用过程中的物质流和能量流，尤其是化学物质、污染物的迁移转化过程和相互作用，融合地质科学与地理科学、海洋科学、气象科学、水文科学、生物科学等相关学科，解决更综合、更复杂的生态系统各种成分的空间分布、动态变化及其相互作用与相互联系的方式和秩序问题。

五、生态环境地质

生态环境地质是研究以人类为主体的生物与地质环境之间关系的科学。“生态环境地质”的概念更好地体现了地球岩石圈、水圈、生物圈和大气圈之间的相互作用。在国外，很难区分生态环境地质与地质生态学、地生态学（地学生态学）、景观生态学的区别，它们的研究内容均体现了地学与生态学的结合。如荒漠化、水土流失、水土资源开发利用引起的环境恶化等既是环境地质问题，也是生态环境问题。研究地质遗迹成景机制、模式及景观保护，探索地质遗迹资源、特色农产品、民俗文化和人文景观等资源相互融合机制，推动地质公园和地质文化村镇建设，是景观生态学的重要研究内容。

六、污染物地球化学循环与医学环境地质

环境中的污染物有的来自自然过程，如岩石风化释放有害元素进入水体或土壤中、火山喷发使有害气体进入大气层等，使对人类有害的污染物进入环境中；有的来自人为释放，如煤炭等燃料化石的利用、矿产资源的开发、工业“三废”排放等，都会把污染物排入大气、河流、土壤之中。进入环境中的污染物随地质大循环或生物地球化学循环发生周而复始的迁移、转化，从而造成温室效应、酸沉降、地方病等。

因此，生命元素在岩石－土壤－地下水－作物－人体系统中的赋存状态和不同介质的地球化学行为及其环境地质效应、环境污染物经由生物的合成作用和分解作用而发生的周而复始的运移过程与机理、地下水环境背景值的区域规律及其对农作物与人体健康的影响、陆地表层的地球化学环境与人类健康和地方病的关系、农业优质高产与土壤环境及生态系统中生命部分和非生命部分（地质环境）之间相互作用的研究等，已成为环境地质学研究的重要内容，日益受到环境地质研究人员的广泛关注。

七、地质灾害防治

地质灾害是地球表层系统演化过程中发生的渐进性或突发性的灾变，地震、火山喷发、崩塌、滑坡、泥石流、地面沉降、土地荒漠化、矿山瓦斯爆炸等地质灾害给人类带来了无尽的伤痛。但是，准确预测预报地质灾害发生的时间和空间位置还存在很大困难，治理地质灾害的技术方法还有待突破。

因此，运用先进的理论方法与科学技术，开展复杂条件下地质灾害致灾机理与时空演化规律研究，研发地质灾害链动态预测及智能互联监测预警技术，开展基于环境因素变化的滑坡动态定量风险评估及综合防治研究是环境地质学的重要课题之一。

八、城市环境地质与地下空间开发的地质环境效应

聚焦重要经济区和城市群建设的重大问题和需求，开展全要素城市环境地质调查、城市地下

三维地质结构探测和建模,加强工程建设和地下空间开发适宜性评价,评估城市地下空间资源潜力和利用前景;构建多要素的城市地质环境综合监测网和评价技术方法,评价资源环境综合承载能力。建立城市地质信息服务平台,包括三维可视化地质模型及综合地质信息系统研发,基于平台实现地质信息的共享与服务,探索为城市规划、建设和运行管理全过程提供精准服务的表达形式和应用服务机制。

九、地质环境工程与生态系统修复

地质环境工程以环境地质学知识为基础,利用综合的工程技术手段,预防环境恶化,治理环境污染,修复受损的生态系统,达到人与自然的持续协调发展。地质环境工程与生态系统修复技术,同其他工程技术一样,具有复杂性和综合性的特点,内容涉及面广,如受损农地再利用、废弃矿井资源和未利用废弃地再开发、荒漠化的防治工程,地质灾害的防灾减灾工程、复杂地基的处理技术、地表水与地下水联合调度工程、污染源防治的环境微生物技术等生物治理工程、污水净化处理工程、生态景观建设、海水入侵防治工程等。

十、资源环境承载力和国土空间开发适宜性评价

资源环境承载能力和国土空间开发适宜性评价,简称"双评价",是国土空间规划与开发利用的前提和基础。其基本思路是基于尊重自然、顺应自然、保护自然的理念,分析资源(利用)、环境(质量)、生态(基线)、灾害(风险)四类要素,统筹把握自然生态环境的整体性和系统性,集成反映各要素间相互作用关系,建立"双评价"综合指标体系,研判国土空间开发利用问题和风险,识别生态系统服务功能极重要、极敏感空间,明确农业生产、城镇建设的最大合理规模和适宜空间,客观全面评价资源环境承载力,定量测度国土空间发展的综合潜力。"双评价"的结果落实在用地的适宜性分区、开发的限制性分类和风险的警示性分级上,从而为科学编制国土空间规划,实施国土空间用途管制和生态保护修复提供技术支撑,为划定生态保护红线、永久基本农田、城镇开发边界和完善主体功能区布局提供基础资料。

十一、地质环境监测体系建设

地质环境监测是获取现存状态、预测未来趋势、提升环境管理能力的重要手段,其成本远低于其所产生的巨大效益。随着中国国土空间统一管理和自然资源统一监管制度的建立,统一的地质环境监测信息需求日益凸显。需要加强地下水监测、地表水监测、土壤监测、灾害监测等专业监测站网建设,加强空、天、地一体化监测技术研发,提升自动化监测能力;开展突发性环境事件和自然灾害监测预警技术研发,提高突发性地质灾害预警能力。

十二、环境地质信息系统建设

环境地质研究的基本思路是通过调查、观测和监测采集数据,在成因机制、分布规律分析判

断的基础上，建立地质概念模型和数值模型，然后利用各种数据进行验证、完善模型并预报未来趋势。数据信息采集、流动、处理、加工、分析的每一环节都与信息系统密不可分。建立全国性或特定范围内的环境地质信息系统已成为环境地质研究的热点和趋势。

环境地质信息系统建设的目标是，以地理信息系统（GIS）为平台，结合遥感（RS）、全球导航卫星系统（GNSS）、专家决策支持系统（expert decision-making support system，EDSS）和网络技术，建立集信息采集、存储、管理、检索、分析评价、预测和制图于一体决策支持系统，实现基于网络GIS的多源信息的综合利用、环境地质问题动态分析与评价、数值模拟计算的三维空间分析、环境地质专题图件的数字化编图和绘制。

十三、地球表层系统非线性演化

地球表层系统是地球大系统中一个最复杂的系统，它由五个圈层组成，包括三个无机圈层，以及生物圈与智慧圈（人类活动圈）。它们之间存在着相互作用、相互影响的非线性关系。地球表层系统处于不断变化之中，是具有耗散结构特征的开放系统。地球表层系统的演化有着明显的阶段性，特别是环境中的随机事件，在系统演化的相对不稳定阶段起着重要的作用。除自然因素外，地球表层系统的演化还涉及人类社会的多个层面，使其非确定性影响因素更加复杂。

因此，以动态观点，应用复杂巨系统理论和非线性动力学理论与方法来探索地球表层系统演化的特点、预报其演化趋势是环境地质学理论研究的前沿课题之一。借助数值模拟、物理模拟等方法和遥感、地理信息系统、全球导航卫星系统等技术，利用耗散结构论、灾变理论、混沌理论和分形理论等非线性科学研究地球表层系统非线性演化将提高环境地质学的理论研究水平，进一步完善环境地质学的学科体系。

第三章　土地资源与地质环境

土地是重要的自然资源，是人类衣食住行之本，也是地球表层系统中物质与能量交换的枢纽。随着社会发展和人口的增长，人类对土地资源开发利用的需求与日俱增。但由于人类对土地资源的过度开发利用、天然植被减少及某些自然因素的作用，土壤污染和土地荒漠化现象不断加剧。人类在开发利用土地资源的同时，必须保护土地，才能保障土地资源的持续利用。土地利用和农业生态地质已成为目前环境地质研究的热点和前沿问题之一。

第一节　土地资源与土地（壤）环境问题

一、土地资源的概念及其特征

（一）土壤与土地的基本概念

1. 土壤及其组成与功能特性

土壤是位于地球陆地表面具有一定肥力且能生长植物的疏松土层，是地球岩石圈、水圈、大气圈和生物圈相互作用的演化产物，并与“四大圈层”保持着密切的物质交换和能量转移（图 3–1）。

土壤具有独特的组成、结构和功能，土壤的组成包括矿物质、有机质、水分和空气；在土壤中，这些成分以固态、液态和气态三相共存。土壤从地表向下到基岩的垂向结构剖面分层为腐殖质层、淋溶层、淀积层、母质层、基岩（图 3–2），其中，腐殖质层和淋溶层构成表土层，为熟化程度较高的土层，肥力、耕性和生产性能最好，在森林覆盖地区有枯枝落叶。土壤具有两个独特的功能：第一，土壤具有肥力，可供植物生长；第二，土壤具有同化和代谢外界输入物质的能力，输入的物质在土壤中经过复杂的迁移转化，再向外界输出。

从环境科学的角度看，土壤在环境中有着以下三个作用：

① 土壤是以固相物质为主的多相复杂体系。土壤物质成分中有黏土矿物和腐殖质胶体，它们有着巨大的表面积，因此能吸附各种离子和某些生物、原生动物和其他土壤动物，它们能使有机污染物质进行降解和转化，起着净化土壤环境的作用。

② 土壤中存在着数以万计的土壤微生物、原生动物和其他土壤动物，它们能对有机污染物质进行降解和转化，起着土壤环境的净化作用。

大气圈
降水
蒸发
气体排放
能量交换
呼吸
光合
土壤水分
元素循环
水圈
土壤
生物圈
蒸散发
土壤动物
和植物
(地下水)
径流和溢出
淋滤
土壤形成
岩石风化
回灌
(地下水)
元素释放
岩石圈

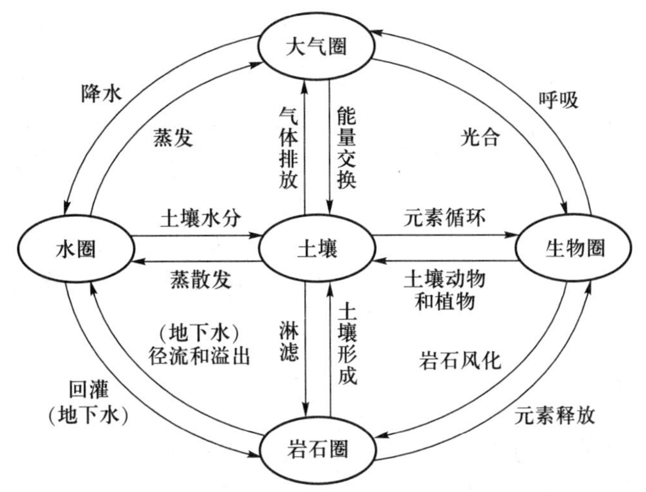

图 3-1 土壤与地球“四大圈层”的物质交换与能量转移示意图

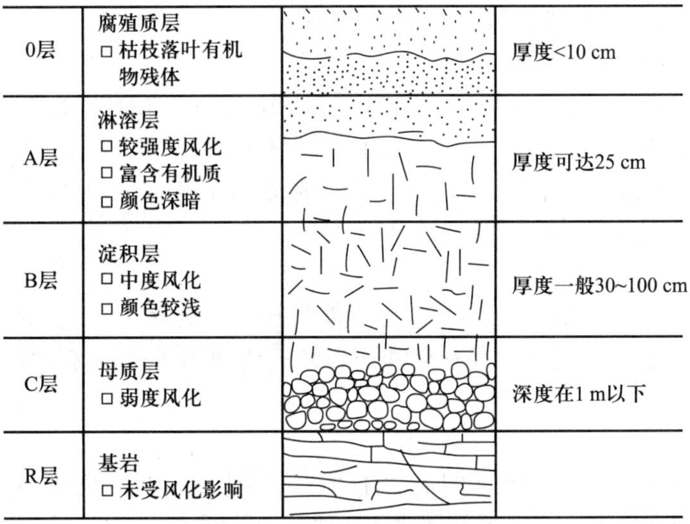

0层
腐殖质层
□ 枯枝落叶有机物残体
厚度<10 cm
A层
淋溶层
□ 较强度风化
□ 富含有机质
□ 颜色深暗
厚度可达25 cm
B层
淀积层
□ 中度风化
□ 颜色较浅
厚度一般30~100 cm
C层
母质层
□ 弱度风化
深度在1 m以下
R层
基岩
□ 未受风化影响

图 3-2 土壤垂向结构剖面

③ 土壤是各种植物和一些动物赖以生存栖息的地方,是植物营养物质的主要供应地。因此,进入土壤的外界物质,通过植物和动物的吸收或吞食又输出到环境中,土壤起着物质的输移作用。

2. 土地及土地资源

土地是具有一定面积的确定边界的地理单位,包括地质、地貌、气候、水文、土壤、植被、微生物和湿热状况等自然要素,是由上述各要素共同作用而形成的自然综合体。作为自然物的土地已经逐渐由人类生存和发展的最基本生态环境要素转化为人的劳动对象和劳动资料,是人类生活和生产活动的源泉和依托。

土地有两个基本属性，一是面积，二是质量。后者包括地理分布、土层厚薄、肥力高低、水源远近、潜水埋深、地势高低等。在土地资源评价中，土地的地理分布常常起着很大的作用。

土地一旦被人类利用后，它就成为人类最基本的生产资料，也就变成了土地资源。因此在土地概念中，应该将人类活动的影响和作用包括在内，这就是说，在土地的属性中除了自然属性外，又增加了社会经济属性。从这个意义上讲，土地资源实质上是一个自然经济综合体，是由各种自然要素和一定的社会经济因素有机地组合而构成的总体。

土地和土壤既有联系又有区别，土壤是土地表层的重要组成部分，两者是整体与部分的关系。除了个别土地类型外，绝大多数土地表层发育有厚薄不一、组成各异、肥沃程度不同的土壤层。

（二）土地的基本特性

土地是植物生长、发育和动物栖息、繁衍所不可离开的场所。人类的生活、生产和建设也都离不开土地。土地具有下列特征：

1. 位置的固定性

固定的空间位置是土地的基本特征之一。即每一块土地都具有固定的三维空间（长、宽、高）位置和一定的外表形态，如山地、丘陵、高原、平原等。

2. 土地面积的有限性

从自然科学的角度看，土地的面积是固定的、有限的。人类在开发利用土地资源时，一种土地类型的利用面积增加了，另一种土地类型面积必然减少。随着人口的不断增加，人类与土地的矛盾愈来愈尖锐。因此，必须充分认识土地面积有限性这个特点，合理制定土地利用规划，最大限度地节约每一寸土地资源，防止土地破坏和土壤污染。

3. 土地的不可代替性

土地的不可代替性主要是指土地的功能不能为其他物质所代替。土地是植物生长的母体和动物的栖息场所，也是人类的生存环境和一切经济活动的场所。这是任何其他物质不能替代的。

4. 土地质量的差异性

地表上绝对找不出两块完全相同的土地，任何一块土地都是独一无二的，其原因在于土地位置的固定性及自然、人文环境条件的差异性。地理位置不同，则地质、地貌、气候、水热条件不一样，使得地表的土壤、植被类型也随之发生变化，因而造成土地的巨大差异性。土地质量的差异，实质上是土地生产力高低的差别，要求人们因地制宜地合理利用各类土地资源。

5. 土地资源的可更新性

在自然因素的作用下，土壤中的化学元素发生物理、化学变化，不断地经历着淋浴、迁移、转化等循环过程；土地上的植物、动物和土壤中的微生物等，在较长的时间尺度内也处于周而复始的自然动态平衡中。所以，一般来讲，土地具有可更新性的特征。

但是，当人类活动破坏了土地的自然动态平衡，土地的可更新性特征将随之丧失。人类对土地的不合理开发利用，已引起沙漠化、水土流失、盐渍化等土地退化现象。

6. 土地随时间的变化性

随着季节的交替变化，土地的性质和形态也发生同步变化。季节不同，太阳辐射能量有异，地表接收的热量不同，降水的丰寡变化也很大。因此土地表面的侵蚀与堆积、土壤营养元素的淋洗与聚集、土壤水分的多少，以及土地上的生物生长，均随着季节的变化而变化。

土地资源的上述特征，是其固有的自然属性，人类必须严格遵循，否则必将导致土地资源的破坏。而且，由于人类与土地矛盾的日趋紧张，我们必须合理利用各种土地资源，这是实现人类社会持续发展的基本条件之一。

（三）土地生态系统

土地生态系统是指在一定地域范围内，土地各组成要素及其与人类之间相互作用、相互制约所组成的一个统一体，即土地上无生命体与同一地域范围内的生命体之间形成的能量流动和物质循环的有机综合体。

土地生态系统是地球生态系统的基础与核心，具有复杂的水平与垂向的层次性、系统平衡与稳定的相对性、系统结构功能的不确定性、系统中自然要素和社会经济要素之间及各子系统之间的紧密关联性、系统与外部系统之间物质能量交换的开放性、系统较强的自我调节功能的适应性等特性。

在土地生态系统内部，生产者、消费者、分解者和非生物之间，在一定条件下保存着相互依存的相对稳定状态；土地生态系统的结构、功能、生物种类、各个种群的数量比例，以及物质循环和能量流动都处于相对稳定的状态。

二、土地资源状况

（一）世界土地资源状况

据统计，在地球 5.10×10^8 km^2 的总面积中，包括南极大陆与高山冰川覆盖的土地在内的总土地面积为 1.49×10^8 km^2，约占地球总面积的 29%，无冰土地面积为 1.34×10^8 km^2。对于地球的全体居民来说，这似乎是一个颇为巨大的数字。按 70 亿世界人口计，平均每人所占土地面积约 2.13 hm^2。但是，考虑到土地质量这个属性，则土地总面积中有 20% 处于极地和高寒地区，20% 处于干旱区，20% 处于山地陡坡上，还有 10% 岩石裸露缺乏土壤。以上四项，占陆地总面积的 70%，属于不宜利用的土地。地理学家和生态学家称之为“限制性环境”，其余 30% 才属于“适居地”。全世界总土地面积中，耕地仅占 10%，在各种土地类型中所占比例最小。

（二）中国土地资源状况

中国地域辽阔，土地总面积为 960×10^4 km^2，占世界陆地面积的 7.2%，仅次于俄罗斯（12.8%）、加拿大（7.5%），居世界第三位。但人均土地面积仅 0.686 hm^2，相当于世界平均水平的三分之一，人均耕地面积不足 0.1 hm^2，仅占世界人均数的 43%，在世界上 190 多个国家中排 126 位以后。由于气候、地貌、土壤和水文等自然条件的千差万别，以及 5000 多年来中国劳动人民对土地资源的开发与利用，逐步形成了复杂多样的土地资源类型。据《2017 年中国土地矿产海洋资源统计公报》，2016 年末，全国共有农用地 64512.66×10^4 hm^2，其中耕地 13492.10×10^4 hm^2（20.24 亿亩），园地 1426.63×10^4 hm^2，林地 25290.81×10^4 hm^2，牧草地 21935.92×10^4 hm^2；建设

用地 $3909.51 \times 10^4\ hm^2$，其中城镇村及工矿用地 $3179.47 \times 10^4\ hm^2$。土地利用现状类型如图 3-3 所示。

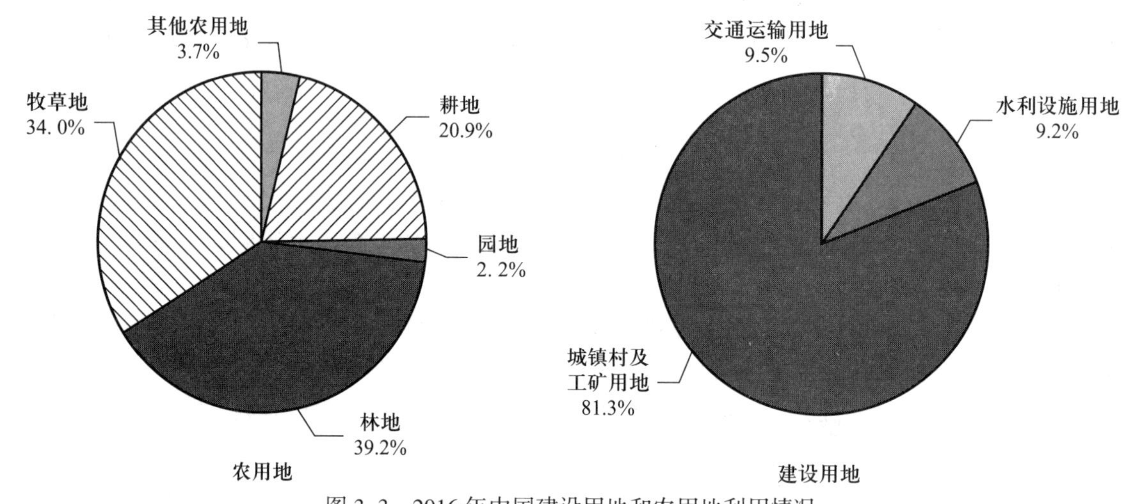

图 3-3　2016 年中国建设用地和农用地利用情况

中国土地资源的基本特征主要表现为土地类型多种多样，农业用地占主导地位，牧草地、林地比重大；山地多、平地少，土地资源区域差异显著，耕地分布不均衡、土地垦殖指数低，林地、草地生产力低下；未利用土地中，大部分分布在西北干旱地区和青藏高原，自然条件恶劣，开发难度大。

三、土地（壤）环境问题

随着社会经济的迅速发展和人口的不断增加，人类对土地资源的需求日益增长。原先局部的、次要的土地退化现象已经转化为严重的全球性环境地质问题之一，威胁着人类赖以生存的环境。全球共有 $20 \times 10^8\ hm^2$ 的土地资源受到退化的影响，即全球农田、草场、森林与林地总面积大约 22% 的土地发生了不同程度的退化。

土地退化是人类活动诱发或加速的一种土体质量变劣、土地生产力下降或丧失的自然过程，主要因素包括气候变暖导致的区域干旱化、降水不稳定造成的水土流失，以及垦荒种地、超载放牧、乱伐森林、围湖造田、粗放灌溉、土地重用轻养等不合理的土地开发活动，其直接后果是导致土地生产力的大幅度下降，土地资源受到严重破坏，出现了许多土地环境问题。诸如水土流失、土壤盐渍化、土地沙化、草场退化、森林破坏、土壤有机碳储量变化、特殊生境消失和土地污染等，极大威胁着人类的生存与可持续发展。

中国地域辽阔，南北气候差异大、东西地貌形态迥异，自然环境不稳定且类型复杂多样，人类活动影响深刻而广泛，土地退化类型组合的地域差异极为显著。宏观上看，北方以土地沙化、草场退化、水土流失和土壤盐渍化为主要类型组合，南方以水土流失、石漠化和土地污染为主要类型组合（表 3-1）。

表 3–1 中国区域土地退化类型组合

地带	类型组合区	土地退化类型组合	不合理土地利用
沿海	北部沿海区	盐渍化、土地污染、沙化	丘陵植被破坏 灌溉与污染
	东南部沿海区	水土流失、土地污染、潜育化	
东部	东北区	水土流失、土地污染、沙化、冻融侵蚀	山地丘陵植被破坏 灌溉与污染
	华北区	盐渍化、沙化、土地污染、水土流失	
	东南区	水土流失、潜育化、土地污染	
中部	草原与农牧交错区	沙化、草地退化、土地污染、盐渍化	粗放经营 过度开垦和放牧 滥牧滥伐
	黄土高原区	水土流失、沙化、草地退化	
	西南区	水土流失、石化、潜育化、土地污染	
西部	西北区	沙化、盐渍化、草地退化	过度放牧 滥垦滥伐
	青藏区	冻融侵蚀、草地退化、盐渍化	

第二节 土地利用对地质环境的影响

人类的土地开发利用活动对地质环境造成许多影响,有的属于有利影响,如植树种草可使土地免遭侵蚀和沙漠化等,我们把这种有利影响称为正环境效应;有的土地开发活动则对地质环境造成种种破坏,如因滥伐森林和乱垦草地引起的土地荒漠化等,我们把这种有害影响称为负环境效应。

土地利用的正环境效应是人类遵循自然规律合理开发利用土地而产生的。如人造防护林带可以防风固沙,有效防止水土流失、土地沙质荒漠化;同时具有吸收烟尘和净化有毒有害气体的能力。三北防护林体系、长江中上游防护林体系、沿海防护林体系、平原地区防护林体系和太行山防护林体系是当代中国五大生态工程,必将产生巨大的正环境效益。人造梯田、山地丘陵区建设梯级小型水库和塘坝,是山区减少水土流失、解决山区灌溉、增加农业产量的有效方法。

不合理的土地开发利用活动造成的负环境效应对社会发展的影响也比较严重。通常所说的土地环境问题就是指的这种负环境效应,如水土流失、土地沙化、土壤盐渍化、土壤板结、土地污染和耕地减少等。正环境效应多属水土保持问题,本节仅论述土地开发利用的负环境效应。

一、水土流失

水土流失是土地退化的一种表现形式,指地球陆地表层土壤、成土母质及岩石碎屑,在水力、风力、重力、冻融及人类活动等外力作用下,所发生的危害人类安全和生态良性发展的各种形式的剥蚀、搬运和再堆积过程与现象。其实质是地球表层岩土系统以渐变形式进行的失稳演化过程。

水土流失是中国习惯采用的术语,国际上多称之为土壤侵蚀。但土壤侵蚀多是从土地表层侵蚀率的角度来描述土地退化,更多地强调其自然过程;水土流失则是从土地表层土壤流失总量的角度来描述土地退化,包含人类的价值取向。

按外部动力作用的不同，水土流失可分为水力侵蚀、风力侵蚀、重力侵蚀和人为侵蚀等类型。

（一）水土流失的现状

全球的水土流失相当严重，全世界 80% 的耕地面积面临中度乃至严重的水土流失。耕地土壤的损失率一般为 10~100 t/(hm^2·a)，大约是土壤生成速率的 10 倍以上。在诸如欧洲和美国等土地利用得好的地方，每公顷农田每年流失 17 t 表土。在非洲、亚洲和南美洲，则高达 40 t。据统计，全世界每年有 750.0×10^8 t 的耕地表土流失，其中美国每年流失土壤 40.0×10^8 t，苏联约 23×10^8 t，印度约 66.0×10^8 t，中国约 50.0×10^8 t。

中国是世界上水土流失最严重的国家之一。据水利部发布的全国水土流失动态监测数据，2018 年，全国水土流失面积 273.69×10^4 km^2，占国土面积的 28.6%。因雨水冲刷、坡面径流因素造成的水力侵蚀面积为 115.21×10^4 km^2，以风力吹蚀为主造成的侵蚀面积为 158.65×10^4 km^2。与 2011 年相比，水土流失面积减少了 21.23×10^4 km^2，相当于一个湖南省的面积，减幅为 7.2%。从全国省份分布来看，水力侵蚀在全国 31 个省（区、市）均有分布，风力侵蚀主要分布在“三北”地区。从东、中、西地区分布来看，西部地区水土流失最为严重，占全国水土流失总面积的 83.7%；中部地区次之，占全国水土流失总面积的 11%；东部地区最轻，占全国水土流失总面积的 5.3%。

水土流失最严重的地区是黄河中游的黄土高原，水土流失面积高达 43×10^4 km^2，约占黄土高原总面积的 67%，每年流失土壤 22.0×10^8 t，其中 16.0×10^8 t 输入黄河，使黄河成为世界含沙量最高的河流，多年平均含沙量 37.4 kg/m^3，汛期高达 500~600 kg/m^3，最高达 1600 kg/m^3。黄河携带的大量泥沙每年约有 4.0×10^8 t 沉积在下游 800 km 长的河床上，使河床年平均增高 10 cm 左右，形成世界闻名的“地上悬河”。

长江流域的水土流失也十分严重。据调查，目前水土流失面积达 74×10^4 km^2，占长江流域面积的 41%，每年流失土壤超出 20.0×10^8 t。

当前，我国水土流失状况主要有五个特点：一是水土流失在各地的发育强度差异明显，呈现出北强南弱、西强东弱的特点；二是水土流失面积持续减少，根据水利部 1985 年、1999 年、2011 年、2018 年四次调查（监测）结果，全国水土流失总面积年均减幅分别为 0.22%、1.42%、1.03%；三是水土流失以中轻度为主，侵蚀强度明显下降；四是水力侵蚀减幅大，风力侵蚀减幅相对小；五是东部地区减幅大，西部地区减少绝对量大。

（二）水土流失的原因

目前一般都把水土流失的成因分为自然因素和人为因素两类。自然因素是水土流失的物质基础，人为因素诱发并加剧了水土流失的过程。

1. 自然因素

自然因素主要有气候、地形、地质、水文、土壤结构、植被覆盖度等，是水土流失发生、发展的潜在条件。地形起伏大、植被覆盖度低、降水多且强度大的地区，水土流失较为严重。土壤结构决定了土壤的吸水性、抗蚀性和抗冲性。结构松散、渗水性差、抗冲力小的土壤极易被迅速形成的地表径流所分散和冲走。

2. 人为因素

人为因素是加速水土流失的诱发动力，主要包括不合理的土地利用方式、毁林毁草开荒、滥垦滥伐、开垦扩种、顺坡耕种、开矿修路及弃土弃渣等。土地利用可以明显地影响地表径流和土壤侵蚀，进而造成不同形式和程度的水土流失。生产方式落后、生产力水平低，以及广种薄收、掠夺式经营等都会对水土流失造成不同程度的影响。

我国黄土高原地区因土壤结构以疏松的粉沙颗粒为主，垂直节理发育，遇水即崩解，易受流水侵蚀、搬运；加之开垦陡坡、毁坏树木、过度放牧和采樵、滥用土地等不合理的土地利用方式导致水土流失非常严重（图 3-4）。

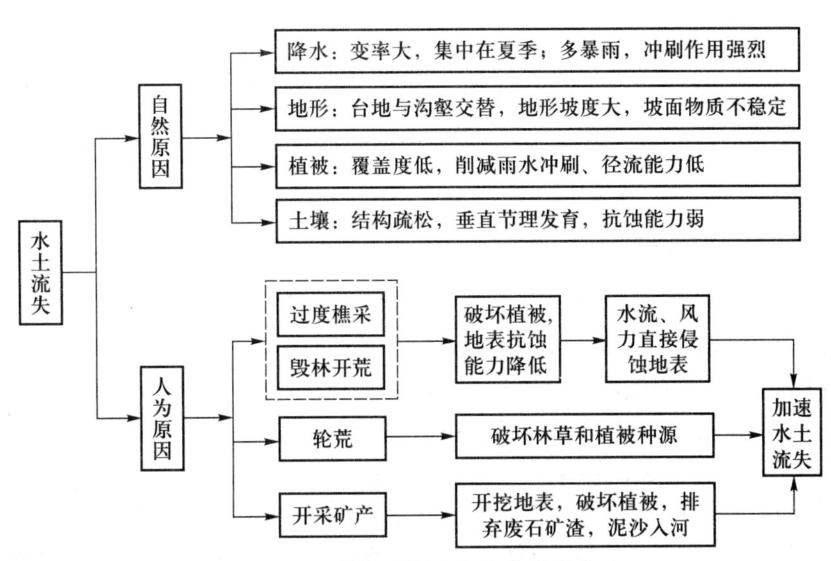

图 3-4　黄土高原水土流失的形成

（三）水土流失的危害

水土流失作为一种环境地质问题，对人类的影响是多方面的。水土流失是造成山穷水恶、水旱灾害交替发生的根本原因。

1. 破坏土地资源，影响粮食生产

全国每年因自然营力和人类活动影响而导致的土壤流失量达 50×10^8 t 以上，损失耕地约 6.67×10^4 hm^2，造成北方土地的“沙化”和南方土地的“石化”。水土流失能把原来的森林、草原和耕地冲刷得支离破碎、沟谷纵横，从而降低其利用价值。例如，黄土高原区流水冲刷形成的沟谷每平方千米达 30~50 条，沟谷面积占原土地面积的 50%；在山区，水土流失能把山顶、山坡的表土冲刷殆尽，岩石裸露，植被无法生长。石化现象在陕西、湖南、湖北和贵州等省的山区丘陵区十分严重，石化面积增加速度每年达 5%~7%，石化面积约占总面积的 15%。由于水土流失面积迅猛扩大，不仅使粮食产量滞长，还因土地耕作中增加化肥使用量而加大了粮食生产成本。

2. 土地生产力下降甚至丧失

水土流失导致土壤营养元素大量流失，土壤肥力下降，并最终导致农作物、牧草产量和树木生产力下降。在一公顷优良农田土中，生存着大量的蚯蚓、节肢动物、细菌、原生动物和真菌类植物。所有这些条件均可为农作物生长所利用。而水土流失则损坏了土地的生产能力。在中国，黄河、长江两大流域每年流失土壤达 42.0×10^8 t，其中所含氮、磷、钾等营养元素相当于 50 个年

产量为 50×10^4 t 化肥厂的产量。

3. 流域下游泥沙淤积，影响调洪、灌溉和航运

水土流失还使河、湖、库和海港海湾发生淤积，直接影响水体的调洪能力和农业灌溉、水路航运等。中华人民共和国建立以来，全国水库、塘坝淤积库容达 200×10^8 m^3，相当于损失库容 1×10^8 m^3 的大型水库 200 座。全国重点水库因淤积已报废 22 座，黄河干流 7 个大型水库淤积达兴利库容的 40%；长江流域的湖泊因淤积致使面积减少 100.0×10^4 hm^2，调蓄能力损失 35.0×10^8 m^3。因河道淤塞、海湾面积缩小还使通航里程缩短、码头功能减弱。

4. 污染水体

水土流失是河流下游和湖泊等水体富营养化的主要原因之一。携带含大量养分、重金属和化肥、农药的泥沙，大多流入河、湖、库、海，使水体混浊，水质下降，富营养化程度加重，严重影响水体的利用功能。

（四）水土流失防治对策

水土流失作为一种环境地质问题，其发生原因既有自然因素，更有人为因素。治理水土流失不仅涉及自然地理系统、经济系统，还与社会系统相关。

对水土流失的防治应遵循水土流失规律，贯彻“预防为主，防治结合”和“工程措施、生态效益、社会效益和经济效益统筹兼顾”的原则，对全流域统一规划、综合治理，因时、因地制宜，坚持治理与开发相结合、治山与治水相结合，有效减轻水土流失。

合理利用土地，因地制宜安排农业生产，实行农林牧综合发展，建立旱涝保收、高产稳产的基本农田，退耕还林还草，扩大林草种植面积。在水土流失地区，加强沿河流域的山地灾害防御、农田基本建设和堤防工程建设，涵养水源，保持水土，防风固沙；采取“上游保、中游挡、下游导”的措施，开展河道整治工作，提高江、河、湖、库拦蓄洪水的能力。

大力开展矿山开发区的土地复垦工作，尽量修复矿山开采所造成的土地占用和破坏，使其达到原有的自然适宜性和土地生产力水平，或改造为具有新适宜性的另一种土地资源。通过土地整理，即在一定区域内，按照土地利用目标和用途，采取行政、经济、法律和工程技术手段对土地利用状况进行调整改造、综合整治，提高土地利用率和产出率，改善生产、生活条件和生态环境，减少水土流失。

二、土地沙质荒漠化

土地沙质荒漠化是生态环境遭受破坏而引起的一种土地退化现象，是非沙漠地区出现的以风沙活动为主要标志的环境退化过程。

沙质荒漠化是荒漠化的主要类型之一，荒漠化是指在干旱、半干旱和某些半湿润、湿润地区，由于气候变化和人类活动等各种因素引发的土地退化，结果导致土地生物和经济生产潜力降低，甚至基本丧失。沙质荒漠化是指在沙质地表产生的土壤风蚀、风沙沉积、沙丘前移及粉尘吹扬等一系列过程和现象，又称沙漠化。其结果是土地退化、生物生产量降低、可利用土地资源丧失及生态环境恶化，从而严重干扰人类的正常生活和经济活动。

（一）土地沙质荒漠化的现状

据联合国环境规划署统计，全球沙漠化面积约占地球陆地总面积的 25%。全球严重沙漠化土地约为 8.77×10^8 hm^2（表 3–2）。全世界每年有 600×10^4 hm^2 土地变为沙漠，其中草地沙化面积 320×10^4 hm^2，靠雨水灌溉的农田沙化面积 250×10^4 hm^2，人工灌溉农田沙化面积 12.5×10^4 hm^2。而面临沙化威胁的土地面积高达 3800×10^4 hm^2。全世界有 90 多个国家的 8.5×10^8 人口受害最为严重，因沙漠化而被迫迁居的人数每年约有 300 万。

表 3–2　全球各地区四种程度土地沙质荒漠化面积

地区	沙化程度	土地面积 /10^6 hm^2	百分比 /%
非洲	轻微	1243	71.7
	中度	187	10.8
	严重	303	17.5
	总计	1733	100.0
亚洲	轻微	798	49.6
	中度	488	30.4
	严重	321	20.0
	总计	1607	100.0
大洋洲（澳大利亚）	轻微	232	36.5
	中度	351	55.3
	严重	52	8.2
	总计	635	100.0
北美洲	轻微	44	9.9
	中度	272	61.5
	严重	120	27.1
	很严重	6.7	1.5
	总计	442.7	100.0
南美洲	轻微	134	43.6
	中度	105	34.1
	严重	68	22.1
	很严重	0.6	0.2
	总计	307.6	100.0
欧洲（西班牙）	中度	14	70.0
	严重	6	30.0
	总计	20	100.0
总计	轻微	2451	51.6
	中度	1417	29.9
	严重	870	18.3
	很严重	7.3	0.2
	总计	4745.3	100.0

（UNEP，1992）

中国是世界上沙质荒漠化土地较多的国家之一，沙漠化土地主要发生在干旱、半干旱地区及部分湿润、半湿润地区，在农牧交错地带尤为严重。现有沙漠及沙化土地主要分布在北纬35°~50°的内陆盆地、高原，形成一条西起塔里木盆地，东至松嫩平原西部，东西长4500 km，南北宽约600 km的沙漠带，最严重的土地沙质荒漠化地区是东起吉林白城，西至宁夏盐池的农牧交错区，该区域由于自然条件非常恶劣，分布着全球第二大生态脆弱带。

据原国家林业局2015年发布的《中国荒漠化和沙化状况公报》，截至2014年，全国荒漠化土地面积261.2万km^2，占国土面积的27.2%，主要分布在新疆、内蒙古、西藏、甘肃、青海5省（自治区），占全国荒漠化土地总面积的95.64%；其他13省（自治区、直辖市）占4.36%。全国沙化土地面积172.1万km^2，占国土面积的17.93%，分布在除上海、台湾、香港和澳门特别行政区外的30个省（自治区、直辖市）的920个县（旗、区），其中，新疆、内蒙古、西藏、青海、甘肃5省（自治区）沙化土地面积占全国沙化土地总面积的93.95%。

（二）沙质荒漠化的原因

沙质荒漠化是人类强烈经济活动与脆弱生态环境相互影响、相互作用的产物。气候变异和人类活动是沙质荒漠化的两个重要影响因素。

气候变化是造成土地沙质荒漠化的重要因素之一。世界上绝大多数的沙漠和沙漠化土地都分布在降雨少、气候干燥的干旱和半干旱地区。

过度放牧、垦殖、采樵、工矿与城市建设、水资源不合理利用等人类活动激发并加速了荒漠化进程。其中因草原过度农垦造成的沙漠化面积占25.4%，过度放牧造成的占28.3%，过度采樵造成的占31.8%，水资源利用不当和工矿、交通、城市建设破坏植被造成的占9%，因自然风力作用造成的只占5.5%。

因上游大量引水，造成河流中下游水源减少、地下水位降低而促使土地沙化的情况，在塔里木河中下游平原及河西走廊石羊河下游等地甚为突出。塔里木河流域是干旱区少有的原始胡杨林区，由于上游大量引水，造成中下游水量减少、断流，地下水水位下降，致使胡杨林及其林系植被严重衰退和枯死，随着胡杨林植被系统的破坏和衰退，许多土地开始沙化（表3–3）。

表3–3　地下水、胡杨林生长和土地沙化的关系

地下水埋藏深度/m	胡杨林生长状况	土地沙化情况
<4	影响不大	基本不沙化
4~6	生长不良，顶秃叶枯，少数枯死	轻度沙化
6~10	大部枯死	中度沙化
>10	全部植被枯死	强度沙化

人们普遍认为，世界人口猛增是土地沙质荒漠化的根本原因。人口的增加，大大加重了对土地环境的压力，导致土地质量退化和沙化。经济落后也是造成土地破坏的重要因素，为了生存，贫穷的人们不得不对自然资源进行盲目开发，对土地进行超负荷利用，导致生态平衡破坏，形成恶性循环。人为因素叠加于脆弱的生态环境，使植被破坏，加剧风沙活动，导致沙质荒漠化景观迅速形成和发展。

（三）土地沙质荒漠化的危害

沙质荒漠化所造成的危害是多方面的。涉及农业、牧业、水利设施、交通道路、工矿建设及生态环境。但就实质而言，沙质荒漠化灾害主要是毁损土壤肥力，使人类丧失赖以生存的土地资源。

1. 可利用土地面积减少

沙质荒漠化的危害主要是侵吞农田、牧场，丧失可利用土地资源，使可供农牧业生产的土地面积减少。据20世纪50年代与70年代末的航片及航测地形图对比分析，25年内中国北方沙质荒漠化土地增加了 3.9×10^4 km²，平均每年以1560 km²的速度蔓延；到80年代，年平均增加约2100 km²；90年代初，受沙质荒漠化威胁的人口达3500万，农田 393.5×10^4 hm²、牧场 493.6×10^4 hm²受到沙质荒漠化威胁。沙质荒漠化使耕作层内细粒物质损失10%~30%，造成地表粗化和沙丘堆积，可利用土地资源丧失。

2. 土地质量降低，生物产量减少

由于风蚀作用，使土壤耕作层变薄、土壤粗化、有机质和养分被大量吹蚀、土壤肥力不断降低，土地质量逐渐下降，农牧业生产能力降低和生物生产量减少。由于沙质荒漠化灾害，农牧交错地带旱作农田与开垦初期相比，产量平均下降50%~60%。

3. 阻断交通，毁坏建筑设施

据估计，全国有2000 km铁路、30000 km公路和50000 km引水灌渠由于风沙危害造成不同程度的破坏。沙质荒漠化严重影响了边疆地区与内地交通大动脉的正常运行。如1986年5月19~20日，新疆哈密地区出现罕见12级大风，使该地区226.1 km长的铁路受到危害，积沙59处，积沙长度40.7 km，总积沙量74198 m³；部分设备被毁，中断行车40多个小时，造成严重的经济损失。2002年8月、2003年3~4月间，兰新铁路上的近百千米长的风区多次刮起12级以上大风，迫使乌鲁木齐市发往东部的火车停运或停靠在兰新线沿途车站避风，每次停运时间均达20小时以上、滞留乘客几千人次。分布在毛乌素沙地及周围地区的东胜煤田、准格尔煤田、神府煤田和平朔煤田也受到风沙的危害，每年因沙质荒漠化而增加的开发成本约9000万元。风沙淤积渠道，影响了水利工程效益的正常发挥。

4. 污染环境

沙质荒漠化加剧了生态环境的恶化。在干旱、半干旱甚至部分半湿润地区，由于受天气过程的热力效应及冷锋侵入的影响，常造成沙尘暴天气。沙尘暴不仅仅是一种灾害性天气过程，而且是沙质荒漠化灾害的一种表现形式。其影响范围广、危害严重，是严重威胁中国北方地区人民生产和生活的重要环境问题。

发生于1993年5月5日的特大沙尘暴，袭击了新疆、甘肃、宁夏、内蒙古四省（区），造成200多人伤亡，4.2万头（只）牲畜死亡，毁损房屋几千间；土壤风蚀深度10~50 cm，沙埋深度20~150 cm，造成大片农田被毁，37.33 km²经济林被破坏，经济损失达5.6亿元。2000年3月至5月，中国北方大部分地区连续七次出现大范围的沙尘暴天气，兰州、西安、北京、济南降“黄龙”，上海、南京下“泥雨”的现象多次出现。由于风沙大、能见度低，给交通运输及人们的日常生活和工作带来不利影响，还使大气混浊，妨碍人们的正常活动，对人类身心健康产生损害。沙尘暴还影响到中国南方的部分地区甚至漂洋过海殃及日本和朝鲜半岛。

(四) 沙质荒漠化的防治

防治沙质荒漠化根本途径在于保护天然植被、建立人工植被，合理调整农业生产结构和布局，加强人工草场生态系统的建设，合理开发利用水资源。采取农业、林草、水利和工程等有效措施进行综合治理。

林草措施包括营造农田防护林网和防沙林带、封沙育草、造林固沙、退耕还林还草等方法。对严重沙化耕地，要改变土地经营方式，采用林网保护下种植饲草的方法或引进灌木恢复植被。

农业耕作措施包括覆盖耕作、粮草结合耕作及调整农业结构，不同作物间作等措施。

发展水利、建设基本农田，彻底改变广种薄收的轮荒耕作制是防止沙化危害的主要措施之一。利用灌溉水保持土壤水分、增加土壤颗粒的固结力，可减少风沙危害。

工程固沙即设置沙障防止流沙的措施，它是干旱沙区生物治沙不可缺少的先期辅助措施。对于流动沙丘，先在其迎风坡设置黏土或沙蒿沙障，对工程沙障保护下的沙丘，播种固沙植物，以防快速移动的沙丘掩埋尚未形成固沙能力的植物沙障。

随着大规模国土绿化行动的开展，持续实施生态保护和修复工程，中国荒漠化、沙化趋势逐年好转。自 2004 年第三次全国荒漠化和沙化土地监测以来，中国荒漠化和沙化面积已连续 3 个监测期实现持续“双缩减”趋势，岩溶地区石漠化土地总面积年均减少 38.6×10^4 hm^2，年均缩减率为 3.45%。全国荒漠化土地面积由 20 世纪末年均扩展 1.04×10^4 km^2 转变为目前的年均缩减 2424 km^2，沙化土地面积由 20 世纪末年均扩展 3436 km^2 转变为目前的年均缩减 1980 km^2，实现了由“沙进人退”到“绿进沙退”的历史性转变。监测结果显示，2014 年与 2009 年相比，全国荒漠化和沙化面积分别减少 12120 km^2 和 9902 km^2；2014—2019 年，沙化土地治理面积超 10×10^4 km^2；荒漠化和沙化程度均呈现由极重度向轻度转变的良好趋势，中国荒漠化防治处于世界领先地位，成为全球防治荒漠化的典范。

三、土壤盐渍化

土壤盐渍化又称土壤盐碱化，是指在自然和人为作用下土壤中积聚盐、碱且其含量超过正常耕作土壤水平，导致作物生长受到伤害的地质过程和现象。盐渍土是盐土和碱土，以及各种盐化、碱化土壤的总称。盐化是指成土母质中的可溶性盐分随水运移至排水不畅的低平地段，并因蒸发作用累积于地表的过程和现象；碱化则是指土壤胶体从溶液中吸附钠离子的过程和现象。

由于人类不合理灌溉造成的盐渍化过程，称为次盐渍化，其形成的盐渍土，称为次生盐渍土。

(一) 盐渍(化)土发育状况

盐渍土主要分布于世界各地干旱、半干旱和半湿润地带，有时呈带状分布，通常呈小块状分布于其他土壤带之中。美国、埃及和印度灌溉地的盐渍化和沼泽化面积占全部灌溉面积的一半以上。在美国，加利福尼亚南部的英波里尔河谷地区，由于使用曾被盐类污染的科罗拉多河水，导致 25×10^4 km^2 耕地严重盐渍化。加拿大草原地区受盐渍化影响的土地面积达 220×10^4 km^2，每年的经济损失达 $(1.04\sim2.57)\times10^8$ 加元。非洲和亚洲的许多国家因气候干旱，降水少，蒸发量大，土壤盐渍化十分严重。

中国盐渍化土壤分布广泛，除滨海半湿润地区的盐渍土外，大多分布在沿淮河—秦岭—巴颜喀拉山—唐古拉山—喜马拉雅山一线以北广阔的半干旱、干旱地区。全国盐渍土总面积达 81.8×10^4 km²，占全国陆地面积的 8.5%，其中现代盐渍土 36.93×10^4 km²，历史上形成的残余盐渍土约 44.87×10^4 km²。另外，还有潜在盐渍土 17.33×10^4 km²，即如不合理利用和管理，就会发生盐渍化的土地。农、林、牧等用地受盐渍化危害的土地面积有 36.30×10^4 km²，其中耕地 9.21×10^4 km²，林地 1.42×10^4 km²，草地 23.20×10^4 km²。每年因盐渍化而废弃的土地约 0.25×10^4 km²。盐渍化耕地粮食损失达 207×10^4 kg/a。

（二）土壤盐渍化的形成

盐渍化问题实质上就是土壤中盐分的蓄积过程。由于地下水位高过临界深度，毛管水的向上运动和土壤的强烈蒸发，土壤水中的盐分逐渐在土壤表层积累。地下水位离地面愈近，则毛管水向上流动的速率愈大，经由土壤的水分通量愈大，大气蒸发力愈强，聚集在土壤表层的盐类也愈多（图 3–5）。土壤水中盐分的来源，是由地下水带来或是由于下层土壤所含盐类溶解的结果。盐渍化严重的情况下，盐分的淀积往往呈白色盐结皮出现在土壤表面，使之成为不毛之地。

土壤盐渍化形成的几个必要条件包括：① 地下水水位过高，高过临界深度以上；② 地下水中含有较多的可溶性盐类；③ 土壤性质不良（首先是土壤缺乏结构）；④ 气候干旱、土壤蒸发强度大等。

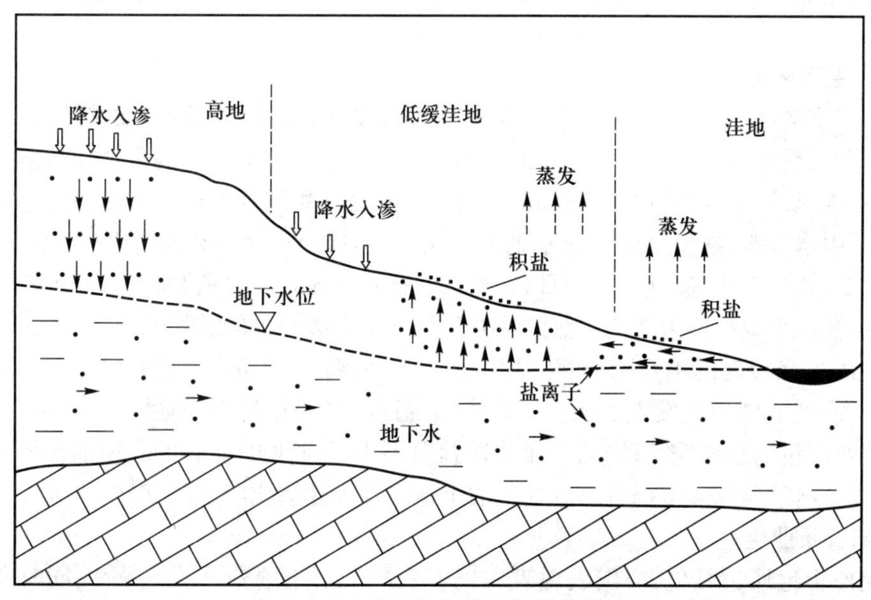

图 3–5 土壤盐渍化形成机理示意图

从地形条件看，盐渍土多发生于地表水汇流区或地下水排泄区，这些地区潜水埋深相对较浅，构成土壤包气带的物质颗粒较细，毛细作用明显，潜水的蒸发作用强烈，土壤积盐显著。

中国西北内陆地区盐分的富集主要有两个方面的原因。一是含有盐分的地表水以地面蒸发消耗为主，水流流程较短，所带盐分集聚在地表；二是盐分被水带入湖泊和洼地，盐分逐渐积累，含盐浓度增加，这种水渗入地下，再经毛细作用上升到地表，造成地表盐分富集。

沿海地带由于海水入侵或海岸的退移，经过蒸发，盐分残留地表，形成盐渍土。滨海盐渍土均直接发育于盐渍淤泥，积盐过程先于成土过程。

平原地区由于河床淤积抬高或修建水库，使沿岸地下水位升高，造成土壤的盐渍化。灌溉渠道附近，地下水位升高，也会导致盐渍化。

干旱气候是发生土壤盐渍化的主要外界因子，蒸发量与大气降水量的比值和土壤盐渍化关系十分密切。地形地貌直接影响地表水和地下水的径流，土壤盐渍化程度表现为随地形从高到低、从上游向下游逐渐加剧的趋势。

引起盐渍化的人为因素主要是灌溉用水管理不善。在大型水库和引河灌区建设过程中，对可能发生的灌区次生盐渍化问题，缺乏环境影响评价，没有采取相应的预防措施，是导致灌区大面积土壤盐渍化发生的直接原因。此外，灌、排渠系不配套，不能满足及时排涝防洪和降低地下水的要求；渠系设计水位偏高、渠道渗漏、大水漫灌、田间灌溉渗水量大、渠系有效利用系数低等因素使地下水长时间处于高水位，也加速了土壤表层盐分的积累，最终导致土壤盐渍化。

（三）土壤盐渍化的危害

土壤盐渍化的危害主要表现为使农作物减产或绝收、影响植被生长并间接造成生态环境恶化；采用盐渍土填筑路基时，会使基床强度降低、膨胀松软、翻浆冒泥。有的地方还会因盐渍土被溶蚀，形成地下空洞，导致地基下沉。盐渍土还可侵蚀桥梁、房屋等建筑物基础，引起基础开裂或破坏。

1. 恶化生态环境

盐渍化严重的地区生态环境脆弱，严重制约经济发展和人民生活水平的提高。盐渍化问题是一个既古老又现代的问题。底格里斯河及幼发拉底河流域古代文明的衰亡即盐渍化所致。从公元前 4000 年起，位于今伊拉克东南部的苏美尔人在底格里斯河及幼发拉底河的泛滥地带建造水渠，实行了引水灌溉，在发达的农业基础上形成了两河流域文明（又称“美索不达米亚文明”）。但从公元前 2500 年开始，盐分的蓄积日趋严重，农作物被耐盐品种所替代，人们不得不迁移到别的地方谋生，在这个曾被称为文明摇篮的地方只剩下了人数极少的游牧民。

1964—1970 年修建的埃及阿斯旺大坝增加了尼罗河流域的灌溉面积，但却破坏了水分和盐分的自然平衡，使灌区土壤发生了历史上从未出现过的盐渍化问题，通过建设水坝、扩大灌溉面积来提高农业产量的意图完全落空，为了去除盐分不得不对 4000 km^2 的农田铺设排水设备。即使如此，在尼罗河三角洲地带仍有三分之二的土地出现了盐渍化。

2. 影响农牧业生产

盐渍化使土地质量恶化，突出表现为 pH 升高，降低了土壤养分的有效性，同时使土壤通透性降低。土壤盐渍化严重危害农作物的生长，一般轻度盐渍化土壤，作物减产 25%，中度盐渍化土壤减产 50%，重度盐渍化则减产 75% 以上；牧区盐渍化，使草场生产力下降，牧草质量降低，从而影响畜牧业的发展。

3. 毁坏道路路基

硫酸盐盐渍土随着温度变化，本身体积也产生变化，引起土体变形松胀。结果导致路肩坍塌、路基下陷，影响交通运输安全。由于降雨淋溶造成的退盐作用，会使路基变松、透水性减弱、膨胀性增大，从而降低路基的稳定性。

4. 腐蚀建筑材料，破坏工程设施

盐渍土中的易溶盐，对砖、钢铁、橡胶等材料有不同程度的腐蚀作用。硫酸盐含量超过 1% 或氯盐含量超过 4% 时，对水泥将产生腐蚀作用，使水泥砂浆和混凝土疏松、剥落或掉皮。

（四）土壤盐渍化防治对策

土壤盐渍化的防治应以盐渍化土壤的综合治理与农业可持续发展为目标，统一规划，因地制宜，采取水利措施与农业生物措施相结合的技术途径，推广节水灌溉技术和渠道防渗、防漏技术，提高水资源利用效率，防止地下水位抬升。开展区域水盐运动的监测与预报技术研究，防止和减少高矿化水的进入，建立土地资源质量及盐渍化监测预报体系。

对盐碱地和盐渍化土地进行改良，通过清水淋洗、降低潜水位等方式排除土壤中过多的可溶性盐类，降低土壤溶液的浓度，改善土壤理化性质和空气、水分状况，使有益的微生物活动增强，提高土壤肥力，减轻土壤盐渍化程度，改善农业生态环境。

四、土地（壤）污染

各种污染物质进土壤，引起土壤的组成、结构和功能发生变化，使土壤质量下降，抑制农作物（或植物）的正常生长和发育，某些污染物质甚至在植物体内积累，降低产量和质量，危害人体健康的现象，称为土壤污染。施用化肥和农药是污染土壤的主要途径；其次，垃圾、废渣、污水都以土壤作为处理场所时，包括不合理的污灌也会造成土壤污染，例如大气中的 SO_2、重金属，可以经“干沉降”和“湿沉降”而进入土壤，使土壤“酸化”，造成重金属污染。

土壤污染的危害主要表现在对人类健康和植物的影响两个方面。土壤中的污染物超过植物的忍耐限度就会引起植物的吸收和代谢失调，影响植物的生长发育，甚至导致遗传变异；土壤污染对人体健康的影响主要是通过食物链实现的，被病原菌污染的土壤可直接传播疾病；土壤污染还可以引起和促进整个人类生态环境的污染。

五、湿地减少

河流漫滩、红树林沼泽及其他形式的湿地只占世界上地表面积的 3%~6%。但在这些地方对野生生物的保护极其重要。湿地是鸟类的繁衍场，并分布有世界上最富饶而多样的生态系统。湿地的另一重要功能是在干旱区可作为水源积蓄地，并可大大地增强自我净化的能力。湿地对调节、保护生态系统起着重要作用。

然而，由于自然因素和人类不合理的开发活动，全球湿地正在迅速消失。约有一半面积的湿地变作农业用地。湿地消失可引起当地水体自然净化能力的损失，对鸟类的生存造成危害。

六、耕地日趋减少

耕地减少是当今世界普遍存在的问题。它关系到人类的吃饭问题，归根结底涉及人类的生存和发展，因此已引起全球的关注。

城市建设、工业、交通和采矿的发展占用大量的农业用地。人口的增长必然带来城市的发展，而且城市扩大的速度比人口增长的速率还要快，这是人类对生活水平的要求不断提高的结果。据统计，美国每年由于城市和交通建设占用农业用地高达 $100\times10^4\ km^2$；日本 1960 年到 1970 年也有类似情况，城市的扩张吞噬着大量农田。

中国是一个人口多、耕地少的国家。随着人口的不断增加，人地矛盾日益尖锐。全国耕地面积已由 2012 年的 $13515.84\times10^4\ hm^2$ 减少到 2016 年的 $13492.09\times10^4\ hm^2$，5 年间净减少耕地 $23.75\times10^4\ hm^2$（图 3-6）；若按 14 亿人口计，人均耕地不足 0.1 hm^2。

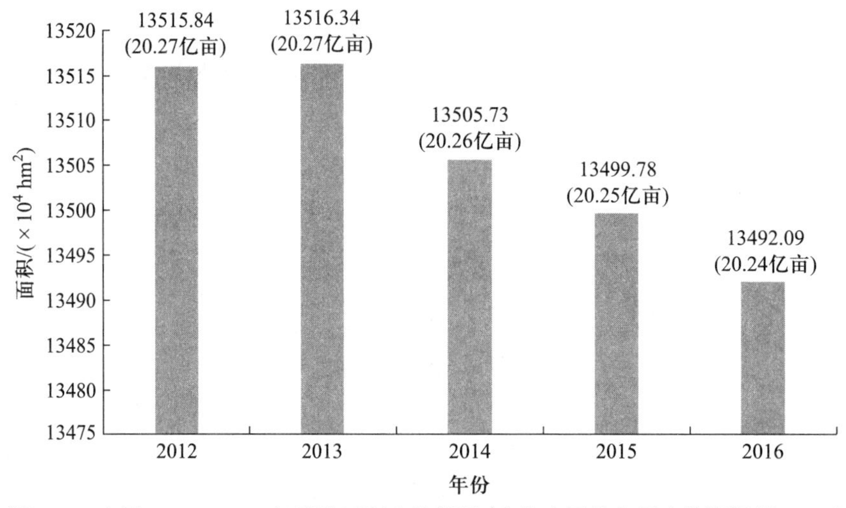

图 3-6 中国 2012—2016 年耕地面积变化情况（中华人民共和国自然资源部，2018）

导致中国耕地减少的原因主要有以下几个方面：① 农业内部结构调整不合理，占用了大量耕地。如大量耕地改种果树、养鱼、养虾或退耕还林还草等。② 乡镇企业发展和农民盖房占用耕地。③ 用于城建、工矿、交通建设的耕地。④ 兴修水利、砖瓦窑、盖祠堂、修坟墓等也占用大量耕地。此外，水土流失、沙漠化、盐渍化和环境污染等，也使大量耕地失去利用价值。

第三节 土地资源保护与可持续利用

伴随人口增加和经济发展，土地资源破坏与环境污染越来越严重，人地矛盾越来越突出。保护土地资源，珍惜每一寸耕地，合理开发利用土地资源，已成为当今世界土地持续利用面临的一项紧迫问题。

第一，开展土地资源评价，制定土地利用规划。通过对土地资源进行全面调查与评价，搞清土地资源的种类、数量、质量和分布；开展土地开发利用对环境的影响评价；根据不同土地类型的自然环境特点和生态规律，以及当地的社会经济条件等，编制县（市）、市（地）、省（市）自治区和国家级四级土地利用科学规划；制定山区土地可持续利用规划；制定农林牧副渔、基建、工业、居住、交通、公用等各项建设用地规划，为土地资源的合理开发与持续利用提供科学依据。

第二，建立健全土地资源管理的法律、法规。运用法制的、行政的、经济的综合手段，加强土地资源的管理，使土地资源管理逐步走上规范轨道。培植和完善土地市场，建立全国和各地区土地基础地价体系，规范土地市场，实现城市、农村土地市场一体化。建立健全土地信息管理机构，建立国家级和省级土地资源信息管理系统，开发应用遥感图像处理、全球导航卫星系统（GNSS）、决策模型和系统分析技术，实现全国土地市场信息管理的计算机联网。

第三，改造中低产田。农作物丰产的关键在于提高单产，因此，必须增加物力、财力和技术投入，遵循生态规律，改造中低产田。对旱地，主要是解决缺水问题，要增加水利设施，引水灌溉；同时植树种草，提高植被覆盖率，改善生态环境。如果有一半的低产田达到中产田水平，每年可增加粮食 165×10^8 kg；另一半如能达到高产田水平，每年可增加粮食 495×10^8 kg。

第四，防止土地退化和土壤污染。水土流失和土地沙质荒漠化是土地退化的主要表现形式。它们的防治必须坚持以下原则：预防与治理相结合，以预防为主；治坡与治沟相结合，以治坡为主；生物措施与工程措施相结合，以生物措施为主；生物措施中乔、灌、草相结合，因地制宜。

防治土壤污染，首先必须控制污染源，减少“三废”排放量。其次，对污灌水进行预处理，使之达到国家标准；同时根据作物种类、土壤特性，来确定灌溉方式、时间、水量和次数，实行科学污灌，避免土壤污染。最后，对已污染的土壤进行治理，根据污染物性质采取各种措施加以治理，以降解、沉淀、中和或分解土壤中的有害污染物质。

第五，合理调整农业生产布局，充分发挥土地优势。

土地资源类型多种多样，并且具有明显的地域差异性。因此要根据生物适宜性特点进行农业生产布局，以充分发挥不同地区各种土地类型的优势。如平原地区、三角洲地带，土层深厚，水源充足，适宜于粮食作物生产，要优先建立和发展粮食基地，提高土地产出水平。棉花的特性是怕涝，喜光照，适宜于高地生长。各种树木也都有自己的适宜环境，可在不同地区发展多种多样的林业基地。

第四章　水资源与地质环境

水是包括人类在内所有生命生存的重要的自然资源，也是自然环境不可分割的组成部分；水是一切生命的源泉，也是生物体最重要的组成部分。水是山水林田湖草生命共同体中物质循环与能量转移的媒介，在地球上生命体的演化过程中起着重要的作用，是生态系统健康发展的关键因素。水还是工农业生产不可替代的重要物质，被誉为“工业的血液”，水对人类经济社会各个方面的影响都是至关重要的。没有安全、稳定的供水，就没有人类和社会经济的可持续发展。同时，洪水泛滥、缺水干旱和污染作为灾害，对人类社会及自然环境产生严重的不良影响。

水资源的不合理利用已经导致供水短缺、区域地下水水位下降、湖泊萎缩、江河径流量减少、海水入侵、地面沉降、生态环境退化等诸多环境地质问题。而人类活动造成的水污染使本已十分短缺的淡水资源数量进一步减少。

因此，在当今世界人口不断增长，城市建设和工农业生产迅速发展，以及人民生活水平日益提高的形势下，人们开始重新认识水的重大作用。世界各国均把水当作一种宝贵的资源去研究、开发、利用和保护。

第一节　水资源与水环境问题概述

水既属于资源的范畴，也属于生态环境的范畴。在各种自然资源中，水资源是世界上分布最广，数量最大的资源；水资源最重要的特征就是它在水循环中不断地被重复。由于人类活动大量排放废弃物已引起江、河、湖、海的污染，使天然水逐渐失去原有的价值和作用，产生诸多与水有关的环境地质问题。

一、水资源的概念及其特征

（一）水资源的概念

人类很早就开始对水产生了认识，东西方古代朴素的物质观中都把水视为一种基本的组成元素，水是中国古代五行之一，西方古代的四元素说中也有水。水资源一词很久以前就已经出现，并随着时代的前进不断丰富和发展。在《英国大百科全书》中，水资源被定义为全部自然界中任意形态的水，包括气态水、液态水和固态水的全部量。根据世界气象组织（World Meteorology Organization，WMO）和联合国教科文组织（United Nations Education，Scientific and Cultural

Organization, UNESCO)的 *INTERNATIONAL GLOSSARY OF HYDROLOGY*(《国际水文学名词术语》,第三版,2012 年)中有关水资源的定义,水资源是指可资利用或有可能被利用的水源,这个水源应具有足够的数量和合适的质量,并满足某一地方在一段时间内具体利用的需求。

因此,可以把水资源理解为人类长期生存和发展过程中所需要的各种水,既有数量和质量的涵义,又包括使用价值和经济价值。水资源概念通常有广义和狭义之分。狭义上是指人类能够直接使用的淡水,即自然界水循环过程中,大气降水落到地面后形成径流,流入江河、湖泊、沼泽和水库中的地表水,以及渗入地下的地下水。人们用它来满足工业用水、农业用水和生活用水,一般以径流量来表示水资源的数量。广义上是指人类能够直接或间接使用的各种水和水中物质,在社会生产中具有使用价值的水都可称为水资源。它包括地球上所有的淡水和咸水,既包括天然水,也包括人类利用工程或生物措施处理更新的中水。

(二)水资源的基本特征

水是自然环境中最活跃的要素。它不断地运动着,积极参与自然界中一系列物理的、化学的和生物的过程。地表化学元素的迁移和转化,地球表面的侵蚀、搬运和堆积,土壤的形成和演化,生物的生长和进化,都与水的循环密切相关。水参与了自然界物质的循环。因此,水是一种动态资源,是可以更新的资源。它有别于石油或天然气等矿物资源。

1. 储量的有限性

地球上的水以固、液、汽相三种状态出现,且全部分布在海洋、大气和陆地的贮存库中。地球表面的 72% 被水覆盖,水的总量很大,据估计约有 13.85×10^8 km³。海洋占了 13.38×10^8 km³(约 96.5%),冰川和冰盖占了 241×10^5 km³(约 1.74%),地下水占了 234.0×10^5 km³(约 1.69%),大气中的水蒸气占了 1.3×10^4 km³(约 0.0009%)(表 4-1)。

表 4-1 地球上的储水量

水体种类	水储量		咸水		淡水	
	10^{12} m³	%	10^{12} m³	%	10^{12} m³	%
海洋水	1338000	96.538	1338000	99.0410		
冰川与永久积雪	24064.1	1.7362			24064.1	68.6972
地下水	23400	1.6883	12870	0.9527	10530	30.0606
永冻层中冰	300	0.0216			300	0.8564
湖泊水	176.4	0.0127	85.4	0.0063	91	0.2598
土壤水	16.5	0.0012			16.5	0.0471
大气水	12.9	0.0009			12.9	0.0368
沼泽水	11.47	0.0008			11.47	0.0327
河流水	2.12	0.0002			2.12	0.0061
生物水	1.12	0.0001			1.12	0.0032
总计	1385984.61	100.00	1350955.4	100.00	35029.21	100.00

地球上的总水量中，咸水约占 97.5%，淡水只占 2.5%。而淡水中有 68.7% 以冰盖和冰川的形式存在于极地和高山上，目前还极少被利用。可见，水资源储量是有限的，人类生命所必需的淡水更加有限，并非用之不尽、取之不竭。

据联合国专家估计(1997)，全球陆地可更新的淡水资源量约 42.75×10^{6} km^{3}。其中易于开采、可供人类使用的淡水资源量约(12.5~14.5) $\times10^{6}$ km^{3}，不足全球淡水的 1%，即约占全球水储量的 0.009%，这就是湖泊、江河、水库，以及埋藏较浅、易于开采的地下水。

2. 补给的循环性

自然界中各种形态的水由于自然和人为因素的影响处于不断运动和转换中，水的这种运动和转换构成了水文循环。毫无疑问，水文循环不仅对水资源的多少和时空分布有决定性作用，而且对自然条件下甚至污染条件下的水质都有决定意义。

大气圈、水圈、岩石圈及生物圈中的水，通过水循环实现彼此之间的转化。水循环是一个庞大的天然水资源系统(图 4-1)。在太阳能的作用下，海洋、湖泊、河流等广阔水面及土壤表面、植物茎叶等通过蒸发、蒸腾等形成水汽，上升到空中凝结成云；在适当的条件下又以雨、雪、雹等降水形式降落下来。这些降落到地表的水分，一部分在地面汇集成江河湖泊，称为地面径流；一部分渗入地下，成为地下径流。它们有时相互交流转换，最后都注入海洋，再以水面蒸发的形式向空气输送水分；被植物吸收后的水分通过茎叶的蒸腾也进入大气圈中。如此，便形成了水的无终止的往复循环过程。处于水循环系统中的地表和地下的淡水，不断获得大气降水的补给，并供人类利用和满足生态环境平衡的需要。

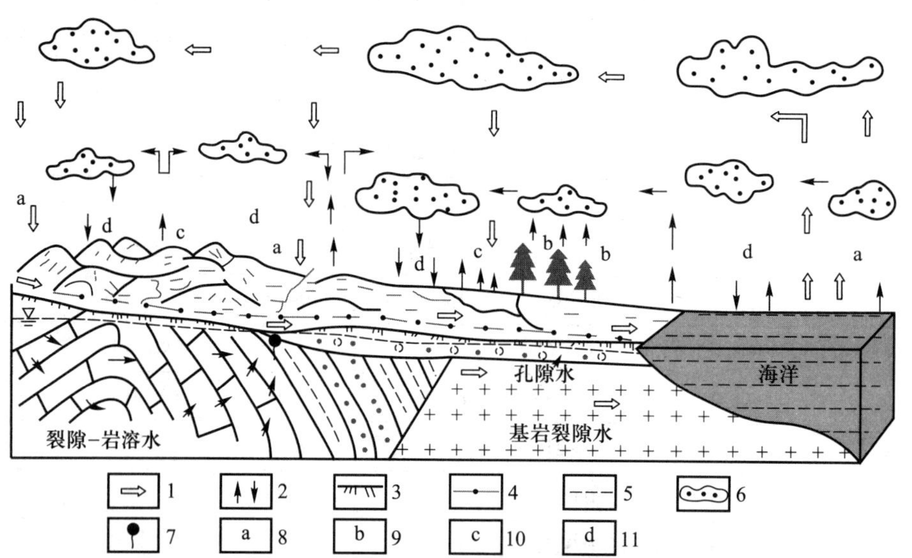

1. 大循环各环节；2. 小循环各环节；3. 地面线；4. 地表径流线；5. 地下水位；6. 云层；7. 泉；8. 水面蒸发；9. 蒸腾；10. 陆面蒸发；11. 降水

图 4-1 自然界的水文循环过程(中国地质调查局，2013)

3. 时空分布的不均匀性

时空分布的不均匀性是水资源的又一特性。从循环角度看，陆地上的淡水主要来自海洋蒸发而形成的大气降水，陆地上水量收入（多年平均降水量）与水量支出（多年平均蒸发量和多年平均径流量）总体是平衡的；但由于世界各个地区所处的纬度、海陆位置不同，受地形因素、临近洋流及大气环流等影响，它们的气候条件不同，因而降水量和蒸发量也不相同，故径流量也各不相同。这样，使得由降水所决定的水资源在全球各大洲或各个地区的分布很不均匀。以中国为例，南方多为山丘区，降水多，水资源丰富；北方多为平川，降水少，水资源短缺。同时，由于中国幅员辽阔，除东南沿海较湿润外，大部分属干旱－半干旱地区，降水在年内的分配也很不均匀，多集中于7—9月份，因此常出现干旱和洪涝等灾害。中国水资源的时空分布规律表现为：东南多、西北少，山区多、平原少；夏季多、冬季少。

全球气候变化正在改变着全球的水资源。在气候变化影响下，全球气候带正在发生着变化，热带地区大气环流上升运动在加强，副热带地区下降运动也在加强。大量观测数据表明，中高纬度地区和热带地区一般呈现出降水增加的趋势，而副热带地区一般呈现出降水量下降的趋势，"干者越干，湿者越湿"的局面更加剧了水资源时空分布的不均匀性。与全球不同的是，从近几十年观测资料看，中国西部地区干旱程度在减弱，大部分地区都是变暖变湿，降水在增加。但中国季风区南涝北旱的局面没有改变，而且与降水相关的洪涝等极端事件在不断增加。

4. 用途的不可替代性

地球在漫长的地质演化过程中，始终伴随着水的参与。水的循环与运动作为一种外动力地质作用，改变着地球的地表形态。一切生物体内都含有水。人的身体有70%由水组成，其他哺乳动物含水60%~68%，植物含水75%~90%。如果缺乏水，植物就要枯萎，动物就要死亡，物种就会绝迹，人类就不能生存。此外，水还是景观资源中不可替代的物质。陆地上川流不息的江河，碧波荡漾的湖泊，飞泻直下的瀑布，赋予了大自然多姿多彩的壮丽奇观。

水资源在国民经济建设的各行各业中占有重要地位。水既是生活资料，又是生产资料，工农业生产和生活供水都要消耗大量水。水是推动人类进步和社会发展的重要的物质资源。

5. 社会性

水是重要的自然资源，一个地区水资源若储量适宜且时空分布均匀，将为该地区的经济发展、自然环境的良性循环和人类社会进步做出巨大贡献。但水资源开发利用不当则会祸及人类。如水利工程设计不当、管理不善，常造成垮坝事故或引起土壤次生盐碱化，有时还会引起生态环境的重大变化，如埃及阿斯旺水坝建成后，血吸虫病蔓延，对库区居民的健康造成极大的危害。工业废水、生活污水、有毒农药的施用常造成水质污染，环境恶化；过量抽取地下水也会造成地面下沉，诱发地震等人为灾害。

水资源利用的广泛性和与人类社会发展之间的矛盾，综合起来即体现出水资源的社会性。

6. 商品性

由于水具有利用的广泛性和社会性，各部门都需要水，所以水的价值也在逐渐提高，逐步反映出其商品的性质。如一杯清洁水、一个含优质水的罐头，在市场上的价格并不低。当前，城市居民用水、农业灌溉用水、工业用水都是计费使用的。

（三）地下水资源的特征

地下水资源是指赋存和运移于岩土层中能够提供给人类使用，且能够逐年得到恢复的地下水，是陆地上总水资源的重要组成部分。地下水资源包括淡水、卤水、矿水、热水等。

地下水也是一种矿产资源，但它与一般的矿产资源不完全相同，主要表现在地下水具有流动性、可变性和可恢复性等特点。

1. 地下水的流动性

地下水与周围环境（气候、水文条件及地质条件等）有着密切的联系，特别是与地表水联系更加密切，常常可以互相转化（图 4–2）。所以地下水大多具有流动性或活动性。一般情况下，地下水接受降水或地表水直接、间接的补给，而通过潜水蒸发、泉水溢出或地下径流等形式排泄。通过补给、径流、排泄的循环迁移，地下水显示出有规律的流动性。石油等其他液体矿产虽然也有流动性，但往往在开采时才会表现出来。

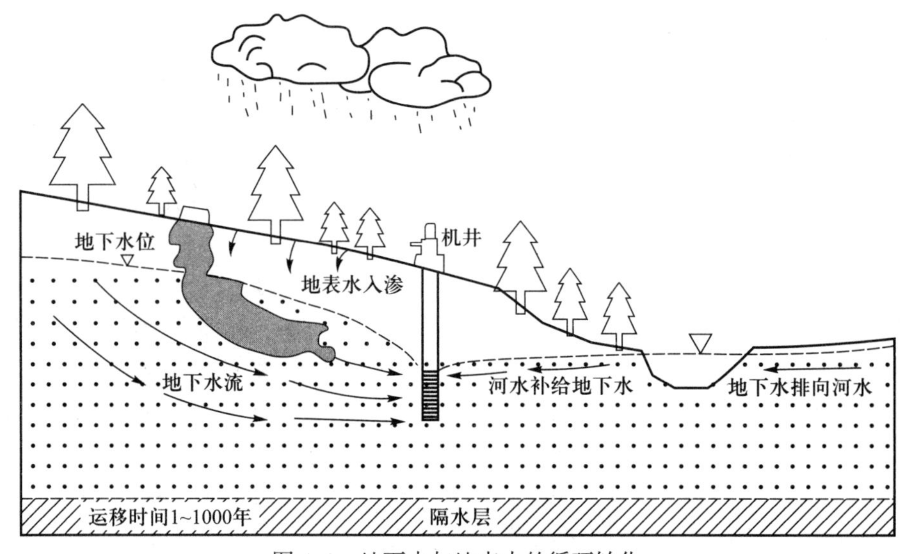

图 4–2　地下水与地表水的循环转化

2. 地下水储存量的调节性（可变性）

地下水在含水层中始终处在不断地补给和消耗的流动过程中。当补给丰富、大于消耗时，含水层就把多余的水蓄集起来，地下水水位上升，使地下水的储存量增加；当补给较少或暂时停止时，又可用储存的地下水维持消耗，储存量减少。储存量的可变性，在地下水的补给、径流、排泄及开采过程中均起着调节作用。利用这一性质，就可以进行人工调蓄，增大开采量。

3. 地下水的可恢复性

当人工开采地下水时，只要开采量不超过一定限度，虽然水井附近的地下水位降低，使地下水的储存量暂时减少，但只要停止开采，水位又可逐渐恢复，即地下水的储存量又得到了补充和恢复。这是地下水与一般矿产资源的重要区别。固体矿产，开一点就少一点，没有恢复补偿性质，石油等液体矿产也是如此。

在正常的自然条件下，地下水补给量与消耗量每年基本上能达到天然平衡。在人为开采条件下，虽然改变了原来的补、排关系，但只要开采量及其他消耗量与补给量保持平衡，就能维持地下水正常的循环，而不出现异常状况；否则就会由于过量开采而破坏原有的平衡关系，造成水位持续下降、水量逐渐衰竭等现象。

从供水意义来说，最具有实际价值的是地下水的循环交替过程中的可恢复资源。在天然条件下，上述可供利用的可恢复资源，称为天然资源；而实际开采利用的地下水资源称为开采资源。天然资源的多少，主要决定于补给条件或天然补给量；而开采资源的水量大小，除决定于天然情况与开采情况下的补给条件外，还决定于开采条件与经济技术条件。

二、水资源供应与开发利用状况

（一）世界水资源供应与开发利用状况

地球在宇宙空间是一个多水的星球，约 70% 的地球表面被水覆盖。但从地球上的水量分配看，不能供人类直接利用的海洋水占地球总水量的 96.5%，而陆地上易于开采、可供人类使用的淡水仅占全球水储量的 0.007%（表 4-1）。全球各大洲水资源量分配和人均水资源量也存在着很大差异（表 4-2）。

表 4-2　全球各大洲水资源量及其利用

地区	水资源量		年供水量			
	总量 /km³	1998 年人均 /m³	年份	供水量 /km³	利用程度 /%	人均用水 /m³
全球	41022	6918	1987	3240	8	645
非洲	3996	5133	1995	145.14	4	202
欧洲	6234.56	8547	1995	455.29	7	625
北美洲	5308.6	17458	1991	512.43	10	1798
中美洲	1056.67	8084	1987	96.01	9	916
南美洲	9526	28702	1995	106.21	1	335
亚洲	13206.74	3680	1987	1633.85	12	542
大洋洲	1614.25	54795	1995	16.73	1	591

（刘昌明等，2001）

全球淡水资源不仅短缺而且地区分布极不平衡。按地区分布，巴西、俄罗斯、加拿大、中国、美国、印度尼西亚、印度、哥伦比亚和刚果等 9 个国家的淡水资源占了世界淡水资源的 60%。约占世界人口总数 40% 的 80 个国家和地区约 15 亿人口淡水不足，其中 26 个国家约 3 亿人极度缺水。

据联合国水机制（UN-Water）发布的《2019 年世界水资源发展报告》，自 20 世纪 80 年代开始，由于人口增长、社会经济发展和消费模式变化等因素，全球用水量每年增长 1%。日益增长的需水量主要来自发展中国家或新兴经济体。2016 年，亚太地区 48 个国家中有 29 个国家因缺水和地下水超采而成为水不安全地区。到 2050 年全球需水量预计还将保持同样的增速，相比目前用水量将增加 20%~30%。随着需水量不断增长，气候变化影响愈加显著，将有超过 20 亿人生活在水资源严重短缺的国家，约 40 亿人每年至少有一个月的时间遭受严重缺水的困扰，且将会有 22 个国家面临严重的水压力风险。水资源面临的压力将持续升高，将会影响水资源的可持续利用，并增加使用者之间的潜在冲突风险。

（二）中国水资源供应与开发利用状况

中国水资源比较丰富，正常年平均降水量在 630 mm 左右，小于全球陆地平均年降水的 800 mm。全国河川多年平均径流量为 $27115 \times 10^8\ m^3/a$，平均径流深 285 mm；多年平均地下水天然资源量为 $8288 \times 10^8\ m^3/a$，地下水开采资源量为 $2940 \times 10^8\ m^3/a$（表 4-3）。

表 4-3　2018 年全国各水资源一级区水资源量

水资源一级区	降水量 /mm	地表水资源量 /$10^8\ m^3$	地下水资源量 /$10^8\ m^3$	地表水与地下水资源不重复量 /$10^8\ m^3$	水资源总量 /$10^8\ m^3$
全国	682.5	26323.2	8246.5	1139.3	27462.5
北方 6 区	379.1	4830.2	2742.7	977.0	5807.2
南方 4 区	1220.2	21493.0	5503.8	162.3	21655.3
松花江区	569.9	1441.7	553.0	246.9	1688.6
辽河区	511.3	307.8	161.6	79.3	387.1
海河区	540.7	173.9	257.1	164.4	338.4
黄河区	551.6	755.3	449.8	113.8	869.1
淮河区	925.2	769.9	431.8	258.8	1028.7
长江区	1086.3	9238.1	2383.6	135.6	9373.7
太湖流域	1381.8	204.1	52.3	27.3	231.3
东南诸河区	1607.2	1505.5	420.1	12.2	1517.7
珠江区	1599.7	4762.9	1163.0	14.6	4777.5
西南诸河区	1147.9	5986.5	1537.1	0.0	5986.5
西北诸河区	203.9	1381.5	889.4	113.7	1495.3

（中华人民共和国水利部，2018）

中国平均水资源总量为 $28124 \times 10^8\ m^3$，居世界第 6 位，仅次于巴西、俄罗斯、加拿大、美国和印度尼西亚。但因人口众多，人均水资源量很少。据中国统计年鉴（2019），2018 年中国人均水资源量为 1971.8 m^3，是世界人均水资源量 5917 m^3 的 1/3，排在世界第 120 位以后，是全球 13 个人均水资源最贫乏的国家之一。全国 660 座城市中有 400 多座城市缺水，三分之二的城市存在供水不足，全国城市年缺水量为 $100 \times 10^8\ m^3$ 左右，其中缺水比较严重的城市有 110 多个。北京市 2018 年的人均年水资源量是 164.2 m^3，属于极度稀缺（表 4-4）。

表 4-4　每年人均（可再生）水资源量标准

年人均水资源量 /m^3	水资源供给状态
大于 1700	不紧张
1000~1700	紧张
500~1000	短缺
小于 500	极度稀缺

注：每年人均（可再生）水资源量 1700 m^3，包含生产食物而消耗的工农业用水

中国水资源还存在利用方式比较粗放和过度开发等问题，如农田灌溉水有效利用系数仅为0.50，与世界先进水平0.7~0.8有较大差距；像黄河流域开发利用程度已经达到76%，淮河流域也达到了53%，海河流域更是超过了100%，已经超过承载能力，引发一系列生态环境问题。在北方，由于长期过量开采地下水，导致出现区域地下水位下降，最终形成区域地下水位的降落漏斗。目前全国已形成区域地下水降落漏斗100多个，面积达$15 \times 10^4\ km^2$。

随着人口增加和经济社会发展，用水总量在不断增加，已从1998年的$5435 \times 10^8\ m^3$增加到2018年的$6015.5 \times 10^8\ m^3$（图4-3）。从用水结构看，农业用水所占比例最大，如2018年全国用水总量中，农业用水$3693.1 \times 10^8\ m^3$，占用水总量的61.4%；工业用水$1261.6 \times 10^8\ m^3$，占用水总量的21.0%；生活用水$859.9 \times 10^8\ m^3$，占用水总量的14.3%；人工生态环境补水$200.9 \times 10^8\ m^3$，占用水总量的3.3%。

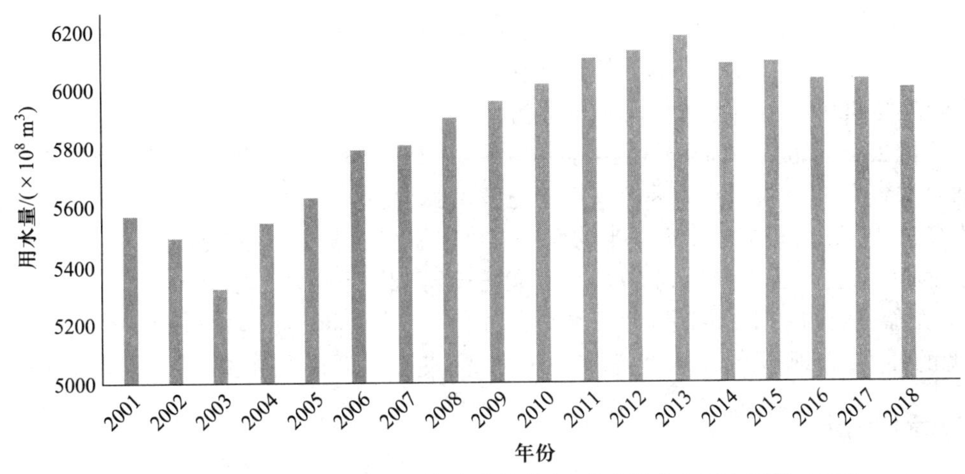

图4-3　2001—2018年中国用水变化趋势（中华人民共和国水利部，2019）

三、水环境问题

纵观人类历史，处处闪耀着水对人类社会发展的巨大贡献，同时也记载着水给人类带来的无穷灾难。人类活动，尤其是近百年的人类经济活动，对天然水体的改造作用，已使水文循环深深地打上了人类活动的印记。由于人口的急剧增加，工农业和交通运输业的迅猛发展，水资源短缺、水质恶化、水源污染等水环境问题日趋严重，成了制约社会经济发展的主导因素。

中国淡水资源人均占有量低，时空分布变异性大，水资源与土地资源不相匹配，生态环境相对脆弱。20世纪70年代以来，北方频频出现河道断流和湖泊洼淀萎缩等生态环境问题；南方水体污染及富营养化现象严重；西北干旱半干旱地区经济用水大量挤占生态用水，使荒漠化趋势蔓延；西南山区坡陡、田高水低，水资源开发利用困难，水土保持工作艰巨。

总体而言，中国水资源问题主要表现在以下几个方面：一是干旱缺水，水资源供需矛盾尖锐；二是洪涝灾害频繁；三是水污染严重，导致污染性缺水；四是生态环境恶化；五是水资源管理亟待加强。

（一）淡水资源短缺

如前所述，地球上的水是“可再生的”，总量也是恒定的；但真正可为人类直接利用的淡水又是有限的。地下水、地表水和降水分布的不均匀，意味着许多干旱和半干旱地区没有可靠的淡水来源；另一方面，人类消费的淡水量一直在迅速增加。淡水资源短缺已成为一个世界性的现象。全世界有 100 多个国家存在着不同程度的缺水问题，严重缺水的国家达 40 多个，约占全球陆地面积的一半。除了欧洲淡水资源比较丰富之外，其他各大洲都不同程度地存在缺水的问题。最严重缺乏淡水资源的是非洲撒哈拉沙漠及其以南的几十个国家，特别是那些内陆国家。其次，亚洲也存在着较严重的淡水资源短缺的问题。

淡水资源短缺，在许多国家已经成为社会经济发展的制约因素，甚至影响到若干发展中国家人民的基本生存条件。水的供应不足和人口众多使发展中国家至少有 1/5 的城市居民和 3/4 的农村人口缺少安全卫生的饮用水。由于缺水，常常使用劣质水去弥补；而人类活动排放的废污水更加重了对水总量的要求。例如，估计现在每年约有 450 km^3 的污水不断地流入世界各地的河流，大约需要 6000 km^3 的水才能稀释这些污水。

联合国《2018 年世界水资源开发报告》显示，由于人口增长、经济发展和消费方式转变等因素，全球对水资源的需求正在以每年 1% 的速度增长，而这一速度在未来 20 年还将大幅加快。目前，约有 36 亿人口，相当于将近一半的全球人口居住在缺水地区，也就是说一年中至少有一个月的缺水时间，而这一人口数量到 2050 年可能增长到 48 亿至 57 亿之多。

淡水资源短缺的主要原因是：水资源量总体偏少，且时空分布不均；用水量增长过快，用水超过水源的补给；管理不善，用水浪费；水污染加重，使原来可利用的水源无法使用，等等。

（二）水体污染

水污染问题可追溯到几个世纪以前，早在罗马时期，来自采矿场的重金属和来自城市的病原体就已经在当地引起了严重的水污染。18 世纪末，由于城市生活污水的不断注入和工业废水的排入，英国的泰晤士河变成了恶臭、有毒和充满细菌的“死河”。工业革命以来，由于世界人口的不断激增，工业、农业和交通运输业的迅猛发展，水污染愈来愈严重，已成为全球性环境问题。各种各样的污染物从多方而来：下水道排泄的营养物和化学肥料的流失、农田流失的杀虫剂和除草剂、交通线散溢的油脂与各种化学制品、从空气中沉降下来的污染物质、从垃圾堆中渗流出来的化学物质、工矿企业排放的废余热水等，使地球上的河流、湖泊、海洋等水体受到了不同程度的污染。特别是在污水收集和处理方法不当的情况下，更容易造成污染。因城市生活或工业生产排出的具有细菌与营养物负荷的废水造成的水体污染，常使水中溶解氧减少或导致水体富营养化。

中国水污染情况相当严重。据中国水资源公报，2011—2018 年，全国废污水排放总量年均达到 772.4×10^8 t（不包括火电直流冷却水排放量和矿坑排水量）；2018 年废污水排放总量为 750×10^8 t，比 1998 年的 593×10^8 t 增加了 26.5%。大量未经处理或不达标的废污水直接排入江河湖库水域，造成严重的水体污染。2017 年全国 2145 个测站监测数据地下水质量综合评价结果显示总体较差。水质优良的测站比例为 0.9%，水质良好的测站比例为 23.6%，无水质较好的测站，水质较差的测站比例为 60.9%，水质极差的测站比例为 14.6%。主要污染项目除总硬度、溶解性总固体、锰、铁和氟化物可能由于水文地质化学背景值偏高外，“三氮”污染情况较重，部分地区存在一定程度的重金属和有毒有机物污染。2018 年，对 124 个湖泊共 3.3×10^4 km^2 水面的水质评价结果显示，Ⅰ ~ Ⅲ类、Ⅳ ~ Ⅴ类、劣Ⅴ类湖泊分别占评价湖泊总数的 25.0%、58.9% 和 16.1%。主要污染项目是总磷、化学需氧量和高锰酸盐指数。121 个湖泊营养状况评价结果显示，中营养湖泊占 26.5%，富营养湖泊占 73.5%。对全国 26.2×10^4 km 的河流水质状况评价结果为，Ⅰ ~ Ⅲ类、Ⅳ ~ Ⅴ类、劣Ⅴ类水河长分别占评价河长的 81.6%、12.9% 和 5.5%，主要污染项目是氨氮、总磷和化学需氧量。水污染进一步加剧了部分地区的水资源紧缺状况。

（三）河川径流量减少

由于全球气候变暖，特别是近几十年人类经济活动的加剧，以河流和湖泊为主的地表水体发生了很大变化，河川径流减少、湖泊萎缩干涸、沼泽湿地缩小，进而导致这些地表水体的环境功能下降。

人类经济活动，如广泛推行综合农业技术措施、林业技术工程、地区都市化等，必然影响地表径流和地下径流的变化。经济活动对河川径流的影响，已经引起了研究人员的注意。这种河川径流的变化在水分过剩和热量不足的地区表现不明显，而在干旱地区或内陆地区则表现得十分突出。不同类型的经济活动对河川径流量的影响不同，不同时期经济活动的规模不同对径流的影响也不相同。

20 世纪 70 年代以来，中国第二大河流——黄河开始出现断流，并日益加剧。在 1972—1996 年的 25 年间，有 19 年出现河干断流，平均 4 年 3 次断流。1987 年后几乎每年出现断流，而且断流时间不断提前、断流范围不断扩大，断流频次、历时不断增加。1995 年，地处河口段的利津水文站，断流历时长达 122 天，断流河长上延至河南开封市以下的陈桥村附近，长度达 683 km，占黄河下游（花园口以下）河道长度的 80% 以上。1996 年，地处济南市郊的泺口水文站于 2 月 14 日就开始断流；利津水文站该年先后断流 7 次，历时达 136 天。1997 年，暴发了迄今为止最为严重的断流，当年断流河道上延至开封附近，占黄河下游河道总长的 90%，断流时间 226 天，刘家峡、三门峡水库开闸放水也未能阻止断流。花园口断面天然年径流量也在不断减少，1919—1975 年 $(560\sim570) \times 10^8$ m^3，1990—1999 年年均 502×10^8 m^3，2010—2018 年进一步减少为 460×10^8 m^3。黄河下游频频发生断流的原因虽然很多，但主要因素是经济发展导致用水量急剧增加、管理不善和用水浪费，用水量失控和区外引水人为加剧了黄河水资源的短缺和下游河道断流。

海河的天然平均径流量从 20 世纪 50 年代的 242×10^8 m^3 已减到 90 年代的 66.24×10^8 m^3 左右，个别枯水年份只有 7×10^8 m^3。东北地区的辽河，1998 年干流新城子段自 5 月 16 日至 6 月 21 日出现断流 37 天，直接造成辽河左岸傍河取水工程和石佛寺等灌区用水紧张。

由于黄淮海平原普遍缺水，河川径流剧减，河道全年大部分时间断流，成为间歇性河流，入海水量大幅度下降。

（四）地下水枯竭

地下水具有水质好、温差小、易开采、费用低等特点。地下水在含水层中的流动速度十分缓慢，自然补给量往往低于抽水量，很容易引起含水层衰竭。随着用水量的增加，人们常常超量抽取地下水，从而引起地下含水层衰竭和地面沉降。如美国得克萨斯州西部一些地区因抽水过量，含水层衰竭，成为经常遭受干旱和沙尘暴的地区。

因过度开采地下水，中国华北地区已出现全球最大的地下水漏斗，截至 2011 年，华北平原地下水降落漏斗面积达 7 万多平方千米，部分城市下降达 30~50 m，一些城乡集中供水的水井已经 500 m 深，目前仍在扩大之中。由于区域性地下水位下降，华北平原的地面沉降面积也是全国之最；在沿海地区，地下水漏斗极易引起海水入侵。

（五）水文循环发生变化

地面降水与蒸发制约着大气与水圈的关系，渗流与植物根系作用、毛细管作用将地表水体与地下水联系起来，湖泊与水库、冰川与积雪、沼泽与湿地调节着天然水体循环，江河径流、海洋表面蒸发和降水又使陆地水体与海洋形成水的大循环。这是自然条件下，地球上的水文循环过程。

在人类的参与下，地球上的水平衡循环系统发生了巨大变化。由于城市建筑物、道路路面、停车场等不透水面积增大，以及采用管道排水、修建良好的防渗设施，使城区地表径流的汇集加快，地表径流系数增大，对地下水的入渗补给减少，从而改变了城市的水文循环，同样也改变了自然水循环系统的天然功能（图 4–4）。此外，因城市能源消耗量大而形成的“城市热岛效应”，对整个城市及其周围地区的大气环流和水文循环也产生一定的影响。

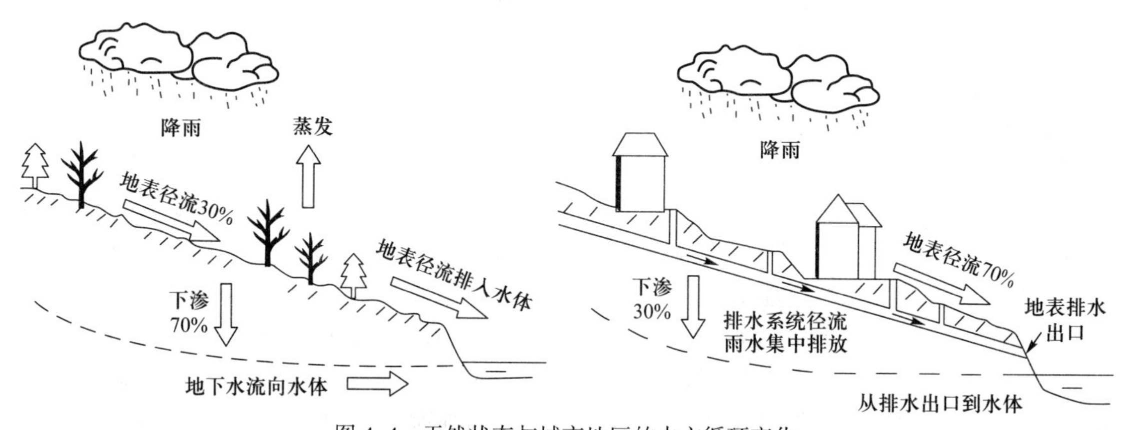

图 4–4　天然状态与城市地区的水文循环变化

水利工程也是人类改变自然水循环模式的重要方法。如中国的南水北调引水工程，是迄今最大的区域性调水项目，它不仅改变调水区和调入区的地表径流量，而且也会影响两区的蒸发与降水，其环境生态效应不容忽视。

总之，人类的绝大多数经济活动，都是通过有意或无意的方式改变着自然水循环系统，从而改变天然水的循环模式。这个过程，有些是有利于人类用水系统的，有些则是有害的。人类可以设计并建造比自然界更好的水循环系统，以达到天然水体的有效利用。例如，驰名中外的四川都江堰工程，就是古代劳动人民成功地改造自然水循环系统的范例。时至今日，该工程仍然在造福于人类。

第二节 水 体 污 染

液态水的流动性很大，溶解力强，在自然循环中，水与大气、土壤和岩石表面接触的每一个环节都会有更多的杂质混入和溶入，使自然界几乎不存在纯粹的水。而人类的经济活动常造成废污水和其他废弃物排入水中，使水受到污染，水质恶化。

一、水体污染的基本概念

（一）水体污染的定义

当进入水体的污染物质的含量超过了水体的环境容量或水体的自净能力，使水质变坏，从而破坏了水体的原有价值和作用的现象，称为水体污染。

水体污染的原因有两类，一是自然的，二是人为的。特殊的地质条件使某种化学元素大量富集、天然植物在腐烂时产生某些有害物质、雨水降到地面后挟带各种物质流入水体等造成的水体污染，都属于自然污染。人为原因造成的水体污染是指人类生活和生产活动中产生的废物对水的污染。人们通常所说的水体污染，是针对后者而言。《中国大百科全书·环境科学》一书对水体污染的定义是："主要是由于人类活动排放的污染物进入河流、湖泊、海洋或地下水等水体，使水的物理、化学性质或生物群落组成发生变化，从而降低了水体的使用价值，这种现象称为水体污染。"

早期的水体污染主要是人口稠密的大城市的生活污水造成的。产业革命后，工业排放的废水和废物成为水体污染的主要来源。随着工业生产的发展，水体污染范围不断扩大，污染程度日益严重。

（二）水体污染的判别指标

水质是指水和其中所含的杂质共同表现出来的综合特性。水质指标则表示出水中杂质的种类和数量，是判断水质和水体污染的具体衡量标准。水质指标项目总共可有上百种，其中有的指标从名称就可以看出具体的杂质成分，如汞、镉、铁、硫酸根、六六六等；有的则是许多污染杂质的综合性指标，如浑浊度等。

为了反映水体被污染的程度，就要用污水的水质指标来表示。主要的污水水质指标有下列几项：

1. pH

水的 pH 用来表示水中酸、碱的强度。pH 的定义是溶液中氢离子浓度的负对数。天然水的 pH 通常受到水中二氧化碳、重碳酸根和碳酸根的平衡的控制。其变化范围在 4.5~8.5，一般为 7.0~8.5。

污水的 pH 对污水处理及综合利用、水中生物的生长繁殖、排水管道使用寿命等都有很大影响，所以被列为检验水质的重要指标之一。

2. 悬浮物

悬浮物是指水中呈固体状的泥沙和胶体等不溶解物质。由于悬浮物上往往吸附着有毒有害物质，因此，悬浮物不仅影响水的透明度，而且使水质变坏。中国工业“三废”排放标准中规定悬浮物不得超过 500 g/L。悬浮物是废水处理厂设计的重要参数之一，也是废水处理设备处理效果的一项重要指标。

3. 有机物浓度

由于有机物的组成比较复杂，要想分别测定它们的含量比较困难，一般采用下面几个指标来表示有机物的浓度：

① 生物化学需氧量，用 BOD（biochemical oxygen demand）表示，简称生化需氧量。它是指水中有机污染物经微生物分解所需的氧量（单位体积污水所消耗的氧量，mg/L）。目前国内外普遍采用在 20℃下，5 昼夜的生化耗氧量作为指标，以氧的每升毫克数来表示，称五日生化需氧量（BOD_5）。生化需氧量指标越高，说明水被有机物污染程度越深。

② 化学需氧量，用 COD（chemical oxygen demand）表示，指用化学氧化剂氧化水中有机污染物时所需的氧量。COD 越高，表明有机质越多。目前常用的氧化剂主要是重铬酸钾或高锰酸钾。以高锰酸钾作氧化剂时，测得的值也称耗氧量。但它不能如实反映被微生物分解氧化有机物时所需氧的量，不能代替生化需氧量，且测得的结果比生化需氧量偏高。

③ 总有机碳（total organic carbon，TOC）和总需氧量（total oxygen demand，TOD）。TOC 是近年来发展的用以间接表示水中有机物质含量的一种综合性指标。它的测定需要专门的仪器，称为总有机碳测定仪。TOC 几乎可以反映水中有机物质的总量，但个别耐久的碳化合物不易被燃烧氧化，故所测出的 TOC 值常低于理论值。其含量以 mg/L 计。

TOD 是指水中的还原性物质——主要是有机物质——在燃烧中变成稳定的氧化物时所需要的氧量，以 mg/L 计。它的测定亦需在专门的总需氧量测定仪中进行。TOD 能反映几乎全部有机物质经燃烧后变成氧化物时所需的氧量。它比 BOD、COD 更接近于理论的需氧量。

4. 污水的细菌污染指标

每毫升污水中的细菌常以千万计。其中大部分是寄生在已丧失生活能力的机体上，这些细菌是无害的；另一部分细菌，如霍乱菌、伤寒菌、痢疾菌等则寄生在有生活机能的活的有机体上，它们对人、畜是有害的。对污水进行细菌分析是一项很复杂的工作，在水处理工程中，用两种指标表示水体被细菌污染的程度：① 每毫升水中细菌（杂菌）的总数；② 水中大肠菌的多少。水中含有大肠菌，即说明水已被污染。

5. 污水中有毒物质指标

中国已制定地面水中有毒物质的最高容许浓度和标准，列出了 40 种有毒物质。以上五个指标是表示水体污染情况的重要指标，此外还有温度、颜色、放射性物质浓度等。

二、水体的主要污染物及其来源

（一）水体主要污染物

造成水体水质、水中生物群落和水体底泥质量恶化的各种有害物质（或能量）都属于水体污染物，从化学角度有四大类，即无机无毒物（酸，碱，一般无机盐，氮、磷等植物营养物质等）、无机有毒物（重金属、砷、氰化物、氟化物等）、有机无毒物（糖类、脂肪、蛋白质等）、有机有毒物（苯酚、多环芳烃、多氯联苯、有机氯农药等）。据不完全统计，水体污染物约有150多种，其中对水体污染有较大影响的共有9类。

1. 需氧污染物

生活污水和某些工业废水中所含的糖类、蛋白质、脂肪等有机物，可在微生物作用下最终分解为简单的无机物质，而在分解过程中需要消耗大量的氧气。亚硫酸盐、亚硝酸盐和硫化物等无机还原性物质排入水体后同样也要消耗氧，这些物质被称为需氧污染物。它们对水体的污染程度一般以BOD表示。

需氧污染物虽属无毒有机物，但在氧化分解时会消耗或耗尽水中溶解氧，造成水体缺氧，导致鱼类及大部分水生生物因缺氧而死亡；在厌氧条件下发生分解会产生有害物质如甲烷、氨和硫化氢等，使水质变黑发臭。

2. 植物营养物

植物营养物主要指氮、磷、钾、硫及其化合物，它们是植物生长发育所必需的养分，但过多的营养物质进入水体，将造成富营养化，水体质量发生恶化，影响鱼类的生长和危害人体健康。磷、氮两种植物营养物主要来自各种与土地利用有关的排放源。一般说来，森林覆盖区的河水中磷和氮的含量最低，城市河水次之，农业区和饲养场含量最高（图4–5）。未被植物利用的氮、磷肥料绝大部分随农田排水和地表径流进入地下水和地表水中。

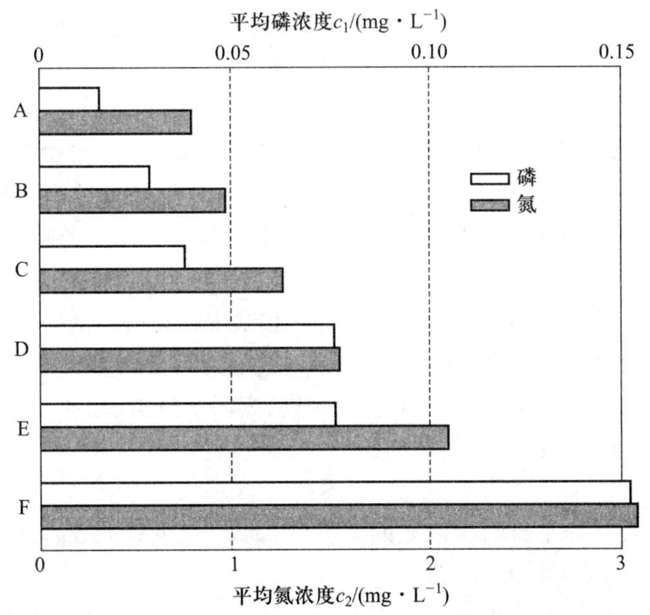

图4–5 土地利用与河流中氮、磷平均浓度的关系（Keller，1999）

A. 茂密森林；B. 森林为主；C. 森林与农业混合区；D. 城市；E. 农业为主；F. 农业

从农作物生长的角度看，营养组分是宝贵的肥料，但过多的营养物质进入水体，会污染水体，造成水体富营养化，导致各种藻类大量繁殖，水中溶解氧急剧减少，鱼类大量死亡。

一般讲，总磷超过 20 mg/m^3，或无机氮超过 300 mg/m^3 即可认为水体处于富营养化状态。

3. 重金属

造成水、土环境污染的重金属主要有汞、镉、铅、铬，以及类金属砷等生物毒性显著的重元素，也包括具有毒性的重金属锌、铜、钴、镍、锡等。

采矿和冶炼是向环境中释放重金属的最主要污染源，此外不少工业部门也通过“三废”向环境中排放重金属。

重金属污染物最主要的特性是：在水体中不能被微生物降解，而只能发生各种形态之间的相互转化、分散和富集。重金属经常随自然沉积物一起沉积在河床底部。

4. 有毒化合物

许多合成有机、无机化合物对人和其他生物是有毒的。当它们进入地表水或地下水，就可能导致严重的污染。污染水体的有毒化合物最常见的是氰化物、酚类化合物。它们即使浓度很低，对鱼类及其他更小的水生生物也有毒性。

农药也是化学产品，中国使用的农药，主要是有机氯农药和有机磷农药。农药污染表现为毒性强、残留量大、残毒期和生物学半衰期长。即使微量的农药对生物体也有影响，因此特别要防止农药污染饮用水水源。

5. 酸、碱与无机盐类

酸性废水主要来自矿山排水、工业酸洗废水和酸性降水，碱性废水主要来自碱法造纸、制碱、制革等工业废水。酸、碱废水，可产生各种盐类，所以酸碱污染必然伴随着无机盐类污染。

酸、碱废水破坏水体的自然缓冲作用，消灭和抑制细菌及微生物的生长，妨碍水体的自净功能，腐蚀管道和船舶。酸碱污染不仅能改变水体的 pH，而且可大大增加水中的一般无机盐类和水的硬度。

6. 漂浮物

石油、油脂等油类物质及其他漂浮于水面的固体和液体物质，不仅淤塞河道、妨碍航运，而且影响水源利用、恶化水体的感观性状。悬浮物质能够截断阳光、影响水的通气性和水生植物的光合作用，危害鱼类、海鸟和其他水生生物。悬浮物质也增加了水体的浑浊度，降低了水体的旅游价值。水面含油量达到一定程度时，还容易引发火灾。

漂浮在水面上的石油绝大部分需通过自然降解和微生物分解而消失。因此要消耗大量的水中溶解氧（1 kg 石油完全氧化要消耗 40×10^4 kg 海水中的溶解氧），造成水体缺氧。

水中漂浮物主要来自采矿、建筑、农田水土流失、废污水排放、油船、输油管和海上油井事故等。据估计，全世界每年排入海洋中的石油约为 5×10^6 t。

7. 放射性物质

大多数水体在自然状态下都有极微量的放射性。第二次世界大战后，由于原子能工业，特别是核电站的发展，水体的放射性日益增高。

水体中的放射性物质主要来源于核动力工厂排出的冷却水。污染水体的最危险放射性物质是锶 -90、铯 -137 等，它们半衰期长，经水和食物进入人体后，能在一定部位积累，造成对人体的放射性辐照，可引起遗传变异或癌症。

8. 病原微生物和致癌物

所谓病原微生物废水是指含有各种病原虫、寄生虫及卵、病菌、病毒和其他致病微生物的废水。此种废水未经必要的消毒灭菌、杀虫杀卵等处理，直接排入环境就会造成疫病的传播和蔓延，直接危害人类的健康。

病原微生物是水体污染中主要的污染物。对人来讲，传染病发病率和死亡率都很高。借水体传染的有霍乱、伤寒、副伤寒、菌痢、传染性肝炎、蛔虫、绦虫和血吸虫等。目前伤寒、副伤寒、霍乱基本得到控制，但其他几种还未得到控制。

上述各种污染物质大部分都含致癌物质，如印染废水中的染料有多种芳香胺类致癌物，植物营养物中的亚硝基化合物可致肝癌，重金属铬、镍也可致癌。

9. 工业废热水

废热水是指工业排出的用于冷却的废水，主要来自发电站、钢铁厂、焦化厂等，它使水体温度上升，造成热污染。

水温过高有以下不良影响：① 水中溶解氧减少，同时促使水中有机物加快分解，细菌活动性提高，增加氧的消耗；② 妨碍鱼类生存和繁殖，除喜温鱼种外，一般的鱼在热水中呼吸急促、食欲减退、消化不良、容易死亡；③ 加大水中某些毒物的毒性，如当水温升高 10℃，氰化钾对鱼可产生双倍毒性；④ 河水温度的变化会影响对工业废水进行有效的处理，同时也降低其给水（冷却水）的价值。

（二）水体污染源及其污染特征

凡能释放或排放污染物的场所，均称为污染源。而排放或释放的污染物能引起水污染的污染源称为水体污染源。

1. 污染源分类

关于污染源的分类方案很多（表 4-5），迄今尚未取得统一。以下仅介绍两种主要的分类法。

(1) 按污染源成因分类：可分成天然污染源和人为污染源。由于现代人们还无法完全对许多自然现象实行强有力的控制，因此对天然污染源也不能完全控制。人为污染源是可以控制的，但是不加控制的人为污染源对水体的污染远比天然污染源引起的水体污染严重。人为污染源产生的污染频率高、数量大、种类多、危害深，是造成水体污染的主要原因。

表 4-5 水体污染源分类

分类方法	分类名称
按污染源成因	天然污染源、人为污染源
按污染源释放途径	释放源、搬运源
按污染源行业	生活污染源、工业污染源、农业污染源
按污染源化学类型	无机污染源、有机污染源
按污染源空间分布特征	点状源、线状源、面状源
按污染物相态	液体污染源、气体污染源、固体污染源

人为污染源又可分为工业污染源、农业污染源和城市生活污染源三大类。

(2) 按污染源空间分布特征分类：可分成点源、线源和面源。以点状向水体排放污染物的污染源称为点污染源，还可以细分为稳定点源（如工厂、矿山、居民点等）和非稳定点源（如废渣堆、原料堆放场等）。以线状形式向水体排放污染物的污染源称为线状污染源。来源于较大面积的污染物对水体造成危害，称为面污染源，也可称为非点源污染，如城市地面、农田、林田等。

另外，按污染物属性可分为物理、化学、生物等污染源等。

对地下水而言，除位于地表各种形式的污染源外，还存在地下污染源。如地下固体废物处置场、与潜水有水力联系的下伏高矿化度含水层、废弃矿坑内被污染的水体、排泄污水的钻孔和水井、地下输油管道、损坏了的地下废污水排放管道等。

2. 工业污染源的污染特征

工业污染源是水体的主要污染源，特别是未经处理的污水和废渣，直接流入或渗入地表、地下水体，造成严重的水体污染。

工业废水是水体最重要的污染源。它量大、面广，含污染物多，成分复杂，在水中不易净化，处理也比较困难。由于工业类型、原料、生产工艺、用水水质和管理水平等的不同，各种工业废水的成分和性质差别是很大的。工业废水主要具有下列特性：

① 悬浮物质含量高，最高可达 30000 mg/L，而生活污水一般在 200~500 mg/L；

② 需氧量高，有机物一般难于降解，对微生物具有毒害作用。一般 COD 为 400~10000 mg/L，BOD 为 200~5000 mg/L（生活污水 BOD 为 210~600 mg/L）；

③ pH 变化幅度大，一般在 5~11，甚至在 2~13 之间；

④ 温度较高，排入水体可引起热污染；

⑤ 易燃，常含有低燃点的挥发性液体，如汽油、苯、甲醇、酒精等；

⑥ 多种多样的有害成分，如硫化物、氰化物、汞、镉、铬、砷等。

根据所含成分的不同，可将工业废水分为下列三类：第一类，主要是含无机物的废水，包括冶金、建材等工业排出的废水和氯、碱、无机酸和漂白粉等制造业的一些化学工业废水；第二类，主要是含有机物的废水，包括食品、塑料、石油化工、制革等工业废水；第三类，同时含有有机物和无机物的废水，如炼焦厂、氮肥厂、合成橡胶厂和制药厂等化学工业的废水，以及洗毛厂、人造纤维厂和皮革厂等轻工业的废水等。

工业废渣及污水处理厂的污泥中也含有各种有毒有害污染物，如露天堆放或填坑，当受到雨水及废水淋洗便会进入地表、地下水体中。

此外，工业物品储存装置及运输管道的渗漏常造成水体污染。油船漏油、排污钻孔套管断裂等突发性事故也会引起水体污染。

3. 城市生活污染源的污染特征

由居民生活而产生的水体污染物主要来自人体的排泄物和肥皂、洗涤剂、腐烂的食物等。此外，科研文教单位实验室排出的废水成分复杂，常含有各种有毒物质；医疗卫生部门的污水中则含有大量细菌和病毒。因此，城市生活污水具有以下特点：

① 含氮、磷、硫高，易引起水体富营养化；

② 有机物质主要有纤维素、淀粉、糖类、脂肪和蛋白质等，它们大多呈胶体状态。在厌氧细菌作用下，易产生恶臭物质，如 H_2S 等；

③ 含有大量合成洗涤剂，对人体可能有一定的危害；

④ 含有多种微生物，每毫升污水中可含几百万个细菌，病原菌也多。

一般生活污水，相当混浊，温度约高于自然水温 1~2℃，pH 在 7 以上（软水区为 6.5~7.5，硬水区为 7.5~8.5），BOD 为 100~700 mg/L。

由于生活情况不同，各城市生活污水的组成、净化速度也不一样，故对水体影响亦存在一定差异。此外，生活污水因与人们日常生活有关，所以在时间上变化明显。

生活污水与工业废水的主要不同点是：生活污水中生物可分解的有机物大部分呈胶体状态，而工业废水中的有机物则大部分呈溶解状态；生活污水中生物难分解的物质含量少，微生物含量多。

4. 农业污染源的污染特征

农业污染面广、分散、治理难。污染物主要是牲畜粪便、污水、污物、农药、化肥、用于灌溉的城市污水、工业废水及由城市汇集于城市下游的地面径流污水等。与其他污染源比较，农业污染源具有两个显著特点：

① 有机质、植物营养物及病原微生物含量高，如中国农村牛圈所排污水 COD 可高达 4300 mg/L，是生活污水的几十倍。

② 化肥和农药含量高。研究表明，施用的农药、化肥的 80%~90% 进入水体，有的半衰期很长，如有机氯农药半衰期约为 15 年，故参与了水文循环，形成全球性污染。

农业污染源是一种面源，由于面广、分散，不易引起人们足够的重视。

5. 天然污染源的污染特征

天然污染源指自然环境本身给水体造成的污染。在现代工业出现之前，天然污染源是水体污染的主要原因。水体的天然污染源一般有以下几种：

① 在特殊的地质条件下，某种化学元素大量富集，产生毒性，污染水体。如有些地区地下水与泉水中氟含量过高，使当地居民患有氟斑牙，甚至出现骨骼畸形。

② 火山喷发和风蚀作用产生的大量灰尘落入水体。

③ 在沿海地区，海水通过咸潮侵入河流、湖泊和地下水层。

④ 水生生物的遗体腐败后引起水体有机污染甚至富营养化。

三、污染物的环境水文地球化学效应

污染物进入水体后，即开始复杂的物理、化学及生物因素综合作用的迁移转化过程。一方面，在水体的自净作用下某些污染物浓度降低，最终恢复到原来的水质状态；另一方面，某些作用增加污染物的迁移性能，使其浓度增加，或从一种污染物转化为另一种污染物，从而增加了对环境的危害。不同污染物在水体中的环境水文地球化学特征不同，各种水文地球化学作用对污染物的迁移可能存在两种效应：阻止迁移效应（或称净化效应）和增强迁移效应。

（一）水体污染与自净机制

1. 水体污染机制

污染物在水体中，始终存在着相互关联的水体污染与水体自净两个过程。水体污染的发生与发展，取决于这两个过程的强度，它们随污染物的性质、污染源大小及受纳水体三个方面的对比关系而定。在物理、化学、生物及生物化学等因素的作用下，水体污染的机制是极其复杂的。

(1) 物理作用：水中污染物在水及其自身的力的作用下迅速扩散，并随着分布范围的扩大，浓度相应降低，但其化学组成和化学性质不变。主要的物理作用包括水流的紊动作用、分子扩散作用、水流的冲刷作用等。

(2) 生物化学作用：进入水体的污染物随水流迁移时，必然与水中各种各样的胶体和悬浮物接触，通过吸附－解吸、胶溶－凝聚等作用进行物质交换，经历水体污染与自净过程。

(3) 化学作用：水体污染物，除随水流一起运动，还因介质条件的变化，令其各种成分之间，以及与水体的原有成分之间发生化学作用。如酸化、碱化、中和、氧化－还原、分解－化合等化学作用，这种作用不仅可使污染空间扩大，而且也能使水体污染加重。

(4) 生物作用：生物作用可扩大水体的污染范围，使污染物毒性增大，或使污染物在水中富集。生物作用包括生物分解作用、生物转化作用和生物富集作用。进入水体的有机物或某些矿物成分在生物作用下进行的分解作用有好氧分解、厌氧分解两种；某些元素在生物作用下发生形态和价态的变化，可转变为毒性更强的物质；或者通过生物累积与生物放大过程发生生物富集作用，使生物体内的某种污染物的含量大大超过水体中的浓度。

2. 水体自净作用

水体的自净能力，即水自然净化能力，是大自然维持自身平衡的一种作用。广义的水体自净是指受污染的水体，经过水中物理、化学与生物作用，使污染物浓度降低，恢复到污染前水平的现象。狭义上说，水体自净是指经水体中的微生物氧化分解有机污染物使水体净化的过程。

从净化的机制看，水体自净作用可以分为物理自净作用、化学自净作用、生物自净作用等。它们同时发生，又相互影响、交织进行。但一般地说，物理自净作用和生物化学自净作用在水体自净过程中最为重要。

(1) 物理自净作用：是指污染物进入水体后，只改变其物理性状、空间位置，而不改变其化学性质。主要包括水体中所发生的混合、稀释、扩散、挥发、沉淀等过程。

(2) 化学自净作用：是指污染物在水体中以简单或复杂的离子或分子状态迁移，并发生了化学性质或形态、价态上的转化，使水质亦发生化学性质上的变化，但未参与生物作用。化学自净作用包括酸碱中和，氧化－还原、分解－化合、吸附－解吸、胶溶－凝聚等。化学自净作用可以改变污染物在水体中的迁移能力和毒性大小，亦能改变水环境化学反应条件。

(3) 生物自净作用：是指水体中的污染物经生物吸收、降解作用而发生消失或浓度降低的过程。如污染物的生物分解、生物转化和生物富集等作用。水体生物自净作用即狭义的自净作用，主要指悬浮和溶解于水体中的有机污染物在微生物作用下，发生氧化分解的过程。

(4) 水体自净过程的特征：污染物进入水体，即开始了水体自净过程，由弱到强直至趋于稳定，水质逐渐恢复到污染前的水平。水体自净过程表现为：进入水体的污染物在自净过程中浓度逐渐下降；大多数有毒物质在多种作用综合影响下，转变为低毒或无毒的化合物；溶解状态的重金属污染物被吸附或转变为不溶性的化合物而发生沉淀；复杂的有机物被微生物利用和分解，最终变为 CO_2 和 H_2O；不稳定污染物转化为稳定化合物。

污染物质排入河流后，一方面发生混合稀释为主的物理净化，由于推流和扩散作用，被流水混合、稀释和扩散，逐渐与河水相混合，污染物的浓度逐渐降低。另一方面发生耗氧复氧为主的生化净化作用，可氧化的物质被水中的氧气所氧化；有机物质则通过水中微生物发生氧化分解，还原成液态或气态的无机物，溶解氧的浓度随着有机物被微生物氧化分解而大量消耗，很快降到最低点；随后由于有机污染物的无机化和藻类的光合作用，以及其他好氧微生物数量的下降，溶解氧又渐渐恢复到原来的水平。在离开污染源相当距离后，水体中的各种微生物的数量和有机物、无机物的含量也都下降到最低点，河流表面又不断地从大气中获得氧气，使氧化过程和微生物消耗掉的氧气得到补充。经过一段时间，河水流到一定距离时，就恢复到原来清洁的状态（图 4–6）。

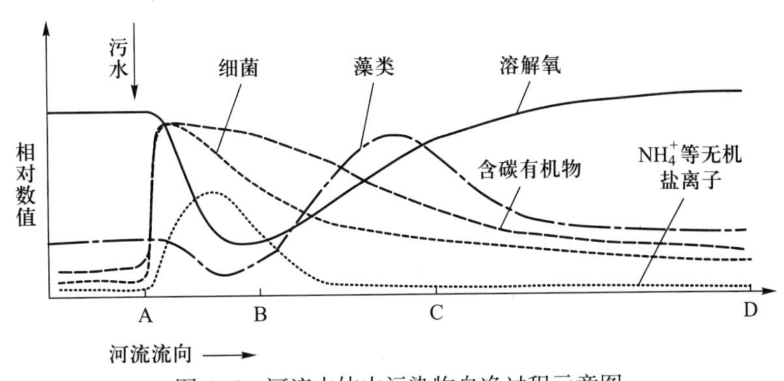

图 4–6　河流水体中污染物自净过程示意图

水体自净作用是一个十分复杂的过程，受多种因素的综合影响，如地形、地质及水文地质、水文、微生物种类与数量、水温、流速、复氧能力（风力、风向、水体紊动情况）以及污染物的组成和浓度等。

自然界各种水体本身都具有一定的自净能力，如果污染物质大量地、源源不断进入水体，水中污染物浓度很高，超过了水体的自净能力，就会使水质变坏造成污染。

（二）污染物的环境水文地球化学特征

污染物质进入地下含水层后，虽然也经历物理、化学和生物的作用过程，但污染物在地下水中的迁移转化过程有着独特的水文地球化学效应。

1. 污染物在地下水系统中的迁移转化

污染物质绝大多数是从地面随下渗水流经土层而进入含水层的，很少有直接向淡水含水层排泄废弃污染物的情况。因此，从研究污染物迁移角度出发，一个完整的地下水污染系统应由以下各单元组成：污染源、农作物、表土层（耕作层）、犁底层、下包气带和含水层，如图 4–7 所示。

污染物质在地下水系统内的迁移转化过程是：人为污染源—表土层—下包气带土壤—含水层—人类抽取并使用地下水。

人类活动排放的污染物经预处理后以浓度 c_0 从地表入渗进入表土层。这里（地表以下 0~20 cm）含有大量有机质，微生物活动频繁，土质均匀疏松，有较多的虫孔和根系孔隙，透气、透水性能较好。污染物质可在表土层中产生过滤、截留、降解、吸附、络合、沉淀及植物根系吸收等一系列复杂的物理、化学及生物反应。

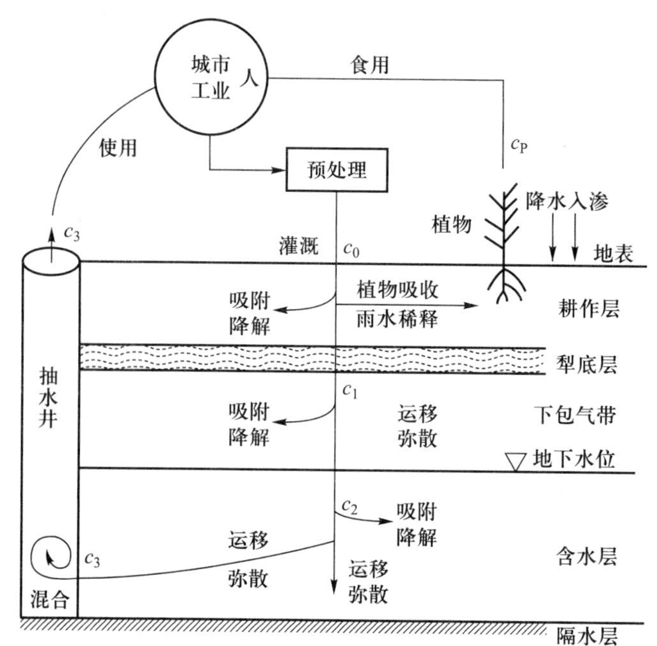

图 4-7 地下水污染系统示意图

观测实践表明，表土层比其下部包气带和其他土层具有更大的自净能力和环境容量，如对BOD可去除95%左右，对COD亦可去除85%左右，对各种重金属亦有较强的去除能力。当超过土壤环境容量之后，一部分污染物会继续向下运移，经耕作层之后其浓度由 c_0 降低至 c_1。

污染物质穿过犁底层，进入厚度一般为几十厘米到几十米的下包气带土层中。这里腐殖质不多、微生物活动显著减少、植物根系和虫孔不发育。因此，该层内污染物质的迁移、转化较弱，自净能力明显低于表土层。在这一单元内主要发生土壤颗粒的吸附和污染物质的转化，以及有机物在厌氧条件下的降解。污染物质在下包气带迁移、转化之后到达地下水面时其浓度变为 c_2。

含水层是被地下水完全充满土壤孔隙的饱水单元体。污染物进入含水层后，在复杂的水动力条件下，经过稀释、转化、运移等作用，浓度由 c_2 降至抽水井附近的 c_3。当人类开发利用地下水时，污染物便以 c_3 的浓度随地下水返回到人类圈。

另一种循环过程是：从污染源进入耕作层之后，污染物质不是随水流向下渗透，而是被植物根系吸收，进入植物的根、茎、叶和果实之中，通过食物链以 c_p 的浓度返回到人类圈。

不同污染物的迁移能力受污染组分自身性质和环境因素的影响，迁移过程中所发生的作用各不相同(表 4-6)。

2. 氮的环境水文地球化学特征

氮是动植物生长的必需营养元素，自然界中氮主要以气态形式存在于大气中。由于农业氮肥的过量施用，生活污水、工业废水和固体废物的不适当处置，地下水中硝酸盐污染成为许多国家和地区地下水的主要污染问题。

有研究表明，长期饮用硝酸盐含量过高的地下水会对人类的身体健康产生危害，能引起高铁血红蛋白症，导致儿童患白血病的概率增加，与糖尿病、高血压、甲亢之间也与有一定联系。

表 4-6 各种化学组分通过近中性黏土矿物柱的相对迁移能力

化学组分	主要衰减机理	相对迁移能力
OPP①	吸附－交换	低
Pb^{2+}	沉淀、交换	低
Cd^{2+}	沉淀、交换	低
Hg^{2+}	沉淀、交换	低
Cr^{2+}	沉淀、交换	低
Cu^{2+}	沉淀、交换	低
Ni^{3+}	沉淀、交换	低
PCB_s②	吸附、微生物降解	中等
Fe^{2+}	氧化－还原	中等
K^+	阳离子交换	中等
Mg^{2+}	阳离子交换	中等
NH_4^+	阳离子交换	中等
WSOC③(麦草畏)	微生物降解	高
Na^+	阳离子交换	高
Cl^-	弥散	高
COD	微生物降解	高
Cr^{6+}	稳定的水溶组分	高
HHC④	弥散	高
Mn^{2+}	从黏土中洗提出来	较易洗提
Ca^{2+}	从黏土中洗提出来	重新被吸附
NO_3^-	反硝化作用、生物作用	较高
细菌	吸附、过滤	较低
病毒	吸附	较低

注：① 有机氯农药；② 多氯联苯；③ 水溶有机化合物；④ 低分子卤代烃（林炳营，1990）

以硝酸盐形式（NO_3–N）存在的溶解氮是地下水中最常见的污染物。在未受污染的天然水体中，NO_3–N 的含量多小于 30 mg/L，但在受污染的地下水中，其含量每升可达几百毫克至几千毫克。例如，中国陕西、河南一些地区的“肥水”，其 NO_3^- 高达 4000 mg/L 以上；美国得克萨斯州的鲁尼尔斯（Runnels）县，地下水中 NO_3^- 平均值为 250 mg/L，最高达 3100 mg/L。

地下水中的溶解氮除常量组分 NO_3^- 外，还有微量组分 NH_4^+、NO_2^-、NH_3、N_2、N_2O 和有机氮。这些氮通常来自城镇生活污水和生活垃圾，食品、皮革、造纸等工业废水，化肥和农家肥（动物废物），以及大气污染形成的酸沉降等。

在一般污染水中，氮主要是以 NH_4^+ 及有机氮的形式存在，它们进入地下水污染系统的表土层之后，有机氮通过矿化作用形成 NH_4^+，转化为无机氮；然后发生亚硝化和硝化作用，使无机氮进一步转化。一般过程是：

$$有机氮 \rightarrow NH_3\text{–}N \rightarrow NO_2\text{–}N \rightarrow NO_3\text{–}N$$

影响氮转化的环境因素及地质因素主要有：湿度、pH、土壤含水量、污水及土壤中的有机质、包气带岩性及地质结构、含水层类型等。

3. 重金属的环境水文地球化学特征

近年来，随着微量金属在人体健康生态学上的研究逐渐深入，地下水中微量金属污染及其污染机理问题，已引起人们极大的关注。目前已列入饮用水标准中的微量金属有汞(Hg)、铬(Cr)、镉(Cd)、铜(Cu)、铅(Pb)、锌(Zn)、铁(Fe)、锰(Mn)和银(Ag)。

除 Fe 外，上述微量金属在天然地下水中的浓度一般都小于 1 mg/L。但在受污染地区和某些特定地质条件的天然地下水中，其浓度可能超过饮用水水质标准。铬被认为是最有可能使地下水水质恶化的一种重金属，汞和镉是最危险的重金属污染组分。

微量重金属进入地下水污染系统之后，主要的迁移转化作用有：土壤的过滤、截留、络合、沉淀和吸附，以及植物的吸收、随水流迁移、弥散等。相对于有机污染物，重金属及其化合物一般比较稳定，不易被分解净化。

(1) 汞(Hg)

自然界中，除含汞矿床外，水体、土壤及生物体内均可能含有汞。汞的人为来源主要是用汞的化学工业，如玻璃、颜料、炼油、电池及农药等。

环境中的汞可以无机或有机的形式存在。无机汞包括金属汞(Hg)、汞离子(Hg^{2+})和汞的硫化物(HgS)，有机汞主要有甲基汞(CH_3Hg^{3+})和乙基汞($C_2H_5Hg^+$)。汞在水溶液中的存在状态主要决定于介质的 pH 和 Eh。汞在环境中的迁移转化作用主要有：无机汞各种形式间的氧化还原作用、各种无机和有机胶体对汞离子的吸附作用、与水中阴离子的络合作用、无机汞转化为有机汞的甲基化作用，以及甲基汞的生物富集作用等。汞进入水体中，经过上述作用，或沉于底泥，或溶于水中，或富集于生物体，或挥发到大气中，从而构成汞在环境中的循环。

土壤中的胶体颗粒对汞离子有很大的吸附能力，使汞常常富集在土壤、污泥、河流底泥里。土壤中汞的聚集深度约 25 cm，往下其含量即为背景值，这说明地表污染源的汞很难向下迁移进入地下水。

(2) 铬(Cr)

铬在自然界中主要富存于超基性岩的铬铁矿中，在菱铁矿中也有一定富集。地表水中含铬一般为 10 μg/L。铬的主要污染来源是电镀工业、铬盐化工、制革、颜料、制药等工业排放的含铬废水、污泥及工业固体废物。

地下水中的铬有两个氧化态：Cr^{3+} 和 Cr^{6+}，分别以阳离子和阴离子的形式存在，即 $Cr(OH)^{2+}$ 和 $HCrO_4^-$ 或 CrO_4^{2-}。其中六价铬的毒性比三价铬更大。在浅层地下水中，因为它处于相对比较好的氧化条件，所以很易受 Cr^{6+} 的污染。CrO_4^{2-} 在氧化条件下是稳定的溶解组分，而三价铬在一般的地下水中(pH 为 6~9)是不稳定溶解组分，很容易形成 Cr_2O_3 或 $Cr(OH)_3$ 沉淀，只有在 pH 为 5 时，才以稳定的溶解形式[$Cr(OH)^{2+}$]出现。一般来说，阻碍六价铬迁移的机理有两个：吸附和氧化还原。

当土壤中存在阴离子吸附剂时，在合适的 pH 下，CrO_4^{2-} 即被泥沙所吸附。研究表明，主要起吸附作用的不是有机质，而是铁的氧化物及氢氧化物薄膜。地下水中 Cr^{6+} 的迁移常常受氧化还原条件的影响。如果地下水含水层或包气带地层中富含有机质及二价铁，则很容易使 Cr^{6+} 还原为 Cr^{3+}，并形成 $Cr(OH)_3$ 沉淀。

地下水 Cr^{6+} 污染的可能性及其严重程度，主要取决于该系统中铁和有机质的含量。Cr^{6+} 在水中成为一个稳定的溶解组分，与 pH 和 Eh 有着明显的关系，即含 Cr^{6+} 地下水是碱性的氧化环境。

(3) 铅(Pb)

冶炼、化工、农药、油漆、搪瓷、陶瓷、蓄电池及塑料等工业的三废排放都可造成环境的铅污染。铅已经成为全球性的污染物质,对人类的潜在威胁很大。

铅在天然水体中的含量和形态受 CO_3^{2-}、SO_4^{2-} 和 OH^- 等的影响,在中性和弱碱性溶液中,铅的浓度为氢氧化物所限制;在酸性条件下,为硫酸盐所限制,酸性水中铅离子(Pb^{2+})的含量远高于在碱性水中的含量。

进入水体中的铅易于沉淀,而难于迁移。铅一般在污染源附近被底泥吸附,或与铁锰水合物共同沉淀,或以碳酸盐形式沉淀。铁和锰的氢氧化物对铅有强烈的吸附能力,含氧化铁、氧化锰的沉积物中可以发现高浓度的铅。铅在环境中的迁移形式主要是随悬浮物被流水搬运迁移。

(4) 镉(Cd)

镉广泛应用于电镀、汽车及航空、颜料、油漆、印刷等行业。无论是从毒性还是蓄积作用来看,镉都是继汞、铅之后污染环境、威胁人类健康的三大金属元素之一。日本富山县骨痛病就是水田镉污染的典型事例。工厂排出的含镉废水是水体的主要污染源,进入水体的镉很快被水中的微粒吸附或产生化学沉淀,表现出明显的、迅速的向底泥转移的过程。因此,一般在水中检测到的镉含量较低,而在底泥中有时要高得多。

由于镉向底泥的转化是水体污染的一个主要过程,底泥的再搬运和沉积将对环境发生二次污染。

4. 微量非金属的环境水文地球化学特征

(1) 砷(As)

在地壳岩石中,砷常与硫结合形成硫化物。含砷的矿物主要有雄黄、雌黄、毒砂、砷华、硫砷铜矿等。这些矿物中的砷都是三价,经氧化后,可变为五价砷酸盐。砷常用于颜料、农药、药品、合金和玻璃工业,这些行业的固体和液体废物多含有砷。

一般地下水中砷含量多小于 0.1 mg/L,但在含砷矿床地下水、油田水及热水中砷含量往往较高。砷是个变价元素,地下水中的 As 主要以三价和五价出现。在氧化条件下,砷为五价,多以带负电的络合阴离子出现。如地下水有足够的铁和锰存在,可形成难溶化合物 $FeAsO_4$ 和 $Mn_3(AsO_4)_2$。所以,在富氧的浅层地下水中,砷的浓度不会很高。在还原条件下,砷为三价,以带负电或不带电的络合离子存在。如地下水中有足够的硫存在,则可形成 As_2S_3 和 AsS 等矿物沉淀,这些硫化物的溶解度极低。

砷从水中的析出反应主要是被吸附于黏土颗粒而沉淀,天然水中的溶解性砷含量很低,水体中砷污染物主要存在于悬浮物和底泥中。

(2) 氟(F)

地壳中氟的平均含量为 270 μg/g,各种岩石都可能存在含氟矿物,其中以火成岩为最多。含氟矿物的溶解是地下水中 F^- 的天然来源,而人为来源主要是:冶金工业使用萤石作添加剂、含氟废渣的淋滤、钢铁企业的含氟废水、含氟磷灰石的开采和含氟液体及固体废物。

天然地下水中,氟的富集受到气候、地理、地层岩石中含氟矿物、水文地质条件及水文地球化学条件等多种因素的控制。如 pH 不变,则 F^- 浓度随 HCO_3^- 增加而增大;如果 HCO_3^- 不变,则 F^- 浓度随 pH 增加而增大。氟在土壤中的吸附受到土壤和矿物性质的影响,与土壤的 pH、Al、

Fe、有机质和黏粒含量明显相关。如果土壤中 Al、Fe、黏粒及有机质含量低，pH 高，则土壤对 F^- 的吸附能力小，F^- 易于被植物摄取，且可能向下淋滤进入含水层；反之，若 Al、Fe、黏粒及有机质含量高，pH 为 5.0~6.5，则土壤对 F^- 具有高的吸附容量，植物不会受氟的毒害，也不会危及地下水水质。

5. 酚、氰的环境水文地球化学特征

酚是芳香烃的衍生物，是羟基直接连在苯环上形成的。酚呈弱酸性，电离常数一般为 10^{-10} 左右，是比碳酸还弱的酸。

冶金、炼焦、炼油、塑料、合成纤维、农药等工业废水中都含有酚。工业上大量产生的主要是苯酚（挥发酚），毒性较大，对水污染也较严重。

环境中的氰化物污染往往是电镀厂、化工厂排放废水及杀虫剂或其他药剂所造成的。氰在水中有多种存在形式。有简单的盐类，如氰化钾、氰化钠、氰化氨等，其溶解度大，毒性很强。氰比酚更易于挥发。

水体中酚、氰含量随时间和迁移距离而减少的时空变化规律主要决定于氧化作用。氰化物还能与重金属形成络合物而降低毒性。酚、氰的净化作用还有土层的吸附作用、微生物分解作用和植物净化作用。

四、水体污染的危害

污染物排入水体后，不仅使水体的色泽、浊度、味道、pH、溶解氧含量等发生变化，有机污染物、重金属、农药、病原微生物等有害物质的含量增加，还引起水质的恶化，造成生态环境污染，威胁人类健康，给工农业生产造成重大经济损失。水质污染是当今世界重大环境问题之一。

1. 危害人体健康

水污染对人体健康的影响，主要有以下几个方面：

① 引起急性和慢性中毒。天然水中只要有微量重金属即可产生毒性效应，一般重金属产生毒性的范围大约在 1~10 mg/L，毒性较强的金属如汞、镉产生毒性的范围在 0.001~0.01 mg/L。水体中的某些重金属可在微生物作用下转化为毒性更强的金属化合物，如汞的甲基化作用。生物从环境中摄取重金属可以经过食物链的生物放大作用，逐级在较高级的生物体内成千上万倍地富集起来，然后通过生物进入人体，在人体的某些器官中积蓄起来造成慢性中毒，影响人的正常生活。20 世纪五六十年代日本发生的水俣病（甲基汞中毒）、骨痛病（镉中毒）均是水体污染造成的人体中毒事件。排入水体中的砷、铬、农药、多氯联苯、铅、钡、氟等也可引起中毒，对人体造成危害。

② 致癌作用。某些有致癌作用的化学物质，如砷、铬、镍、铍、苯胺、苯并（a）芘和其他的多环芳烃、卤代烃污染水体后，可以在悬浮物、底泥和水生生物体内蓄积。长期饮用有这类物质的水，或食用体内蓄积有这类物质的生物就可能诱发癌症。

③ 发生以水为媒介的传染病。人畜粪便等生物性污染物污染水体，可能引起细菌性肠道传染病如伤寒、副伤寒、痢疾、肠炎、霍乱等。腺病毒、呼吸道病毒、传染性肝炎病毒，以及某些寄生虫如蛔虫、鞭虫、血吸虫等，也可通过污染水而传播。据测定，每升生活污水中病毒可达 50 万到 7000 万个。

2. 影响工农业生产

在工业生产过程中,需消耗大量的水。不同的工矿企业对水质均有一定的要求,若使用被污染的水就会造成产品质量下降、损坏设备、甚至停工停产;如果对污水进行处理,就需增加水处理费用,从而直接影响产品的成本。

污水灌溉可造成大范围的土壤污染,破坏农业生态系统。酸碱进入水体使水体的 pH 发生变化,破坏其自然缓冲作用,消灭或抑制细菌及微生物的生长,阻碍水体自净,还可腐蚀船舶,大大增加水体中的一般无机盐类和水的硬度。水中无机盐的存在能增加水的渗透压,对淡水生物和植物生长有不良影响。

3. 对水生生物的影响

水污染使水生生物遭受危害,影响渔业生产。随着工农业生产的迅猛发展,人类向环境排放的“三废”中,除了一些直接有毒和有害的元素及化合物外,还包括了大量的磷、氮等植物所需的营养物质。这些营养物质排入江河湖海,使水体中植物营养物大量增加,就会发生水体富营养化,大量藻类增殖,甚至出现赤潮。赤潮是指水中浮游生物爆发性增加而形成的一种水体变色现象。

藻类过度生长繁殖,不仅使鱼类生活的空间减小,还造成水中溶解氧的急剧降低,使水体处于严重缺氧状态,从而严重影响鱼类生存。

此外,石油污染水体,油膜覆盖水面,阻碍水体的复氧作用,造成水体严重缺氧,影响浮游植物的光合作用,降低水体的初级生物生产力,水生动物也不能顺利地从水中吸进氧气和排出二氧化碳。

五、水体污染防治对策

原则上讲,水体污染防治应以预防为主,加强管理,综合防治,充分考虑技术上的可行性和经济上的合理性。在采取技术措施的同时,结合行政措施、法律措施和经济措施。

1. 改进生产工艺技术,减少“三废”排放量

通过企业的技术改造,改进生产工艺,实行“三废”资源化、无害化,尤其是废水资源化。可供推广的资源化处理系统有:

① 企业内部资源化处理系统,如水循环系统,重金属、人工合成有机毒物的中间产物、副产物和流失物的再利用系统等。

② 企业外部资源化处理系统,如一个企业的中间产物、副产品和“废物”转化为另一企业的原材料或半成品系统,工业和农业的有机废物制造沼气、肥料的系统等。

③ 外环境资源化系统,如土地处理系统,氧化塘系统,污水灌溉系统等。

此外,还有通用的废水无害化处理系统。但废水处理的等级应因地制宜,根据废水性质、处理后的用途,以及各地的环境自然净化能力、经济能力等,采用多种处理设施,做到技术可行和经济合理的统一。

2. 调整产业结构,合理安排工业布局

自然净化能力是控制环境污染的重要因素,合理进行工业布局可以充分利用环境的自净能力,起到控制污染的作用。凡兴建工矿企业,都应根据企业性质、区域环境条件,特别是含水系统

结构和含水层防污性能来选择厂址。更要注意选择适宜的地点作为废水、废渣的处理场所。为了确保水资源的质量,应严格建立供水水源地的防护带。

3. 重视区域水污染综合防治,加强水资源管理

从区域环境出发,对污染物的产生、排放、迁移、转化和环境效应等进行全面调查研究。从整体功能考虑,针对区域水污染的主要问题,确定水资源管理目标,深入进行环境系统分析,优化最佳方案,为水污染综合防治提供依据;加强水资源管理,采取切实可行的防治措施;设立专门的管理机构,实施监督、执法的权力。

第三节　水资源开发对地质环境的影响

由于水的理化特性,它在生态与环境中表现得特别活跃。随着社会经济的不断发展和人口的日益增长,当今水资源的开发利用更具双重性:一是水被用于满足人类的需求而得到的利益;二是水被利用后水分条件变化引起某些环境问题而付出的代价。

水资源开发利用的环境问题是极其复杂的,主要表现在以下几个方面:① 问题的多样性:这是环境问题本身量大面广的本质所决定的。对水资源开发利用工程进行环境影响评价时,内容少者为两个数量级,多者可达到三个数量级。② 层次的多维性:水资源开发利用是一个系统工程,从生态与环境影响的角度对系统分解,除了从纵向分出层次外,在横向上又相互联系,构成复杂的交叉重叠现象。例如,水质的污染在纵向上可为多维演变,在横向上又涉及水生生态的若干层次。③ 时空尺度的变异性:水资源开发利用引起的生态与环境变化,在时间尺度上有缓急之分;在空间上,除各地环境背景不同而产生的差异外,一个地点的环境变化会波及另一个地点。

由于水资源开发而不断出现的地下水源枯竭、水体污染、海水入侵、地面沉降、岩溶塌陷、土壤盐渍化、沼泽化、沙漠化等环境水文地质问题,都是地质环境中物质迁移和能量交换的结果。水在原生和次生环境中,不仅以其化学成分和物理性质变化影响环境,而且还可由其水量、水位、水力坡度和水压力等动力学特征影响环境。

一、环境水文地质作用

环境水文地质作用是指地下水在人为和自然因素影响下,由水化学、水动力学、水物理学和生物学性质变化引起的对人类生产和生活环境的制约作用。按作用的机制,环境水文地质作用主要有环境水文地球化学作用、环境水动力学作用、环境水物理学作用、环境水文地质生态作用。各种作用的控制指标及其环境影响结果等列于表 4–7。

表 4–7　环境水文地质作用的类型及作用结果

分类	作用实质	控制指标	常见作用	作用结果	环境影响
环境水文地球化学作用	物质迁移	pH,Eh	溶解 – 沉淀,氧化 – 还原,吸附 – 解吸,稀释 – 浓缩等	有害元素富集,贫化,毒性改变,净化等	水质变坏,引起地方病,公害病,包气带缺氧等

续表

分类	作用实质	控制指标	常见作用	作用结果	环境影响
环境水动力学作用	能量转化	水力坡度,孔隙水压力,真空度	荷载效应,孔隙水压力效应,应力,腐蚀效应	地面沉降,诱发地震,岩溶塌陷等	破坏交通,影响开矿,损坏市政建设或直接危及人身生命安全等
环境水物理学作用	热量转化	温度,热量,冻土层厚度	冻胀作用,融缩作用,热污染	冻土区地基失稳,热融滑坡等	破坏建筑,影响交通,妨碍渔业
环境水文地质生态作用	生态效应	毒性,浓度,水位	富营养化,蒸发作用,水土流失	生物物种减少,土地盐渍化,沙漠化	影响农业,林业,渔业,旅游业

(杨忠耀,1990)

(一) 环境水文地球化学作用

环境水文地球化学作用是指在一定渗流和水文地球化学条件下物质迁移、转化的作用,是决定污染物质迁移转化规律的主要作用。主要有酸碱作用、氧化-还原作用、吸附-解吸作用、络合与螯合作用、稀释和浓缩作用、生物净化与浓集作用、放射性衰变和细菌的衰亡作用,以及污染物质在水中的弥散作用。通过这些作用,水污染物质在环境系统中发生迁移、富集、转化、分散、净化、毒性改变,从而造成水质恶化、公害病等不良环境影响,或使水体发生净化作用。

(二) 环境水动力学作用

环境水动力学作用是指由地下水动力学要素变化而引起的地质环境中相间能量的交换作用。通过荷载效应、应力腐蚀效应、孔隙水压力效应、潜蚀及吸蚀效应等作用,破坏地质环境中相间或相内力的平衡,引起地面沉降、岩溶塌陷等灾害。地下水位的升降变化,会造成水力坡度、渗透速度、水压力等动力学特征的变化。

(三) 环境水物理学作用

环境水物理学作用是指地下水对热能的传播和转化而引起的建筑物地基失稳和地下水水质变坏的环境作用。由于人工热流出物的影响,水温度发生变化可引起水体热污染,影响水质和水生生态平衡。

(四) 环境水文地质生态作用

水质、水量和水温等变化都可引起生态平衡的破坏。大量开采地下水造成的区域性水位下降,使包气带土壤水分减少,土壤结构破坏,出现土壤沙化和草原退化;不恰当的引水灌溉造成的地下水水位上升引发土壤盐渍化,从而破坏农业生态平衡;水污染物中氮、磷等营养物过多,可造成湖泊、海湾等水体中藻类灾害性的生长,使水体质量下降,危害水生生态系统。

二、水资源开发的负环境效应

人类对天然水资源的开发利用，不仅改变了天然水循环过程，使水量平衡在时间上和空间上出现了新的分配体系，而且给地质生态环境带来了一定的影响。其中有对人类经济活动有利的正环境效应和不利的负环境效应。

（一）区域地下水位下降

区域性地下水水位下降是水资源开发负环境效应的主要表现形式之一。由于超量开采地下水，地下水降落漏斗不断扩大，最终出现区域性水位下降，结果导致水资源短缺甚至枯竭。区域性地下水水位下降还是地面沉降、岩溶塌陷、地裂缝等地质灾害的主要诱发因素。

1. 区域水位下降的原因

地下水的动态变化，实质上是其补给与排泄两个环节宏观上的综合表现。例如在含水层中，补给水量大于排泄水量，便引起水量增加，水位上升；反之，则水量减少，水位下降。从一个地区来说，地下水未经大量开采之前，基本上处于一种动态均衡状态，地下水位大致保持相对稳定。但是，随着人类生产活动加剧，地下水多年平均开采量超过多年平均补给量，就会破坏这种动态均衡状态，消耗含水层的“储存量”，其结果就出现了直观上的地下水位逐年下降。

地下水超量开采的直接后果是地下水降落漏斗范围不断扩大，区域地下水水位持续下降。

华北是人均水资源量最少的地区，再加上降雨量少，地下水超采问题十分严重。目前，华北平原每年超采地下水约 $100\times10^8\ m^3$，超过全国平原区地下水超采量的 60%，其中河北省地下水超采最为严重，每年超采约 $60\times10^8\ m^3$，地下水开发利用率高达 150% 以上，累计亏空量达 $1500\times10^8\ m^3$。因严重超采地下水，华北平原已出现世界上面积最大的地下水下降漏斗，总面积达 $7\times10^4\ km^2$，基本连成一片。漏斗中心水位逐年下降（图 4–8、图 4–9）。天津、沧州、衡水、德州一带的深层地下水水位下降漏斗面积达 $3.18\times10^4\ km^2$。浅层水水位降落漏斗分布于北京市及京广铁路沿线的保定、石家庄、邢台、邯郸到安阳一带，面积达 $1.89\times10^4\ km^2$。

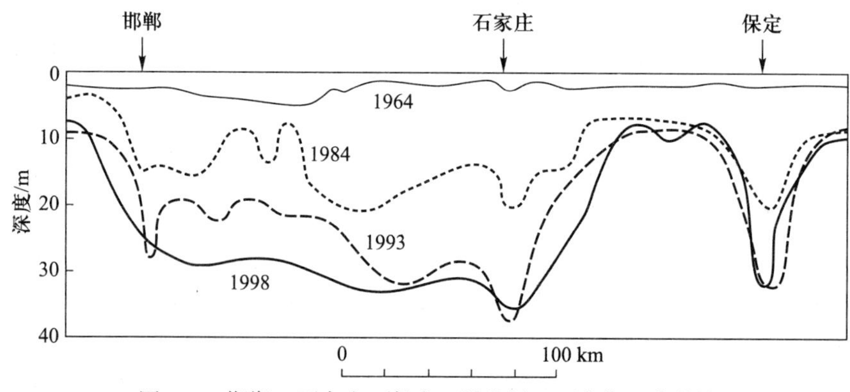

图 4–8 邯郸 – 石家庄 – 保定区域浅层地下水位下降趋势

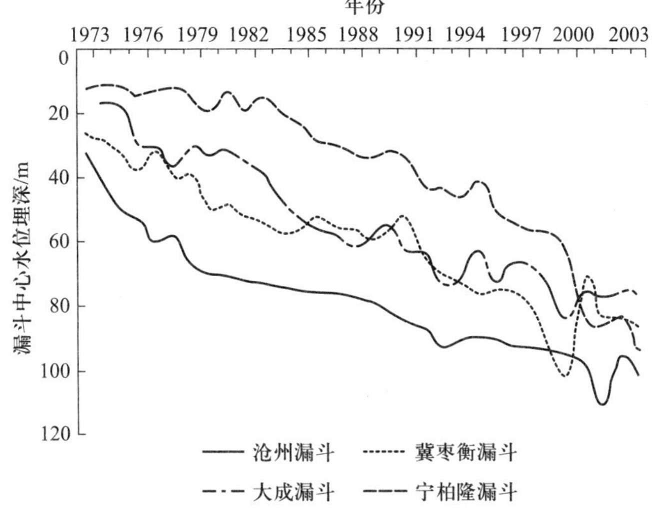

图 4-9 华北平原深层地下水漏斗水位变化趋势(费宇红等,2009)

2. 区域水位下降的危害

水位持续下降是地下水开采超量的主要标志。它不仅使取水工程的出水量减少或导致机井干枯、抽水设备报废,而且还可引发其他环境地质问题,如地面沉降、地表塌陷、泉水流量减少、生态环境恶化等。

(1) 城市地下水资源枯竭:地下水资源是绝大多数城市主要的供水水源。由于城市人口集中、工业企业密集,地下水开采量远远超出补给量,水资源日渐减少乃至枯竭的渐势愈加明显。中国北方的北京、沈阳、石家庄、济南等大城市的地下水开采模数均已超过 $100 \times 10^4\ m^3/(km^2 \cdot a)$,结果造成补给量与排泄量的平衡关系失调,地下水水位持续下降,部分地区出现含水层被疏干的严重现象。

(2) 泉水流量减少:岩溶泉域地区,由于不合理开采地下水,水位不断下降,造成泉水流量减少甚至断流。素以泉城著称的济南市,由于超量开采地下水,趵突泉群等四大泉群自 1972 年开始出现间歇性喷涌现象,由长年出流变成季节出流,到 20 世纪八九十年代则出现了多次断流的现象,单次断流时间最长的达两年之久。20 世纪 50 年代,太原的晋祠泉流量为 1.98 m^3/s,到 80 年代仅为 0.43 m^3/s。泉水断流不仅减少了河水径流量,还给城市建设和旅游观光带来不利影响。

(3) 生态系统改变:区域地下水位下降,还影响到城市花、草和树木的生长,植被覆盖率降低,湖泊水面和湿地减少,生态环境发生根本性变化。城市地下水位下降还在一定程度上加剧了城市"热岛效应"。如 20 世纪五六十年代,石家庄市区地下水埋深 2~4 m,树木无需灌水即可生长,林草茂盛,植被覆盖率较高。80 年代以后,由于地下水位下降,市区树木每年需灌水 3~4 次,才能使耐旱的树种成活,而不耐旱的柳树等已不能正常生长了。

(4) 地面沉降和岩溶地面塌陷灾害加剧:人工抽取地下水是引发地面沉降的决定性因素。许多地区的地面形变监测资料表明,地面沉降中心与地下水漏斗分布范围有较好的对应关系。中国的东北平原、华北平原、长江三角洲、东南滨海地区、内陆盆地等都出现了地面沉降现象,由于强烈开采地下水而遭受塌陷严重危害的城市,北方有唐山、泰安、平顶山、枣庄、郑州等地,南方主要分布在广东、广西和西南岩溶发育区的城市。

3. 防止区域性地下水位下降的措施

水资源的可持续利用与保护对人类社会持续稳定发展是至关重要的。因此,必须采取有效的措施保护地下水资源,防止地下水水位持续性下降,减轻或避免由此引发的一系列环境问题。

(1) 保证开采均衡条件下的“合理降深”,把设计开采量作为一个具有权威性的指标。在不超标情况下,地下水就会得到补给恢复,保持收支动态均衡状态。

(2) 为了保证开采区地下水位不发生持续下降,保持地下水埋藏条件与水压状态分布的正常状况,即保持地下水 – 岩石 – 空气压力的平衡条件不受破坏,依据区域性地表水与地下水、供水与排水等综合规划进行统筹安排。

(3) 开采地下水过程中,实行节制性有计划开采。

(4) 保证不减少补给因素。如由于截流使地表水库或地下水径流减少。

(5) 实行人工回灌,开辟地下水的补给源。如地面渗入法、坑渠渗入法及管井注入法。

(二) 地面沉降

地面沉降是指某一区域内由于各种原因造成的地表浅部松散沉积物压实加密引起的地面标高下降的现象,又称作地面下沉或地陷。地面沉降的特点是波及范围广、下沉速率缓慢、以垂直运动为主,往往不易察觉,但它对于建筑物、城市建设和农田水利危害极大。

19 世纪末以来,随着世界范围内人类工程活动强度和规模的不断增大,工业发达城市及内陆盆地、地下水水源区和油气田开采区陆续出现了地面下沉现象。意大利的威尼斯是最早被发现因抽取地下水而产生地面沉降的城市。美国内华达州的拉斯维加斯市,自 1905 年开始抽取地下水,由于地下水位持续下降,地面沉降影响面积已达 1030 km^2,累计沉降幅度在沉降中心区已达 1.5 m,并使井口超出地面 1.5 m。同时还发生了广泛的地裂缝,其长度和深度均达几十米。

20 世纪 50 至 80 年代,日本地面沉降遍及全国的 50 多个城市和地区。东京地区的地面沉降范围达 1000 多平方千米,最大沉降量达到 4.6 m,部分地区甚至降到了海平面以下。

墨西哥、中国、欧洲和东南亚一些国家中的许多城市或地区,由于抽取地下液体均出现了较严重的地面沉降问题(表 4–8)。

表 4–8 世界各地地面沉降概况一览表

国名	地区	面积 /km^2	累计沉降情况			最大沉降速率 /($mm\cdot a^{-1}$)
			统计年份	沉降量 /m	平均速率 /($mm\cdot a^{-1}$)	
日本	东京	2.070	1929—1984	4.56	82.9	195
	大阪	635	1935—1984	2.86	58.4	163
	新潟	655	1957—1969	2.70	225.0	530
墨西哥	墨西哥城	7.560	1938—1968	8.0	266.7	420
美国	圣克拉拉	510	1915—1967	3.9	75.0	219.6
	圣华金	9000	1925—1970	8.5	188.9	366
	得克萨斯州	10000	1943—1964	1.5	71.4	170
	内华达州	500	1935—1963	1.0	35.7	
意大利	威尼斯	510	1952—1973	0.14	6.7	0.51

续表

国名	地区	面积 /km²	累计沉降情况			最大沉降速率 /（mm·a⁻¹）
			统计年份	沉降量 /m	平均速率 /（mm·a⁻¹）	
中国	上海	6833	1921—2017	2.735	28.5	110
	北京	6097	1955—2018	2.089	33.2	143
	天津	11646	1923—2018	3.45	36.3	179
	沧州	9716	1970—2017	2.722	57.9	100.4
	常州		1970—2000	1.146	38.2	

1. 地面沉降的形成机制

人类活动是诱发高速率地面沉降的重要因素。抽取地下液体与地面沉降关系最为密切。由土的固结理论可知，土体覆盖层荷载引起的总应力由孔隙中的水和土颗粒共同承担。其中由水承担的部分称为孔隙水压力（p_w），它不能引起土层压密，又称为中性压力；由土颗粒承担的部分则直接造成土层压密，称为有效应力（p_e）。二者的总和等于总应力，即 $p=p_e+p_w$。从孔隙含水层中抽取地下水并不能使总应力发生变化，但水位降低会引起孔隙水压力减少，导致土中有效应力的等量增加，结果引起黏土层产生次生固结压密。同时，水位降低减少了水的浮托力，并产生附加应力（相当于水位降深的水柱重量），含水砂层排水固结，压密下沉。这种变形在时间上没有滞后性并可随着水位的抬高而回弹。黏土层的固结变形和砂层的压密变形的相互叠加就造成了地面沉降。

由于透水性能的显著差异，上述孔隙水压力减小、有效应力增大的过程，在砂层和黏土层中是截然不同的。在砂层中，随着承压水位降低，有效应力迅速增至与承压水位降低后相平衡的程度，砂层压密是在“瞬时”完成的。在黏性土层中，压密过程进行得十分缓慢，往往需要几个月、几年甚至几十年的时间，因而直到应力转变过程最终完成之前，黏土层中始终存在有超孔隙水压力（或称剩余孔隙水压力）。它是衡量该土层在现存应力条件下最终固结压密程度的重要指标。相对而言，在较低应力下砂层的压缩性小且主要是弹性、可逆的，而黏土层的压缩性则大得多且主要是非弹性的永久变形。因此，在较低的有效应力增长条件下，黏性土层的压密在地面沉降中起主要作用，而在水位回升过程中，砂层的膨胀回弹则具有决定意义。

2. 地面沉降的分布规律

国内外所出现的地面沉降都发生在大量抽取地下水或抽取其他地下流体（石油、天然气等）之后。并且地面沉降中心与地下水降落漏斗的中心相吻合。

地面沉降的速率与地下水开采量或开采速度有良好的对应关系，地面沉降及单层压密量与承压水位的变化密切相关。

在许多地区，采用人工回灌或限制地下水开采，成功地恢复和提高了地下水位，控制了地面沉降的发展，在有些地区用上述办法还促使地面有所回升。

中国发生地面沉降的城市多位于滨海平原、三角洲平原、河流冲积平原和内陆盆地等地。这些地区广泛分布有巨厚的第四系松散层。

以上所述的时空分布规律，有力地证实了地面沉降与超采地下流体所引起的水位或液压的下降之间的成因联系。

3. 地面沉降的危害

地面沉降常产生于那些具备特定地质环境的工业化和城市化地区，给当地的社会经济发展和人们生活带来危害。地面沉降所引起的不良后果包括：沿海城市低地面积扩大，海堤高度下降而引起海水倒灌；海港建筑物破坏，装卸能力降低；地面运输线和地下管线扭曲断裂；城市建筑物基础脱空开裂；桥梁净空减小，影响通航；深井井管上升、井台破坏，城市供水及给排水系统失效；农村低洼地区洪涝积水，使农作物减产等。它是一种威胁人类生活和生存的环境地质问题或地质灾害。

在中国许多大中城市都程度不同地出现了地面沉降。如天津市在 100 km^2 的范围内，地面沉降量已超过 1 m；太原市的最大沉降量也已达 1.38 m，并出现了房屋裂缝、地下管道断裂等现象；晋中榆次区由于地下水位下降，潇河大坝产生不均匀沉陷，严重影响到枢纽工程的安全。

4. 地面沉降的控制和治理

地面沉降与地下水开采紧密相关，只要地下水位以下存在可压缩地层就会因过量开采地下水而出现地面沉降，而地面沉降一旦出现则很难治理，因此地面沉降主要在于预防。

(1) 限制和压缩地下水开采量：地面沉降可通过调整取水工程布局和削减开采量来控制地下水位的下降。在进行开采设计时应根据允许降深值来确定开采量。已经发生地面沉降的地区，应不超过造成沉降的允许水位降深来计算降深值，根据所能取得的实际最大开采量来规划工农业的发展。上海市为治理地面沉降，限制和压缩地下水开采，采取了许多可行的措施：以地表水代替地下水；以人工制冷设备代替地下水冷源，即在夏季增加人工制冷设备，作为工业空调辅助冷源，减少夏季地下水开采量；综合利用，采用深井联络网实行地下水重复利用，调整地下水开采层次，合理分配各含水层的供水量。

(2) 人工补给地下水(人工回灌)：这是用于防止地面沉降和增加地下水开采量的最积极的措施。选择适宜的地点和部位向被开采的含水层、含油层施行人工注水，使含水(油、气)层中孔隙液压保持初始平衡状态，最大限度地减小因抽液而产生的有效应力增量。把地表水的蓄积储存与地下水回灌结合起来，建立地面及地下联合调节水库，一方面利用地面蓄水体有效补给地下含水层，扩大人工补给来源；另一方面利用地层孔隙空间储存地表水，形成地下水库，以增加地下水储存资源。

(3) 地面沉降区治理措施：对已产生地面沉降的地区，根据其灾害规模和严重程度采取地面整治措施。主要方法有：① 在沿海低平原地带修筑或加高挡潮堤、防洪堤，防止海水倒灌、淹没低洼地区。② 改造低洼地形，人工填土加高地面。③ 改建城市给、排水系统和输油、气管线，整修因沉降而被破坏的交通线路等线性工程，使之适应地面沉降后的情况。④ 修改城市建设规划，调整城市功能分区及总体布局，规划中的重要建筑物要避开沉降区。

(三) 海水入侵

海水入侵是由于滨海地区地下水动力条件发生改变，引起海水或高矿化咸水向陆地淡水含水层运移而发生水体侵入的过程和现象。又称盐水入侵、海水内浸、咸水入侵等。沿海城市是人口高度集中和经济快速发展的地区，对淡水资源的需求很大。由于超量开采，地下水水位持续大幅度下降可造成咸淡水界面发生变化，海水向淡水含水层侵入，地下水矿化度增高，水质恶化。

海水入侵是沿海地区水资源开发带来的特殊环境问题，在国内外广泛存在。美国的长岛、墨西哥的赫莫斯城，以及日本、以色列、荷兰、澳大利亚等国家的滨海地区都存在这一问题。

中国海岸线长达 1.8×10^4 km，沿海地区是中国经济发展的重点地区，海水入侵会带来严重的经济损失。如大连、锦西、秦皇岛、青岛、厦门等地，由于海水入侵，水质恶化、大量水井报废、粮食绝产、果园被毁，严重地妨碍了工农业生产和旅游业的发展。

1. 海水入侵的机制

海水入侵地下水是咸淡水相互作用、相互制约的复杂的流体动力学过程。在自然状态下，含水层中的咸、淡水保持着某种平衡，滨海地带地下水水位自陆地向海洋方向倾斜，陆地地下水向海洋补给排泄，二者维持相对稳定的平衡状态。在这种情况下，滨海地带密度相对较小的地下淡水浮托在密度相对较大的海水或咸水之上，二者间形成宽度不等的过渡带或临界面。在咸淡水平衡状态下，这个过渡带或临界面基本稳定，可以阻止海水入侵。如果大量开采地下水使淡水压力降低，临界面就要向陆地方向移动，原有的平衡被破坏，含水层中淡水的储存空间被海水取代，于是就发生了海水入侵。

关于海岸带含水层中海水－淡水关系的基本理论在国内外已进行了广泛的研究。20 世纪初，欧洲的某些滨海地区，在开发地下水的过程中率先发现了海水入侵问题，即在含水层中出现了盐水。吉恩和赫兹伯格分别对这一现象进行了分析，他们认为，在天然条件下海岸带附近咸、淡水分界面的埋深相当于淡水位高出海平面高度（h_f）的 40 倍。开采地下淡水时，经常在开采井附近形成降落漏斗和咸水入侵的反漏斗，如果开采量过大，则咸水反漏斗扩大上升，使咸水进入开采井中而污染水源（图 4-10）。

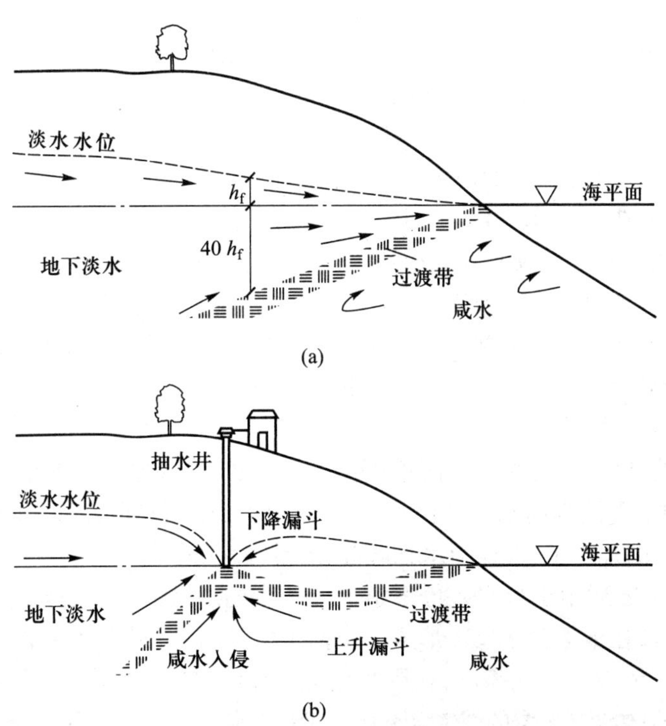

图 4-10　滨海含水层中淡水和咸水的流动过程及界面变化示意图

（a）水力平衡条件下海水与淡水的不相混溶界面；

（b）滨海含水层中淡水和海水的流动过程及混合带

过渡带的盐分浓度随时间呈周期性变化，其厚度及在含水层中的位置和形态受多种因素的影响，如水文、气象、含水层特性、人类活动、海平面变化、咸淡水密度比和淡水入海量等，其中淡水入海的径流量和海平面变化起主要作用。

2. 海水入侵的危害

海水入侵的危害主要表现在恶化地下淡水水质、加剧水资源供需矛盾、影响工农业生产、破坏沿海地区的自然生态环境。

(1) 供水井报废：由于持续干旱，地表水资源逐渐减少，地下水开采量不断增加，致使水井密度较大的地段水位明显下降甚至出现较大范围的降落漏斗，从而引起海水大量入侵，导致某些浅井被迫停采报废或部分失效。

(2) 水质恶化，地方病蔓延：海水入侵使地下淡水资源更加缺乏，沿海地区的居民和牲畜饮用水受到影响。有些地区不得不耗费巨额资金通过开凿深井或从外地运水等措施来解决生活用水。但受自然和经济条件的限制，若不能获得清洁的淡水资源，只能饮用咸水或污染水，从而导致多种地方病的蔓延和发展。

(3) 影响工农业生产：海水入侵不但使农田失去灌溉水源，而且随着地下水变咸，土地逐渐盐渍化，农业生产受到严重影响。海水入侵地区的农作物减产一般都在 20% 以上，干旱年份减产 40% 以上，甚至绝收。由于水质恶化，水质要求较高的企业不得不开辟新的水源地或实行远距离异地供水，这不仅增加了产品的生产成本，同时也可能使新辟水源地遭受污染，扩大海水入侵的范围。

(4) 生态环境恶化：海水入侵使沿海地区淡水环境恶化、土地资源盐渍化，从而使植物群落由陆生栽培作物为主的生态环境转化为耐盐碱的野生植被环境。

3. 海水入侵的防治对策

海岸带淡水资源的管理与一般地区有所不同。它不仅要求合理开采和有效分配水资源，同时要求积极采取措施，限制海水入侵。为此，咸水楔上应有一些淡水流入海中，使常年可利用水资源小于含水层的淡水补给。地下水可开采量取决于允许海水入侵的范围。

(1) 合理开采地下淡水资源：为使咸、淡水保持稳定的动态平衡，必须合理确定地下水开采量的临界值，防止地下水水位大幅度下降并使之保持在海平面或地下咸水水位以上。此外，要合理布置开采井，放弃咸、淡水界面附近的抽水井，分散开采地下水，定期停采或轮采，缩短水位恢复时间，以防止形成降落漏斗。

(2) 人工回灌：限制开采淡水固然简单可靠，但供水需求又常常无法满足，因此还可采用人工回灌的办法，增加地下淡水的水头和流速。人工回灌在中国和世界许多国家已有实践。回灌水源主要有当地雨季的地表水、外地引水、处理后的废污水等。

(3) 阻隔水流：主要适用于海水入侵通道比较狭窄的地区。具体方法是在海岸线附近布置一排抽水井进行抽水，在地下含水层中形成一个抽水槽隔离带（水头降落带），从而阻止咸水向正在开采的淡水含水层入侵。与此相反，利用净化后的废污水进行回灌，在含水层的咸、淡水分界面上形成高于外围地区地下水位的“补给水丘”，借助“水丘”的压力阻止海水向内陆运移，也可减缓或阻止海水入侵。

此外，还应合理开发利用滩涂资源，严格控制滨海平原地下卤水开采量；严禁在近海河床挖沙，减少海（咸）水渗入强度及海水入渗量；在沿海河道适宜地段修筑防潮堤，防止海水沿河床上溯。

(4) 监测预测：建立地下水动态监测网进行水位、水化学监测和海水水文动态监测。根据海水入侵的形成机制和入侵规律，预测海水入侵速率、规模和危害范围，从而为有效防治海水入侵提供科学依据。

三、水资源开发的正环境效应

水资源开发利用对地质－生态环境的影响，除上述各种负效应外，在某些环境条件下，也有对环境变化有利的一面，即水资源的合理开发利用对环境还会产生正效应。

（一）控制土壤返盐

土壤盐分变化与潜水动态密切相关。地下水位埋深越浅，潜水蒸发量越大，向表土输送的盐分就越多，也就越容易造成土壤盐渍化。反之，如果将地下水位控制在一定的深度，就能抑制土壤返盐，并使盐碱地得到改良。如河北平原石津灌区实行井灌与渠灌相结合，控制地下水位埋深在 2.5~3.0 m，使全灌区盐碱地面积由 1972 年的 42.13×10^4 hm^2 减少到 20 世纪 80 年代的 2.4×10^4 hm^2；山东禹城试验区改引黄灌溉为井灌，加上明沟排水，使盐碱地大幅度减少。

（二）调蓄地下库容

在地下水位埋深较浅地区，合理降低水位可增大地下调蓄库容，有利于降水入渗补给。从 1975 年至 1988 年，河北平原京津以南地区，浅层水水位平均下降了 5.9 m，腾空了地下库容 2.9×10^{10} m^3，增大了地下调蓄能力。在黄河平原上，从 1966 年以后，地下水的开采不断增大，加上深挖河道降低地下水的排泄基准面，促进了地下水的水平排泄，使该区地下水位埋深长年处于 2~3 m 的状态，增强了降水入渗能力，也减少了地表径流。

（三）改善水质

傍河开采地下水，激发河流补给，不仅供水稳定，而且利用岩层的天然过滤和净化作用，使难于利用的多泥沙河水，转化为水质良好的地下水，为沿河城镇和工业集中供水提供水源。北京、西安、兰州、西宁、太原、哈尔滨等大城市，大型供水水源地均为傍河取水型。

第四节　水资源保护与可持续利用

水资源是地球生命的支持系统和社会经济发展的物质保证。要创造人类持续发展的社会、经济和生存环境，必须对水资源实行可持续开发利用的保护。水资源保护的核心是根据水资源时空分布、演化规律，调整和控制人类的各种取用水行为，使水资源系统维持一种良性循环的状态，以达到水资源的永续利用。水资源保护不是以恢复或保持地表水、地下水天然状态为目的的活动，而是一种积极的、促进水资源开发利用更合理、更科学的活动。水资源保护与水资源开发利用是对立统一的，两者既相互制约，又相互促进。保护工作做得好，水资源才能永续开发利用；开发利用科学合理了，也就达到了保护的目的。

为实现水资源的持续开发,必须从总体出发综合利用和管理水资源,在开发利用过程中保护水资源环境,并使其服从人类发展的需要。

一、水资源保护与可持续利用的目标和内容

随着人口的增长和经济的发展,更多的城市和地区出现了严重的缺水问题,淡水资源供给日益受到水质恶化和水生态系统破坏的威胁。水污染严重和水资源短缺已成为实现水资源可持续利用的两大重要障碍。

(一)水资源保护与可持续利用的总体目标

水资源保护与可持续利用是一个涉及多部门和多学科的复杂问题。其总体目标是:积极开发利用水资源和实行全面节约用水,以缓解目前存在的城市和农村严重缺水危机,使水资源的开发利用获得最大的经济、社会和环境效益,满足社会、经济发展对水量和水质的日益增长的需求,同时在维护水资源的自然功能,改善生态环境的前提下,充分合理地利用水资源,使得经济建设与水资源保护同步发展。

(二)水资源保护与可持续利用的主要内容

水资源保护与可持续利用主要涉及以下七个方面的内容,即:水的长期供求计划与水资源评价;水资源、水质和水生态系统的保护;地下水资源的可持续利用与保护;保障城市生活和工业可持续用水;水污染控制和污水资源化;气候变化对水资源的影响及其适应战略;水资源管理体制改革及其能力建设。

为了实现水资源保护与可持续利用的总体目标,满足社会经济可持续发展对淡水资源的需求,必须以国民经济和社会发展与国土整治规划为依据,在江河湖海库流域综合规划和水资源评价工作的基础上,按照供需原理和综合平衡原则制定水资源供求计划;积极开展水资源评价,逐步建立以流域为单元并与区域相结合的水资源管理体制;从全局和整体来考虑水资源利用和水质、水生态系统的保护;开发湖泊河流、地下水污染控制技术,提高水的重复利用率;通过需求管理、供给管理、价格机制实现水资源有效分配;提高公众水资源意识,鼓励公众参与节水、水资源规划管理、水资源评价活动。

二、水资源保护与可持续利用对策

目前,水资源短缺和水质污染问题,已使人民健康受到危害,经济发展受到阻碍。为了确保当代人民的生活水平不断提高和子孙后代的生存权利,采取正确的策略保护水资源、防治水污染已刻不容缓。下面根据中国水资源问题,提出一些对策措施。

(一)缓解缺水地区水资源紧缺的对策

中国水资源问题,已引起国家和社会的广泛关注。必须从战略高度认识水资源的重要性,立足于建立节水型社会。坚持开源节流、以节流挖潜为主的原则,坚持经济规划布局与水资源条件

相适应的原则，坚持开发利用与保护管理并重的原则。

1. 大力开发以工农业节水为重点的全面节水工作

目前中国工业、农业用水量都是十分惊人的，节约水资源消耗量的潜力很大。

中国农业人口多，农村面积大，农业灌溉用水占全国总用水量的70%~80%；但由于农业技术落后，灌溉用水的浪费十分巨大。对蔬菜田，如将地表漫灌改为滴灌，用水量即可从6000 m^3/hm^2减少至3750 m^3/hm^2。因此，必须改进灌溉技术，采用小畦灌、低压管灌、喷滴灌等措施，同时注意改善田间管理，合理设计农作物结构，改变耕作技术。

发展节水型工业的具体措施有三：一是采用先进的工艺技术，例如以气冷设备代替水冷设备，以逆流漂洗系统代替顺流漂洗系统，以压力淋洗系统代替重力淋洗系统等，这样可以使用水量节约20%~90%。二是发展工业用水的重复使用和循环使用技术，做到一水多用，使一定量的水发挥数倍甚至数百倍的功效。三是加强管理，改进设备，杜绝浪费。目前很多工厂存在着设备老化、管理水平低、跑冒滴漏严重等现象。据估计其浪费水量约占总耗水量的20%~30%。

2. 水资源开发和环境保护统筹规划

上下游用水，工农业用水，地表水与地下水供水，经济发展与水资源条件，资源开发与生态环境保护，应作为一个复杂的系统工程统筹规划，使水量与水质、资源与开发工程一体化，提高水资源的社会、经济和环境的综合效益。

3. 多渠道开源充分利用本地水源

对于缺乏水资源的城市，城市废水的再生和利用往往是一项开发第二水资源的重要技术措施。城市废水水质较工业冷却水或洗涤水复杂得多，但通过有效的净化手段可以令其再生并被重复利用。如用于农业灌溉、工业冷却、浇洒道路、洗涤汽车等；也可用来补给地下水，防止地下水位下降或海水入侵。事实证明，城市废水的再生与利用除能缓解水资源的短缺外，还可减轻水环境的污染，变害为利，使污水资源化。

充分开发利用本地水资源的途径还有拦蓄地表水；扩大开发利用浅层地下淡水、微咸水；沿海地区扩大利用海水，以稻田和水产养殖场构成地表水入渗带防止海水入侵；矿区实行排供结合等。

4. 综合利用，涵养水源

充分发挥“地下水库”、“土壤水库”和“绿色水库”的作用，综合调度地表水与地下水，实现大气降水、地表水和地下水的合理转化，涵养水源，保护生态环境。

从综合效益出发，对地下水补给区、井灌渠灌结合区、地下水抽咸补淡区等地区，应根据需要和可能扩大地表水、灌溉水的入渗，利用地下库容调蓄，促进水资源的多次转化，增大重复利用率；加强田间管理，保持土壤水分，减少无效蒸发和灌溉用水量；坚持水土保持和植树造林，发挥“绿色水库”的水分调蓄功能。

5. 加强水资源开发利用监督管理，建立、健全水资源保护法规

传统体制下形成的水资源管理体制不利于水资源的有效开发、利用和保护。由于条块分割和人为地将完整的水系分开，经常发生部门之间、地区之间、流域上下游之间的水事纠纷，很难实现水资源的统一与合理调配。因此，必须进行改革，建立和完善以河流流域为单元的水资源统一管理体制，把城市和农村、地表水和地下水、水质和水量、开发和保护、利用和治理统一起来。同时，建立一套水资源保护法律体系，使水资源在工业、农业、城市发展、水力发电、内陆渔业、运输、

娱乐、维持生态平衡等方面的利用和保护取得最大的综合效益。

（二）地下水开发利用的主要对策

地下水资源是城市和工农业用水的重要供水水源。地下水资源的可持续利用与保护对人类社会持续稳定发展是至关重要的。

1. 地下水优先用于保证居民生活用水

城乡居民生活用水虽然在总用水量中所占比例较小，但与地下水实际开采量相比，还是相当可观的。在今后社会经济日益发展和环境保护日趋困难的条件下，保障安全卫生的生活饮用水的供应将非常艰巨。长期稳定优质供水，满足十几亿人的饮水需要，是关系国计民生的大事，必须把中国城乡居民饮水问题放在重要的战略地位。为此应采取以下措施：

(1) 严格限制把符合饮用水标准的优质地下水挪作他用，必须在满足本地区人口增长对水资源需求的前提下，经有关部门批准，方可用于非饮用供水。

(2) 大力开展找水改水工作，解决边远地区居民生活饮用水问题。

(3) 加强地下水水源保护，建立水源保护区和相应的管理制度，严格保证居民饮用水的稳定与安全。

(4) 调整城市供水结构，保证优质地下水用于城镇居民生活。

2. 合理调控地下水位，大力开展井灌井排、旱涝盐碱综合治理

中国农田灌溉和盐碱地治理的实践经验证明，以合理调控地下水位为中心的旱涝盐碱综合治理措施是成功的。

开采地下水，发展井灌，不仅可以防治土壤盐渍化，而且能够取得抗旱防涝的效益。汛前开采地下水灌溉，腾出地下水库容，有利于汛期集中降水的入渗，达到分洪除涝的目的。

3. 积极开展水资源的地下人工调蓄

为缓解水资源紧缺，许多国家采取了水资源地下调蓄和人工引渗补给地下水措施，在工农业和城市供水中取得了良好的效果。

利用“地下水库”调蓄水资源，具有不占耕地、不需搬迁、投入少、卫生防护条件好等一系列优点。水资源地下调蓄已成为缓解水源紧缺、扩大可利用水资源、改善地质环境的重要措施。

4. 调整和优化地下水开采布局

为了解决中国地下水开发中存在的问题，并考虑今后长远发展的需要，应对地下水开采布局做必要的调整：严格限制超采区的地下水开采量，分散布置开采水井；控制深层地下水的开采，大力开发浅层水和合理利用微咸水；兴建大中型傍河地下水源地，激发河流补给，自然过滤泥沙，保持稳定供水；在岩溶大水矿区，实行排供结合，提高矿区排水利用率；建立可操作的地下水资源管理模型，对地下水开采优化和开发利用实行有效的监督管理。

5. 建立健全地下水资源管理体系

强化科学管理，制定有效的经济政策，促进地下水资源的合理开发与保护；健全地下水资源信息系统；建立健全地下水资源开发利用的管理法规和监督体系，实行水资源综合规划和管理。

（三）中国水资源保护及水污染防治的当务之急

保护水资源、防治水污染的任务艰巨繁重，非一朝一夕所能奏效，在制订水资源保护的战略

对策时，必须分清轻重缓急，根据需要及可能综合考虑。

1. 切实保护饮用水水源地

目前中国不少城市饮用水源的水质未达到国家水环境质量二级标准，甚至达不到三级标准。因此，为保证人民的身体健康，必须严格划定并建设集中饮用水水源的保护区和防护带，禁止一切污染水源的工程项目；积极发展推广饮用水处理新技术，确保饮用水的安全可靠；提高水质检测技术，尤其应重视对具有"致癌、致畸、致突变"有机物的检测。

2. 优先发展清洁生产技术

发展无废少废生产技术、工业生产全过程污染控制技术，以节约资源、减少污染，促进持续发展。

对污染严重的企业，应列为发展清洁生产技术的重点，以便尽快地控制和减少污染物的产生量及排放量。对分布在全国广大地域的乡镇企业，开发和推广清洁生产技术更是应优先采取的行动。

积极建立有关推广应用清洁生产的法规、评价审计方法及信息管理系统，建立应用清洁生产的示范工厂，加强有关清洁生产的培训活动及教育。

3. 加快城市废水处理厂的建设，大力发展城市废水资源化

工业企业排出的废水，凡符合市政下水道水质标准的，应接入城市废水处理厂集中处理，不符合标准时应进行预处理或单独处理。

城市废水处理厂应因地制宜，采用高效低耗的处理流程。在缺水的城市和地区，应根据需要，大力开发废水回用，把再生废水作为第二水源，实行分质供水。废水处理厂的建设应贯彻分期建设的方针，规模从小到大，处理水平从低到高，在有条件的地方应优先采用天然生物净化系统。

4. 严格控制乡镇企业污染及农业污染

限制污染严重的乡镇企业的发展，合理布局乡镇企业及禽畜养殖业，严格控制对水资源系统的污染和破坏。

农业是水体富营养化及农药污染的主要来源，应指导农民科学、合理地使用化肥与农药，防止浪费和流失，减轻对水环境的危害。

5. 按流域、区域进行水污染的综合治理和水资源利用的合理规划

水资源和水环境涉及地面水与地下水、工业废水与城市污水和各种污染源，是一个十分复杂的系统。因此，按流域、区域进行水污染的综合治理和水资源利用的合理规划，也是一项应该立即着手进行的工作。

保护水资源、防治水污染是关系到持续发展、人民生活及子孙后代的大事，必须给予足够的重视，投入必要的人力、物力和财力，确保中国国民经济持续稳定发展。

第五章　矿产资源开发与地质环境

矿产资源是人类赖以生存、建设和发展的重要物质基础,95% 以上的能源、80% 以上的工业原料、75% 以上的农业生产资料都来自矿产资源,开发利用矿产资源对人类社会的进步起到了巨大的推动作用。随着人口增加和全球工业化的推进,人类对矿产资源的需求量和消费量也在日益增长。人类在开发利用矿产资源的过程中,不可避免地对环境造成各种各样的破坏性影响。这种影响是长期而复杂的,是对矿产资源开发的一个严峻挑战。只有努力降低环境代价,才能使矿产资源的开发利用走入人类社会可持续发展的轨道。

第一节　矿产资源及其特性

矿产是在地球演化过程中形成的物质资源。人们的生活水平随着矿产可用价值的增加而提高。矿产资源的可用性也是社会财富的一种衡量指标。没有矿产资源,我们所处的现代文明是不可能出现的。

一、矿产资源的概念及其特征

(一) 矿产资源的基本概念

资源是指维持生命和生活所必需的和经常利用的物质。根据资源的再生性,分为可再生资源和不可再生资源两大类。可再生资源是指通过比较迅速的自然循环作用或人为作用能为人类反复利用的各种自然资源,如空气、淡水、生物产物(食物、木材)等。不可再生资源是指在人类开发利用后,在现阶段不可能再生的自然资源,如煤炭、石油等矿产资源。

矿产资源是指所有埋藏于地壳中或出露于地表,可被人们开采利用的矿物质聚集体。广义的矿产资源指在内外力地质作用下,元素、化合物、矿物和岩石相对富集,人类开采后能得到有用商品的物质形态和数量。狭义的矿产资源是指自然界产出的物质在地壳中富集成具有开采价值或潜在经济价值的形态和数量。

(二) 矿产资源的特征

1. 有限性

相对于人类对矿产资源的需求和利用速度,矿产资源的形成周期过于漫长,使得矿产资源通常被认为是不可再生资源,蕴藏量和可利用数量是有限的。随着人类的大规模开发利用,矿产资源在不断减少,有的甚至发生短缺和枯竭,出现所谓的“危机”。有限性决定了矿产资源的宝贵性,因此必须合理开发,综合利用。

2. 相对性

对人类生存和发展而言,各种矿产资源又都具有相对性。在勘探、开发和冶炼技术落后的时代,低品位的“矿石”对人类而言如同岩石一样,不具有资源的意义;冶炼技术提高后,人类能够从昔日低品位的“矿石”中提炼出有用的物质时,这些“矿石”也就具有了资源价值。因此,在人类的不同历史阶段,矿产资源具有相对性。此外,矿石的埋藏深度亦决定其是否具有资源价值,不能被人类开采的地下深处的矿石即使品位很高,也不能称为矿产资源。如湖北大冶铜矿在3000多年前开始采掘,延续了13个世纪到东汉,因浅层矿业的衰废而留下大规模采矿巷道;随着近代科技的发展,深部矿床才被开发。1940年时,铀只具地质上的意义,而不是有经济意义的资源。

3. 不均匀性

矿产资源的不均匀性是指其存在的数量和质量具有显著的区域性差异。矿产资源是经过复杂的地球演化和漫长的地质作用过程才形成的有用物质的集合体,不同类别的矿产通常具有不同的地质形成条件,其形成过程和结果在很大程度上受成矿地质环境的限制,如有色金属多与岩浆活动有关,而煤、天然气和石油等都分布于沉积岩地区。矿产资源在地区分布和具体空间上的存在表现为明显的不均匀性和不确定性。如世界1/3的锡分布在东南亚,95%的稀土、87%的锑、84%的钨分布于中国大陆,90%的铍分布在美国,64%的钴分布在刚果,大部分的石油储量集中于波斯湾地区。

4. 生态性

矿产形成于地壳演化,矿产资源赋存于地质－生态环境中。人工开发矿产资源后,会对地质环境产生影响,破坏原有的地质环境和生态系统的平衡状态,严重的可诱发不良现象而成为灾害。矿产资源勘探与开发作用于地质环境所产生的环境污染和生态破坏主要有水土污染、采空区地面塌陷、山体开裂、崩塌、滑坡、侵占和破坏土地、水土流失、土地沙化、矿震、尾矿库溃坝、水均衡破坏、海水入侵等。位于晋陕蒙交界处的神府－东胜矿区地处毛乌素沙地与黄土高原丘陵沟壑区的过渡地带,自然生态环境差,建设初期,由于煤炭资源开发与环境保护建设未能同步进行,导致生态环境进一步恶化,土地沙化、地下水位下降、水土流失、地面沉陷等灾害加剧,河流泥沙含量在开矿后的1987—1989年增加了15%~63%,采矿堆弃的废矸石达$1391.77\times10^4\ m^3$,占用了大量的土地,原有地表植被遭到严重破坏。

二、矿产资源的种类与成因

(一)矿产资源的种类

地球上的矿产资源按用途可以分为三大类,即金属矿产、非金属矿产和能源矿产。

1. 金属矿产

金属矿产指可从中提取某种供工业利用的金属元素或化合物的矿产。根据金属元素的性质和用途将其分为黑色金属矿产，如铁矿、锰矿、铬矿、钒矿等；有色金属矿产，如铜矿、锌矿、铅矿、钨矿等；轻金属矿产，如铝矿、镁矿；贵金属矿产，如金矿、银矿、铂族金属（铂、钯、铑、铱等）矿；稀有、稀土金属矿产，如锂矿、铍矿、钽矿、锆矿、锶矿等。

2. 非金属矿产

非金属矿产指工业上不作为提取金属元素利用的有用矿产资源，除少数非金属矿产是用来提取某种非金属元素，如磷、硫等外，大多数非金属矿产是利用其矿物或矿物集合体（包括岩石）的某些物理、化学性质和工艺特性等，例如，云母的绝缘性，石棉的耐火、耐酸、绝缘、绝热和纤维特性；滑石的耐热性、润滑性、抗酸碱性、绝缘性，以及对油类有强烈的吸附性。非金属矿产主要用作冶金辅助原料、化工原料、建材原料。它是人类使用历史最悠久、应用领域最广泛、开发前景最广阔的矿产资源。

3. 能源矿产

又称矿物燃料，是指能为人类利用并可获得能量的资源，是工农业发展的动力和现代生活的必需品。能源资源的范围随着人类社会生产和科学技术的发展而不断扩大，它包括提供某种形式能量的物质资源和某种物质的运动形式。矿物燃料、风力、水力、太阳能等都是能源。地球上可供人类使用的能源主要来自地球以外的天体，最主要的是来自太阳的辐射能，薪柴、化石燃料、水能、风能、海流能、波浪能等都是由太阳辐射能转化而来的。地热能和放射性核燃料是地球本身蕴藏的能量，而潮汐能则是地球和其他天体相互作用而产生的能量。能源的各种分类方法可归纳如表 5-1。

表 5-1 能源综合分类

按使用状况分	按性质分	按生成方式分		
		一次能源		二次能源
		可再生能源	不可再生能源	
常规能源	燃料能源		煤、石油、天然气；油页岩、油砂	煤气、焦炭、汽油、煤油等；液化石油气、甲醇、丙烷、酒精等
	非燃料能源	水能	电、蒸汽、热水	
新能源	燃料能源		核燃料	沼气、氢能
	非燃料能源	太阳风、风能、地热能、潮汐能、海洋能、生物质能		激光

（二）矿产的成因

矿产的成因与整个地质循环密切相关，并受构造运动、地球化学循环、水循环等作用的影响。矿产的形成作用一般包括：岩浆作用、变质作用、沉积作用、生物化学作用和风化作用等。

1. 岩浆作用

岩浆作用形成矿床的过程和岩浆体的冷凝结晶过程，在时间上大体相同。少数岩浆矿床的成矿作用，虽可延续到较晚的时间，但大体上不超出总的岩浆活动时期。有些矿床是早期晶体分离作用形成的，有些是由晚期岩浆作用形成的。岩浆作用可以形成具有经济价值的多种金属矿产。在岩浆矿床中，与来自上地幔的基性－超基性岩浆有成因联系的主要矿产有铬铁矿、钒钛磁铁矿、铜镍硫化物和铂族金属等。还有与碱性岩浆有成因联系的稀土式矿床。

2. 变质作用

由内生作用或外生作用形成的岩石或矿石在遭受变质作用时，由于地质环境的改变，温度和压力的增加，以及变质热液的作用，它们的矿物成分、物理性质和构造结构等，都要发生变化，并在变化中形成成矿物质的富集。

变质矿床主要有区域变质矿床、接触变质矿床、混合岩化矿床等，矿体受原岩建造和变质程度控制。

3. 沉积作用

沉积作用包括同生作用和成岩作用，对聚集有价值的可开采的矿床具有重大意义。在搬运过程中，风和流水使沉积物按大小、形状和密度分选；沉积物沉积下来后，经过物理、化学和生物化学改造而变为固结岩石。建筑用砂石就是由风或流水的搬运、沉积而形成的。黑龙江四方台金矿床、吉林黄松甸子金矿床等就属于古代砂砾岩型沉积矿床，河北宣龙铁矿、山西孝义铝土矿、湖南湘潭锰矿等都是沉积型矿床。许多蒸发岩矿床的形成也与沉积作用密切相关，如我国罗布泊钾盐矿床。

4. 生物化学作用

生物化学作用也可形成矿床，许多矿床是在被生物强烈改造的生物圈环境中形成的。生物化学沉积矿床是极为重要的矿床，包括直接由生物遗体堆积而成的矿床（如硅藻土、煤等）和由生物活动过程中直接或间接通过生物化学沉积而成的矿床（如磷块岩、石灰岩及石油、天然气等矿床）。

5. 风化作用

风化作用也可以使一些物质达到一定浓度，并具有开采价值。如富铝火成岩风化后产生的残留土壤，可使难溶的含水氧化铝和氧化铁相对富集，形成铝矿（铝土矿）。镍矿和钴矿也可在富铁镁火成岩风化后残留的土壤中找到。

风化作用还涉及低品位矿床变成高品位矿床的次生富集作用。

三、矿产资源储量与开发利用状况

从绝对意义上说，地球的矿物是无穷无尽的。只要有足够的手段，我们可以从任何一块岩石、任何一把泥土中分析和提炼出周期表上几乎所有的元素。然而，由于技术水平与经济效益的限制，我们还不能从任何岩石中提取所需的物质。只有当某种元素富集到一定程度时，才具有可开采价值。例如铁矿，其可采的最低品位为 25%~30%，现已查明的全球保有储量（可立即经济开采储量）为 1700×10^{8} t，仅为地壳中铁元素含量的二十一万分之一。

（一）世界矿产资源储量与开发利用状况

由于成矿时期和地质作用的复杂多变，矿产的分布很不规律。从全球范围来讲，大部分矿产的已知储量只在很少的几个国家中出现，而且，每个国家都缺少某些有用矿物的储量。

全世界目前已发现矿产资源超过200种，但实际上应用范围比较广的有80多种，每一种矿产资源都非常重要，具有一定的不可替代性，但从用途、用量等因素综合来看，矿业界认为世界上最重要的矿产资源分别是：石油、煤炭、铁、铜、铝、金等。

1. 石油

据《2018年BP世界能源统计年鉴》，世界石油剩余探明储量超过 2393×10^{8} t（约合 1.6966×10^{12} 桶），其中欧佩克石油剩余探明储量超过 1600×10^{8} t，超过了世界总储量70%。截至2017年底，探明储量排名前10位的国家依次为委内瑞拉、沙特阿拉伯、加拿大、伊朗、伊拉克、科威特、阿联酋、俄罗斯、利比亚和美国（表5–2）。位于沙特阿拉伯首都利雅得以东约500 km处的加瓦尔油田为世界第一大油田，探明储量达 107.4×10^{8} t，年产量高达 2.8×10^{8} t，占整个波斯湾地区的30%。

表5–2 全球石油探明储量排名前十位的国家和中国及其可采储量

排名	国家	可采储量 /10^{8} t	占世界总量比 /%	储采比 /a
1	委内瑞拉	473	17.7	>100
2	沙特阿拉伯	366	15.8	63.2
3	加拿大	272	10.3	>100
4	伊朗	216	9.3	>100
5	伊拉克	202	8.8	>100
6	科威特	140	6.0	89
7	阿联酋	130	5.8	73.5
8	俄罗斯	145	5.5	23.6
9	利比亚	63	2.9	>100
10	美国	60	2.9	12.1
14	中国	25.7	1.5	11.9

全球原油消费量从2008年的 40.27×10^{8} t增加到2018年的 46.22×10^{8} t，年均增速1.4%左右。其中，非经合组织国家的原油消费量则从2008年的 18.09×10^{8} t增加到 23.96×10^{8} t，年均增速在3%左右，高于全球原油消费增速。从国家角度看，10年间，中国和印度贡献了全球68%的原油消费增长。

2. 煤炭

目前，世界煤炭探明可采储量约为 1.055×10^{12} t，其中无烟煤和烟煤约 7349×10^{8} t；按照目前的生产和消费水平，以现有已探明储量计算，全世界的煤炭储量还可供开采192年。煤炭储量在 20×10^{8} t以上的国家共有18个，探明可采储量合计 8535.80×10^{8} t，占世界的80.9%；其中，美国、俄罗斯、中国、澳大利亚、印度、德国、乌克兰、哈萨克斯坦、南非、印度尼西亚10个国家煤炭的探明可采储量都在百亿吨以上。

2018 年全球煤炭产量为 3916.8×10^6 t 油当量，较 2017 年的 3755×10^6 t 油当量增长 4.31%（图 5-1）。

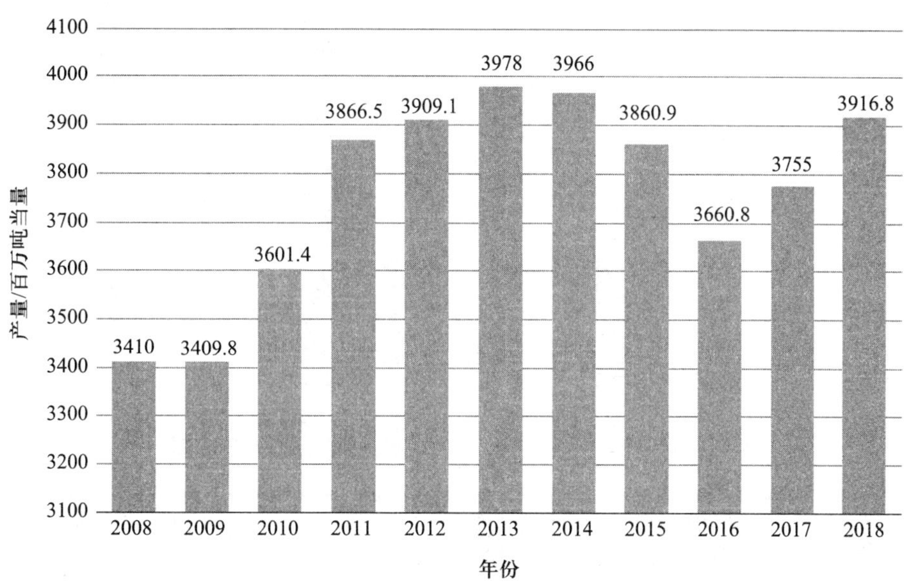

图 5-1　2008—2018 年全球煤炭产量（百万吨当量）变化图

3. 铁矿石

全球已探明铁矿储量为 1700×10^8 t（矿石量），含铁量为 810×10^8 t；按目前铁矿石产量计算，足以保证 100 年世界对铁矿资源的需求。澳大利亚、俄罗斯、巴西、中国、印度、乌克兰等是世界铁矿资源大国（图 5-2）。

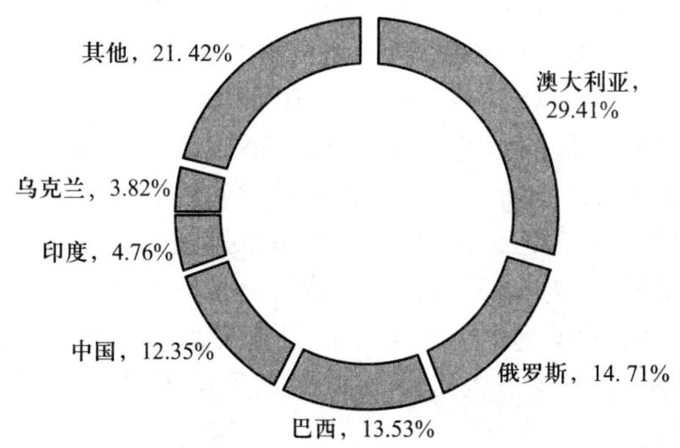

图 5-2　全球 2017 年铁矿石原矿储量分布

全球铁矿石产量维持高位稳定，从 2000 年—2013 年开始呈现较快速度增长，其中 2002 年创出近 20% 的增长率，2014 年至今，增长速度放缓。2017 年全球铁矿石产量约 21.63×10^8 t，同比增长 2.22%（图 5-3），其中澳大利亚与巴西产量占比合计超过 60%，是铁矿石的主要产出国。

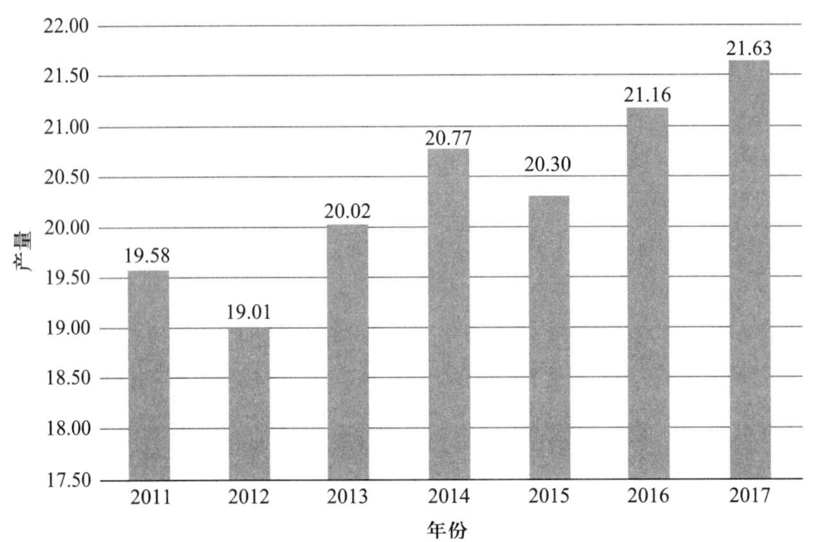

图 5-3 全球 2011—2017 年铁矿石产量（$\times 10^8$ t）变化图

地球的矿产资源储量虽是巨大的，但总是有限的。随着世界人口的不断增加和人们生活水平的提高，人类对矿产资源的需求量将越来越大。

（二）中国矿产储量与开发利用状况

据《中国矿产资源报告 2019》，截至 2018 年底，中国已发现 173 种矿产，25 种矿产资源储量位居世界前三，稀土、可燃冰、钛、钨、锑、膨润土等储量居世界第一位，成为世界上少数几个矿种齐全、矿产资源总量丰富的大国之一。

中国已成为世界最大矿产品生产国，煤炭、钢铁、十种有色金属、水泥、玻璃等主要矿产品产量居世界前列。按单位国土面积拥有的主要矿产储量价值计，每平方千米国土面积内拥有矿产资源价值为世界陆地平均水平的 1.54 倍，居世界第 6 位。按 45 种主要矿产储量的价值计算，矿产储量总值占全世界的 9.86 %，探明储量潜在价值仅次于美国和俄罗斯，居世界第三位。从资源禀赋情况看，中国既有国际市场上具有一定垄断地位的稀土、钨、钼等矿种，也有一些需求大、储量小的矿种，如钴、镍、铬等矿产资源占全球比重仅在 1%~3%。虽然已探明矿产资源总量较大，但由于中国人口众多，人均拥有矿产资源量只相当于世界人均拥有资源量的 27%，化石资源（包括石油、煤炭、天然气）只有世界人均占有量的 58%。在资源分布上，又具有明显的不均匀性和区带性：74% 的煤集中于晋、陕、蒙、新四省（区），而经济发达、用煤量大的东南地区则很紧缺，形成北煤南调、西煤东运的局面；70% 的磷矿集中于云、贵、川、鄂四省，北方大量用磷需要南磷北调。

中国为世界上第一大能源生产和消费国，煤炭产量连续多年居世界第一位，石油产量居世界第七位，天然气产量居世界第六位。2018 年一次能源生产总量为 37.7×10^8 t 标准煤，较 2017 增长 5.0%（图 5-4）。据中国能源网数据，2018 年能源消费结构中煤炭占 68.2%，石油占 7.2%，天然气占 5.7%，水电、核电、风电等其他能源占 18.8%；能源消费结构中煤炭比重不断下降，水电、核电、风电等清洁能源比重不断上升（表 5-3）。

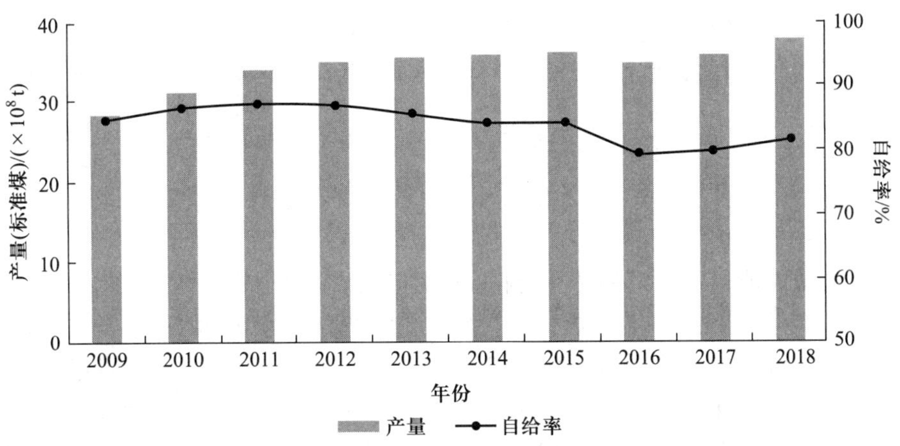

图 5-4 中国一次能源生产变化情况(中华人民共和国自然资源部,2019)

1949—2018 年,中国生铁产量从 25×10^4 t,增加到 7.7×10^8 t,增长 3079 倍;精炼铅产量从 0.26×10^4 t,增加到 279×10^4 t,增长 1072 倍;精炼锌产量从 0.02×10^4 t,增加到 567×10^4 t,增长 2.8 万倍;水泥产量从 66×10^4 t,增加到 21.8×10^8 t,增长 3302 倍。

表 5-3 中国能源消费总量及构成

年份	能源消费总量(标准煤)/($\times10^4$ t)	占能源消费总量的比重 /%			
		煤炭	石油	天然气	水电、核电、风电等
1985	76682	75.8	17.1	2.2	4.9
1990	98703	76.2	16.6	2.1	5.1
1995	131176	74.6	17.5	1.8	6.1
2000	146964	68.5	19.6	2.2	9.7
2005	261369	72.4	17.8	2.4	7.4
2010	360648	76.2	9.3	4.1	10.4
2015	429905	72.2	8.5	4.8	14.5
2018	464000	68.3	7.2	5.7	18.8

第二节 矿产资源开发对地质环境的影响

矿产资源是人类社会文明必需的物质基础。人类所耗费的自然资源中,矿产资源占 80% 以上,地球上每人每年要耗费 3×10^4 t 矿产资源,其中,能源占矿产资源生产、消费的绝大多数。2018 年全球矿产资源总产量为 227×10^4 t,能源、金属和非金属产量分别占 68%、7% 和 25%。开采矿产是人类在生产过程中和自然环境相互作用最强烈的形式之一。事实证明,一个国家或地区的环境污染状况,在某种程度上总是与其矿产资源消耗水平相一致,所以,开发矿产所产生的环境问题,日益引起各国的重视:一方面是保护矿山环境,防治污染;一方面是合理开发利用,保护矿产资源。

一、概述

采矿过程形成的能量和物质的转移交换是影响矿山地质环境的主要因素,矿产资源开发利用对环境具有长期且复杂的影响,其后果非常严重。影响方式可以是物理的或化学的,直接的或间接的,长期或短期的。矿产资源的开发利用,不仅污染空气、土壤和水体,而且还引起土地退化、沙漠化和水环境变化等;同时,矿产资源的开发利用还直接影响着社会经济的发展。不同类型的矿山企业的工艺特征和影响环境的技术强度不同,它们对环境的影响方式也有所差别(图 5–5)。

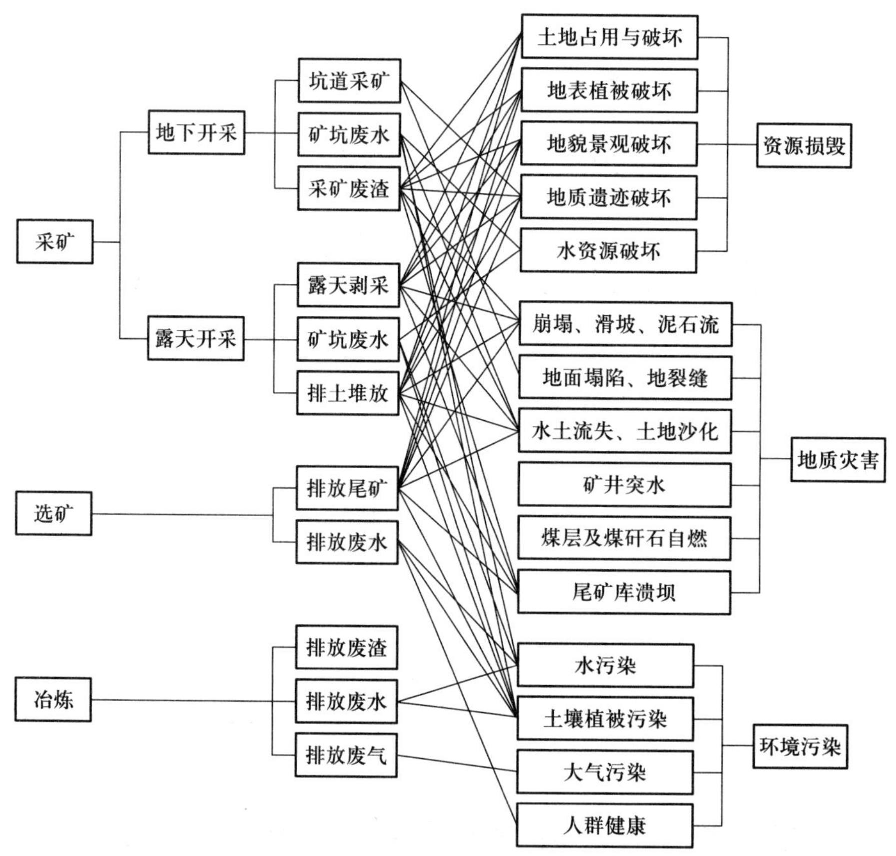

图 5–5 矿山生产活动对地质环境的影响

由于人类对矿产的需求持续增长,而高品位矿床越来越少,这样,人们不得不采用更大的工程来开采低品位的矿体,从而对环境造成更严重的影响。大规模的开采,通过直接搬运物质而改变地貌景观,或在另一些地区堆积废弃物而占用土地。矿区尘埃会影响空气质量;即使控制矿井排水和减少污染,水资源仍旧遭到破坏。当微量元素被雨水从废矿石中淋滤出来并在土壤或水体中富集时，就会对动植物乃至人类产生危害。伴随着采矿活动，土地、土壤、水、空气的物理变化直接或间接地影响了生物环境。

二、露天采矿对地质环境的影响

矿山开采可大致分为两种类型，即露天开采和地下开采。与地下开采相比，露天开采有许多优点：操作灵便、采收率高、开采成本低、作业安全、生产效率高、适合于大规模开采、劳动条件优越等。矿产资源开发总量中50%~60%的煤、85%~90%的金属矿藏、50%的化学矿山原料、100%的非金属和建筑材料，都是露天开采。露天采矿对环境的影响表现在：泉水枯竭，河水改道，边坡失稳发生崩塌、滑坡；矿山剥离堆土及矿渣堆积占用土地；淤塞河道、导致水患和矿山泥石流；矿山“三废”（矿渣及尾矿、矿水及尾水、选冶废气及可燃性矿渣自燃）造成的土壤、水体及大气污染；破坏地貌景观，形成矿山荒漠化，加速水土流失等。

（一）土地资源损毁问题突出，绿水青山遭到破坏

建设矿山要大兴土木，开山整地，构筑交通网、工业民用厂房和市镇等；采矿，特别是露天采矿，要剥离地表覆盖层，同时有大量的废矿石排放，所有这些都需要占用大量的土地。据统计，一座大型矿山平均占地达$(18\sim20)\times10^4\ m^2$，小矿山也达几万平方米。这是采矿业普遍存在的一个严重问题。

土地破坏在一定程度上也影响了矿区的生态平衡。土地破坏了，植物、种植土壤及其中微生物跟着一起被消灭，地表丧失了稳定性，导致严重的水土流失，乃至造成泥石流和滑坡灾害。被破坏的地表、废石堆、尾矿池更是大气、水体、土壤的污染源。

1. 露天采矿破坏土地

目前，世界上年产量15×10^4 t以上矿石的矿山大约有一半是露天开采，矿石产量的75%左右来自露天开采。许多大矿山，如美国明尼苏达州希宾铁矿、新墨西哥州圣利塔铜矿，中国的山西平朔煤矿等，都是露天开采的。位于美国犹他州宾厄姆（Bingham）峡谷的北美最大铜矿露天采场，椭圆形的采坑长7.5 km、宽4.5 km，深度约1000 m。澳大利亚南部的莫雷韦尔露天采煤场也是世界上最大的人造矿坑之一，每小时都有数千吨的煤炭从矿坑中运出。露天采矿对环境的影响主要表现为占用大量土地，彻底改变矿区地表景观。

澳大利亚查莱斯（Chalice）金矿区原来是一片绿色的原野，为了确保向选矿厂提供足够的矿石，每天需要剥离大量土体，剥采比高达15∶1，剥离出来的土体不仅占用土地，还使这一地区形成了荒漠化景观。

中国重点金属矿山，约有90%是露天开采，每年剥离岩土约$(2.2\sim2.6)\times10^8$ t，露天矿坑及堆土（岩）场侵占了大片农田。据中国地质调查局2011—2014年遥感监测结果，中国矿产资源开发损毁土地面积约$220\times10^4\ hm^2$。其中，露天采场损毁土地约$83.62\times10^4\ hm^2$。矿产资源开发损毁土地资源问题在华北、东北、西北地区最为突出，山西省、内蒙古自治区、山东省、河北省和青海省矿产资源开发损毁土地资源面积居全国前五位，总和达到全国的58%。

露天开采可使矿区土地破坏得面目全非，原有的生态环境再也不能恢复。植被和土壤盖层被剥离，废石堆随处可见。如果地下水位高，矿坑可能被淹没，从而造成危险。俄罗斯高加索地

区的基斯沃斯克，原来是一个三面环山、气候宜人的绿洲，第二次世界大战后，由于不断开山取石烧窑，结果使该地暴露在北方寒冷气流袭击之下，加上工业烟尘四逸，导致这个游览胜地遭到彻底破坏。

对于露天采矿，除采场破坏大量土地外，与之配套的排土场、尾矿库和厂房、住宅等附属设施的占地面积往往是采场的几倍（表 5–4），这不仅造成自然景观和生态环境的破坏，还引起严重的工农业争地的矛盾。

表 5–4 辽宁省鞍山露天铁矿占地面积概况

矿山名称	占地总面积 /km²	采场		排土场		尾矿地		附属设备	
		占地面积 /km²	占总面积百分比 /%	占地面积 /km²	占总面积百分比 /%	占地面积 /km²	占总面积百分比 /%	占地面积 / km²	占总面积百分比 /%
东鞍山铁矿	14.32	1.75	12.22	4.51	31.49	2.46	17.18	5.60	39.11
大孤山铁矿	15.03	2.38	15.83	7.54	50.17	2.45	16.30	2.66	17.70
眼前山铁矿	13.17	2.66	20.20	5.84	44.34			4.67	35.46
齐大山铁矿	13.64	4.81	35.26	4.41	32.33	2.39	17.52	2.03	14.88
弓长岭铁矿	41.52	5.87	14.14	4.78	11.51	7.66	18.45	23.21	55.90
总计	97.68	17.47	17.88	27.08	27.72	14.96	15.32	38.17	39.08

2. 废石堆、尾矿堆放占用土地

矿山挖出大量的矿渣及尾矿，它们的堆放也占用大量土地。在美国的矿山土地破坏面积中，露天采空区占 59%，露天排土场、废石堆占 38%，剩下的 3% 具有地面下沉和塌陷的危险。

据有关资料，露天开采每采 1 t 矿石通常要剥离 5~10 t 覆盖岩土，生产 1 t 铜约形成 400 t 废石和尾矿。据此有学者估计，美国哈尔鲁斯特露天磁铁矿开采完毕时有 300×10^8 t 尾矿，可能使明尼苏达州北部形成第二个撒哈拉沙漠。

遥感监测结果显示，截止到 2014 年底，中国因露天开采、矿石堆放、采空沉陷等不同矿业活动损毁土地达 166.73×10^4 hm²（表 5–5）。

表 5–5 不同矿业活动形式损毁土地资源统计表

矿业活动形式	面积 /hm²	占总量百分比 /%
露天采场	386182.89	23.1
矿石堆及选场	357991.84	21.5
固体废弃物	86299.72	5.2
采空沉陷区	266026.69	16.0
矿山建筑	570756.00	34.2
合计	1667257.14	100.0

（中国地质调查局，2015）

(二)露天矿边坡失稳破坏

露天矿边坡稳定性问题是露天开采的主要环境地质问题之一。露天矿设计中,首要的问题是确定合理的边坡角。边坡角是在垂直边坡走向的剖面上从最上一个台阶的坡顶线到最下一个台阶的坡底线的连线与水平线的夹角。边坡角愈小,剥采比愈大。大型露天矿边坡角每增加 1° 可减少剥岩量几千万吨,节省投资 2000 万 ~3000 万元人民币。但是,露天矿边坡角如果设计过陡,将产生边坡破坏。加强露天矿边坡稳定性问题研究,合理地确定边坡角是露天矿工程中的一项重要任务。

露天开采人为塑造了边坡,随着开挖深度的加大,边坡的规模也不断扩大,既严重地破坏了地应力的自然平衡,又导致了人工边坡的变形、破坏和滑移。露天矿边坡的破坏主要有两大类:具有明显滑动面的边坡失稳破坏和蠕变 – 坍塌变形破坏。前者包括平面滑动模式、楔形体滑动模式和曲面滑动模式,后者有倾倒破坏模式、溃屈破坏模式(图 5–6)。此外,还有上述不同模式之间的相互组合形成的复合式破坏模式。边坡岩土体中软弱结构面的发育程度及其组合关系是控制露天矿边坡稳定性的主要地质因素。

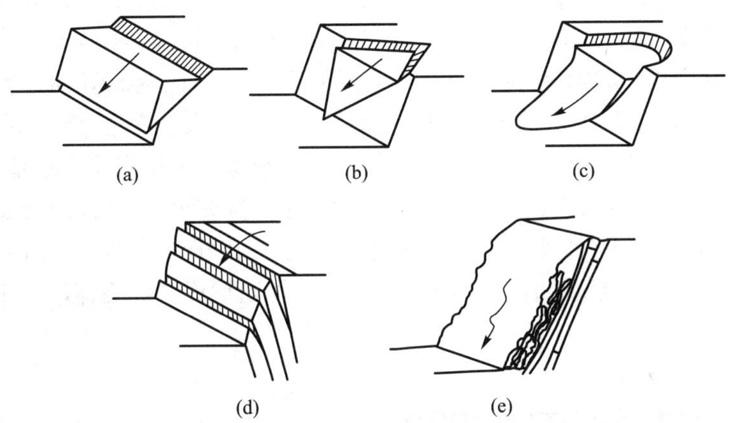

图 5–6 露天矿边坡破坏模式示意图

(a)平面滑动模式;(b)楔形体滑动模式;(c)曲面滑动模式;
(d)倾倒破坏模式;(e)溃屈破坏模式

中国辽宁省抚顺西露天矿是一座大型矿山,东西长 6600 m,南北宽 2200 m,设计最终采深 400 m。1914 年投产,1927 年首次出现滑坡;尔后,边坡变形、滑坡、倾倒相继发生,几乎遍布采坑四周,采场揭露的不同埋深的各类岩体均发生过变形破坏。其中北帮西区 1960 年至 1984 年先后发生过 13 次滑坡,多次破坏采掘平台、运输线路和车辆、排水系统及输电设备,甚至发生机车脱轨事故。位于河北省的首钢迁安水厂露天矿,自投产以来边坡发生 109 处滑塌和变形失稳,其中 35 处受断层、节理等软弱结构面控制。

露天矿边坡失稳破坏的影响因素主要有岩石性质、岩体结构、地质构造、水文地质条件、风化条件、边坡形状、爆破振动等。边坡失稳防治的原则是以防为主,综合整治。在边坡开挖和采矿过程中,应及时排除地表水、深降强排地下水,减少爆破次数、降低爆破强度,合理确定不同深度岩体的边坡角,适时修整边坡轮廓,提高边坡稳定性。对大型采矿边坡,还需构筑抗滑挡土墙、抗滑桩、灌注水泥砂浆及减载、排水等工程措施。

（三）水土流失

废石堆、尾矿坝如果设置不当或管理不严，会造成严重的滑坡、泥石流事故，导致更大范围的土地破坏和生命财产的损失。特别是一些小型采矿场，多在河床、公路、铁路两侧采石开矿，乱采乱挖，乱堆乱放，经常把矸石甚至矿石堆放在河床、河口、公（铁）路边等处，一遇暴雨就造成水土流失，产生滑坡、泥石流，将尾矿、矸石等冲入江河湖泊，造成水库河塘淤塞，洪水排泄不通，甚至冲毁公路、铁路，交通中断，给国民经济造成严重损失。

辽宁省矿山开采破坏的土地类型主要有林地、农地、草地和稀疏灌草地，直接形成的水土流失面积达 89553.64 hm^2，占辽宁省中等强度以上水土流失面积的 17.73%。1985 年，湖南省某金属矿山，因暴雨引发的山洪，冲垮了尾矿坝，使 90 多万立方米的尾矿随洪流而下，使河谷两侧矿山和生活区部分建筑物夷为平地，约 1000 hm^2 良田被淹没，交通全部中断，死亡 40 余人，造成矿山直接经济损失 600 余万元。

2008 年 9 月 8 日，山西省襄汾县新塔矿业有限公司新塔矿区尾矿库发生特别重大溃坝事故，事故泄容量 26.8×10^4 m^3，过泥面积 30.2 hm^2，波及下游 500 m 左右的矿区办公楼、集贸市场和部分民宅，造成 277 人死亡、4 人失踪、33 人受伤，直接经济损失达 9619.2 万元。

素有“稀土王国”之称的赣南，是中国第二大稀土矿集中地，遍及赣南 18 个县（市、区），由于忽视生态保护和水土流失治理，加之稀土矿业的大规模发展，产生大量弃土、弃渣，造成了严重的水土流失。截至 2000 年，赣南因稀土矿开采约有 1.5×10^8 m^3 尾砂废土未得到妥善处理，约有 10×10^4 hm^2 地表植被遭到破坏，造成矿区及周边生态环境严重恶化，水土流失使赣江水系河床逐年升高。

河南秦岭西峪沟金矿是中国最大的黄金生产地之一，由于乱采滥挖，并将数万立方米的矿渣堆放在沟底，以致河道严重受阻。1994 年 7 月中旬，暴雨形成的泥石流沿沟下泄，使道路及生产、生活设施遭到严重破坏，51 人丧生，损失惨重。

三、地下采矿对地质环境的影响

地下采矿对地质环境的影响主要表现为：地下采掘开挖引起地面开裂与沉陷；矿坑疏干排水造成地面塌陷、泉水枯竭、河水断流及区域地下水位下降；深井排水或注水诱发地震等（表 5–6）。

表 5–6　地下采矿对地质环境的影响类型

类型	具体表现
地面塌陷	地面开裂、地表建筑物破坏、地下工程变形破坏、山体崩塌滑坡、地面塌陷、地面高程损失形成洪涝洼地、耕地损毁
区域地下水位下降	泉水断流或干涸、河水漏失、袭夺上游地下水、海水入侵
水质恶化	地下水水质酸化、地下水微量元素变化
地表生态环境改变	水土流失、矿区环境变化、生态平衡改变
诱发矿震	抽水矿震、塌陷地震、岩爆地震
废弃矿坑老窖水	触发采矿巷道突水、污染地下水

（一）采空区地面塌陷与地裂缝

采用井下开采的矿山，由于采空区上覆岩土体冒落而在地表发生大面积变形破坏并伴随地表水和浅层地下水漏失的现象和过程，称为矿区地面变形。如果地面变形呈现面状分布，则为地面塌陷；如为线状分布，则为地裂缝。矿区地面塌陷造成大量农田损毁，地表建筑物遭受严重破坏。

截至 2013 年底，中国因采矿引起的地面塌陷超过 9497 处，每年因采矿地面塌陷造成的损失达 4×10^8 元人民币以上。半个世纪以来，山西省大同市累计生产原煤 20 多亿吨，形成 450 km^2 的煤矿采空区，山西省因煤炭地下开采形成了数千个“悬空村”，受灾人口上百万。河北省开滦煤矿累计地面塌陷面积约 1×10^4 hm^2，因塌陷无法耕种的绝产农田 2000 余公顷；20 世纪 80 年代以来，由于受地面塌陷影响而迁移村庄 31 处，迁建费用近 2×10^8 元人民币。由于地面发生大面积变形塌陷（沉陷）和积水，致使大量农田废弃，村庄搬迁。

辽宁省本溪市在已采空的 18.7 km^2 中有 6.5 km^2 的地面建筑物遭到破坏。采空区地表平均下沉达 2 m，最深的达 3.7 m。建筑物墙体移位、断裂，房屋倾斜，甚至倒塌，地上和地下的供水、排水、供热、通信、人防等管网和设施遭到了不同程度的损坏。目前，尚未得到治理的 4.3 km^2 的区域灾情十分严重，5400 余户灾民忍受着房屋破裂的窘状。在地面塌陷区的城市建设中有一条不成文的约定就是“拒绝高层”。当地居民形容本溪市就像一座被架空了的“空中楼阁”。

由于采煤，石嘴山市城区已形成南北长 4.1 km、东西宽 1.7 km、面积达 4.97 km^2 的塌陷区，最大塌陷深度达 20 m。塌陷区裂隙交织，地面到处可见塌陷形成的陡坎、裂缝，一般裂缝长 20~40 m，宽 0.13 m 左右，深约 5 m。最大裂缝长 100 余米，宽 0.4 m，深达 15 m 左右。

矿层开采后，采空区主要依靠洞壁和支撑柱维持围岩稳定。但由于在岩体内部形成一个空洞，使其周围的应力平衡状态受到破坏，产生局部的应力集中。当采空区面积较大、围岩强度不足以抵抗上覆岩土体重力时，顶板岩层内部形成的拉张应力超过岩层抗拉强度极限时产生向下的弯曲和移动，进而发生断裂、破碎并相继冒落，随着采掘工作面的向前推进，受影响的岩层范围不断扩大，采空区顶板在应力作用下不断发生变形、破裂、位移和冒落。从平面上看，地表塌陷区比其下部引起塌陷的采空区范围大，塌陷区中央部位沉降速度及幅度最大，无明显地裂缝产生；内边缘区下沉不均匀，呈凹形向中心倾斜，为应力挤压区；外边缘区下沉不明显，多数情况下形成张性地裂缝，为应力拉张区。从剖面上看，塌陷呈一漏斗状，破裂角和极限角决定了“漏斗”的开口程度（图 5-7）。如果矿体埋藏浅、厚度不大，冒落带直达地表则在采空区正上方形成下宽上窄的地裂缝。

（二）破坏水文地质环境

井巷开掘，使地下水的赋存状态发生变化；矿床疏干排水改变了地下水的天然径流和排泄条件，同时导致地下水资源的巨大浪费，使区域地下水水位大幅度下降，造成矿区水文地质环境的恶化。此外，疏干碳酸盐围岩含水层时，其溶洞则构成了地面塌陷的隐患；当塌陷区或井巷与地表储水体存在水力联系时，更会酿成淹没矿井的重大事故；岩层疏干影响的预测和设计不合理时，还会导致露天边坡、台阶的蠕动和过滤变形而发生灾害。

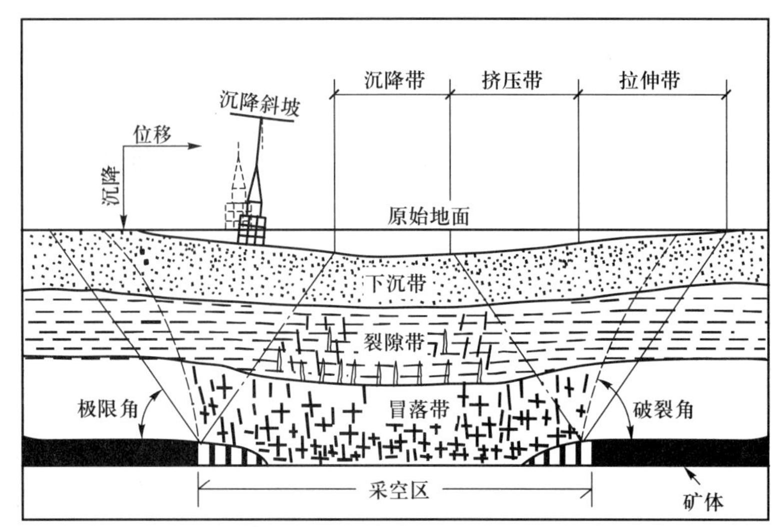

图 5-7 矿山采空区地面塌陷示意图(潘懋等,2012)

矿床开采必然会改变岩体的原始应力场,由此引起的水文地质条件和环境的影响范围,按开采规模有时可达数千平方千米,影响深度露天开采时可达 500~700 m,地下开采时可达 1500~2500 m。

1. 矿井突水

许多矿床的上覆和下伏地层为含水丰富的石灰岩,特别是石炭二叠纪煤系地层,不仅煤系内部有含水性强的地层,还有下伏的巨厚奥陶纪灰岩,随着开采的延深,地下水深降强排,产生了巨大的水头差,使煤层受到来自下部灰岩地下水高水压的威胁,在一些构造破碎带和隔水层薄的地段发生突水,严重威胁着矿井和职工的生命安全。据统计,中国主要煤矿区,因突水全淹矿井已达 58 次之多,造成经济损失 27 亿元。1984 年开滦范各庄矿,一次淹井损失近 5 亿元,有些新井因水的威胁长期不能投产,也达不到设计生产能力。在北方岩溶区,煤矿约有 150 多亿吨储量,铁矿约有 3 亿多吨储量因受水威胁而难于开采。

当采矿平洞通过河流、水库下部,并有地表水和地下水连通通道时,不仅突水极为严重,而且还造成水库渗漏等问题。如中国四川奉节县后淆水库,库区煤层被挖掘开采,揭穿水库底部裂隙通道,发生大量突水,不仅煤层无法继续开采,而且造成水库渗漏报废。

2. 海水入侵

沿海矿区因疏干排水形成海水入侵,入侵范围随疏干排水的强度增大而不断扩大,破坏了当地淡水资源,影响了生活供水和生态环境。如辽宁省的金州湾石棉矿、复州湾黏土矿矿区均因疏干排水而出现了海水入侵现象。

3. 区域地下水位下降

为了保证矿山的开采,必须对进入井巷内的地下水或威胁井巷安全的含水层的地下水进行疏干排水,从而使矿区附近的浅层地下水被疏干,附近的地表水也因排水或河流的人工改道而被疏干,严重影响和破坏了矿区地下含水层结构,以及区域地下水补给、径流和排泄条件,导致矿区及周边地区地下水系统破坏、区域地下水位下降、泉流量减少甚至干枯,从而造成矿区水资源供水紧张、地表植被枯死、矿区土地沙化等一系列生态环境问题。

2013 年，全国矿产资源开发抽排矿坑水量约 68.55×10^8 t，除综合利用 22.48×10^8 t 外，排放量达 46.07×10^8 t，与 2005 年相比，抽排矿坑水量增加 57.15%，综合利用率有所提升，由 14.12% 提高到 32.79%。因采矿活动抽排地下水严重改变了矿区及周边地下水的补径排条件，加剧了矿区水资源短缺的状况。山西省、陕西省和安徽省等煤炭资源大省，受矿坑排水影响，矿区地下水水位普遍下降，岩溶泉水流量显著减小，严重影响了当地居民的生产生活用水。

山西省因采矿而造成 18 个县缺水，20 多万人吃水困难，30 多万亩水浇地变成旱地。矿坑突水有时也会造成区域地下水位下降，如开滦范各庄矿突水后，以突水点为中心的 10 余千米范围内，水位下降了 20~30 m，使厂矿、工业和生活供水原有系统失灵，发生吊泵，形成无水可供的局面。

（三）矿区山体开裂破坏

高陡临空地形地貌部位，由于山崖或山脚的采矿活动，常造成上覆山体开裂变形，甚至发生崩塌灾害。此类崩塌特点是，崩塌前岩体内的开裂和崩塌后形成的后缘边界多沿岩体内原有的构造裂隙面或卸荷裂隙面发生和发展，表现为蠕变—倾倒—坍塌模式。其破坏机制是，原有裂隙规模扩大并由闭合发展为张开状态，或产生新的裂隙，继而产生倾倒变形、膨胀，局部出现滑移，最后出现坍塌。

矿区山体崩塌形成灾害的事例在世界各地均有发生。中国湖北盐池河磷矿山体崩塌、四川鸡冠岭山崩、长江西陵峡链子崖山体开裂等均与山脚采矿活动有关。湖北省宜昌盐池河矿区巨型山崩发生于 1980 年 6 月 3 日凌晨 5 时，100 多万立方米的岩体从 300 m 的高处急剧下落，在山脚形成厚达 20 多米的块石堆积体；山崩摧毁了位于崖下的矿务局和坑口的全部建筑，造成 284 人丧生，损失惨重。

1994 年 4 月 30 日，重庆市武隆县（今武隆区）鸡冠岭发生巨大山崩，崩塌体总体积为 397×10^4 m^3，分布面积为 17.85×10^4 m^2。崩塌岩体入江时形成涌浪高达 30 余米，当即形成一拦河坝，使乌江断流半小时。7 月 2—3 日，鸡冠岭地区下了一次暴雨，诱发乌江鸡冠岭崩塌堆积体大规模坍滑，方量约（180~200）$\times 10^4$ m^3，部分块石入江，加高、增宽了原来的堵江乱石坝，使乌江的客货运输完全中断。山崩摧毁了刚刚投产的兴隆煤矿（年产 6×10^4 t），将 1 条拖轮、1 条载货量 160 t 驳轮和 2 只渔船击沉，另 1 条载货量 230 t 的驳船被落石砸坏，并推向对岸。山崩还造成 30 多人伤亡，直接经济损失 1089 万元，间接经济损失无法统计。

研究地下采矿诱发山体开裂、崩塌，应重点调查山坡岩体性质、结构特征、构造地质条件和地下水作用特征，分析采矿引起的应力应变特征、边界条件、岩体剪切滑动及破坏特征等；同时，分析、研究采矿方法、顶板管理方法、采矿强度、采空巷道形状和采空区面积等要素对水体开裂的影响程度。

（四）采矿诱发地震与岩爆

采矿诱发地震是指开采地下固体、液体矿产过程中出现的地震。据其成因不同，矿震可分为诱发构造型矿震、诱发塌陷型矿震及掌子面岩爆诱发矿震等三类。

1. 诱发构造型矿震

这是因采矿造成断层的复活和弹性能量的提前释放导致的地震。可进一步分为采矿直接引发矿震和抽水采矿诱发矿震两类。

采矿直接引发矿震是由于采矿使地下应力失去平衡而诱发的地震。采矿形成的自由空间使采空区周围的岩体由原来的三向受压变成两向或单向受压，引起应力重分布，在采空区范围内沿原有断裂形成应力集中地段，促使地壳岩体应变能提前分散释放，从而诱发地震。例如，辽宁省北票煤田台吉井区，历史上从未发生过破坏性地震活动，微震活动也少见。1921 年台吉井开始采煤；至 1970 年，当采掘到距地面 500~900 m 深时，井区开始出现微震活动；到 1981 年 8 月 20 日，井区共记录到 Ms ≥ 0.5 级地震 160 次，其中有感地震 37 次，造成不同程度破坏的地震有 4 次。

采矿抽水也可诱发地震。抽水后，断裂面（带）失去水压而发生卸荷作用，形成偏差应力。当偏差应力大于断面的抗剪强度时，即诱发地震。湖南省恩斗桥矿区抽水前无地震活动记载，但抽水疏干后，相继发生了 16 次有感地震活动，震中靠近恩口向斜中部，震源深度相对较大。

2. 诱发塌陷型地震

矿区诱发塌陷地震多起因于采空区和顶板陷落。地震波由顶板块体脱落敲击底板而产生，矿震分布范围较小，震源极浅，大多处于开采平面上。震级小但震中烈度高。例如，具有 80 多年开采历史的山西省大同煤矿，1956 年至 1980 年间因顶板塌落而产生的有感地震达 40 多次，最大震级 Ms=3.4 级，释放能量约 1.0×10^9 J。

塌陷型矿震在岩溶发育地区经常出现。中国南方的粤、鄂、湘、桂、赣及浙等省（区）的岩溶充水矿区普遍存在地面塌陷，因塌陷而引起的冲击震动也时有发生。

3. 岩爆

岩爆又称冲击地压，是指承受强大地压的脆性煤、矿体或岩体，在其极限平衡状态受到破坏时向自由空间突然释放能量的动力现象，是一种采矿或隧道开挖活动诱发的地震。在煤矿、金属矿和各种人工隧道中均有发生。

岩爆属于小规模的地应力释放现象，表现为坑壁岩石碎块或煤块等突然从围岩中弹出，并伴随巨响、气浪和震动；抛出的岩块大小不等，大者直径可达几米甚至几十米，小者仅几厘米或更小。大型岩爆通常伴有强烈的气浪和巨响，甚至使周围的岩体发生振动。岩爆可使洞室内的采矿设备和支护设施遭受毁坏，有时还造成人员伤亡。四川绵竹天池煤矿就曾多次发生此类岩爆，最大的一次将约 20 t 的煤抛出 20 m 以外。

岩爆产生于具有大量弹射应变能储备的硬质脆性岩体。由于采掘活动，地下洞室和坑道发生地应力局部集中，在围岩应力作用下产生张、剪脆性破坏，在消耗部分弹性应变能的同时，剩余能量转化为动能，使洞壁附近的围岩变成岩块（片）隔离母体，获得弹射能量，向临空方向猛烈抛（弹、散）射。

岩爆发生的条件是：岩体经受过较强的地应力作用；围岩内储存较大的弹性应变能；埋藏位置具有较紧密的围限条件；机械开挖造成应力的突然释放。为此，应利用钻屑法、地球物理法、位移测试法、水分法、温度变化法等多种方法进行预测预报，合理选择洞轴线和洞室断面形状，施工中采取超前应力解除、喷水或钻孔注水软化围岩，减少岩体暴露时间和面积，及时支护围岩等措施，有效防治岩爆及其危害。

四、工矿废物对地质环境的污染

随着矿山的开发，矿区排放大量废水，如矿坑排水、洗矿废水、尾矿石堆淋滤水，以及矿区其他工业（如炸药厂、选矿厂、机械厂等）和医疗、生活方面的污水等。这些废污水，大部分未经处理，排放后直接或间接地污染地表水、地下水和周围农田、土地，再进一步污染农作物。有害元素成分的挥发也污染了空气。

截至2013年底，中国因采矿活动产生的固体废渣累计积存量约为 450.29×10^8 t。其中，废石（土）渣总量达 355.36×10^8 t，占总量的78.9%，尾矿 53.9×10^8 t，煤矸石为 40.72×10^8 t，粉煤灰及其他 0.31×10^8 t。与2005年底 219.6×10^8 t的累计积存量相比，增加了 230.69×10^8 t，增长了1.05倍，呈持续增长状态。辽宁省、内蒙古自治区、河北省、江西省为固体废渣累计积存量较大的省（区），其中辽宁省、内蒙古自治区的固体废渣积存量均超过了 100×10^8 t。

1. 选矿废水污染

2013年全国矿产资源开发利用共产出废水废液 114.16×10^8 t，综合利用 48.87×10^8 t，排放量为 65.29×10^8 t。这些废水中大部分未达到“工业废水排放标准”，不少含有许多有害的金属离子和物质，其固体悬浮物远远超标。中国北方岩溶地区的煤、铁矿山，每年矿坑排水约 12×10^8 t，绝大部分为酸性水，其中仅30%左右经处理使用，其他均自然排放。

江西某含硫多金属矿床，排放pH为3的强酸性矿坑水，造成矿区附近河水污染，鱼虾绝迹，水草不生，河水中金属离子含量超标，矿山下游25 km长河段的河水不能饮用。同时也造成矿区地下水和农田污染，土壤pH降低，金属离子含量增高，土壤物理性质改变，农作物生长受到抑制，水稻也被污染，直接影响到人的身体健康。这种现象在中国许多矿山都可见到，特别是最近几年乡镇及个体开矿、选矿、炼矿（炼焦炭）等活动加剧，加上管理不善，致使污染更为严重。

2. 煤矸石污染

煤矸石中含有大量的有机成分，同时富含金属、碱土金属和硫化物等，是无机盐类污染源，可通过大气降水淋滤而污染环境。煤矸石从地下运到地表弃置，所处环境的急剧变化使其风化作用加强，促进了可溶性成分的溶解，加重了矸石山的环境污染。

大气降水渗入煤矸石后，少量直接渗入矸石堆地下，大部分形成溢流水，向地势低洼处积聚排泄。大量可溶性无机盐溶于水中直接入渗补给地下水，造成矸石山周围地下水污染。主要表现在地下水呈现高矿化度、高硬度，硫酸盐、钠离子含量普遍高于地区背景值。

辽宁省抚顺煤田堆积的矸石山占地面积达22.4 km^2，为市区面积的8.1%，并继续以每年 200×10^4 t的排放量增加。矸石山西侧有五处溢流泉，年均溢流量达 118×10^4 m^3。由于矸石自燃，溢流泉水温度达30~50 ℃；溢流泉泉水含盐量高，水化学类型以 Na_2SO_4 型为主。抚顺市24个地下水监测井孔中，80%以上的井水硬度超过背景值的5.4倍，井水矿化度均超过背景值，最高值达5200 mg/L，超背景值10.41倍。

煤矸石溢流水污染使土壤盐分升高而导致盐碱化，使作物生长发育受到影响，甚至导致部分耕地弃荒。

另外，采矿对地质环境的影响还有矿山地热对环境造成的热污染，瓦斯突出、矿石自燃对大气的污染，放射性污染等。

五、不同矿种矿山环境地质问题特征

不同矿种、不同采矿方式产生的矿山地质环境问题各有其特点。一般而言，矿山对地质环境破坏比较严重的是资源开发利用强度高、矿山数量多的煤矿开采区和有色金属矿山。从采矿方式看,地下开采比露天开采导致的矿山地质环境问题更加严重、复杂。

以煤炭为主的能源矿山集中开采区,最突出的矿山环境地质问题是采空引起的地面塌陷、地裂缝;其次是毁损土地资源和植被资源,以及疏干排水对地下水系统的改变,造成矿区水资源匮乏,加剧人多地少矛盾;此外,还有酸性矿井水污染、煤矸石堆放及煤炭焦化造成的污染、煤炭燃烧产生的污染等(图 5-8)。淮北矿产资源集中开采区地处安徽省北部,面积 2741 km^2,淮北矿集区煤炭储量丰富、煤质优良、分布广泛。因煤炭开采对土地资源的占用与破坏最为严重,总面积达 18390 hm^2,其中采空地面塌陷破坏土地 17110 hm^2,塌陷坑常年积水区面积达 5121 hm^2。因采空地面塌陷造成“悬空村”近 300 个,50 多万人受到不同程度的影响,约 25 万农民无地可种;因采空塌陷损毁公路 40.8 km、桥梁 15 座,造成河流堤坝毁坏,导致城市道路、给排水管网、电力线路等城市基础设施损毁;直接经济损失累计达十几亿元。

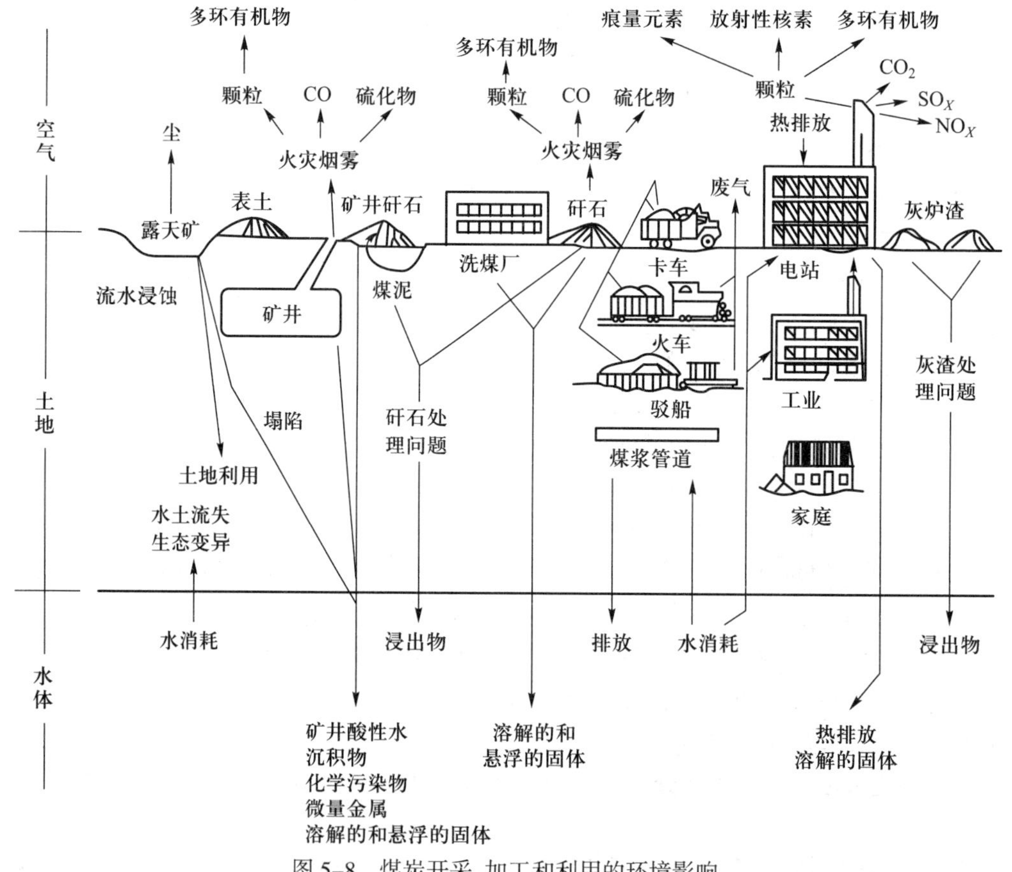

图 5-8 煤炭开采、加工和利用的环境影响

金属矿山集中开采区尤其是有色金属矿山对自然环境破坏大、恢复治理难度也大,最突出的矿山环境地质问题是矿坑水、选矿废水、尾矿、废渣等矿山废弃物对水土环境的污染和破坏,其次是废渣、尾砂堆毁损土地资源,以及潜在的泥石流灾害隐患。湘中有色矿产资源集中开采区位于湖南省中部,素有“世界锑都”、“金属之乡”与“江南煤海”之称,该矿集区内共发生地面塌陷等

地质灾害 60 多处，因矿业活动占用破坏土地约 1011.82 hm^2，废水、废渣排放造成较为严重的水土环境污染，硫、砷、锑等有害元素严重超标。

非金属矿山集中开采区，尤其是建材类矿山，大部露天开采，矿山规模小，主要是占用破坏土地、地形地貌景观破坏问题，废石压占土地问题；以地下开采为主的石墨矿等非金属矿山，主要的矿山环境地质问题是对地下水系统的影响和破坏。

六、矿产资源开发影响地质环境的主要因素

（一）矿产资源开发利用阶段

矿产的开发利用是一个复杂的过程，包括勘探、开采、冶炼等几个重要步骤，其中每个过程都对环境产生破坏作用，但程度有所差异。如勘探和试验阶段对环境产生的影响要比开采和冶炼阶段产生的影响小得多（表 5–7）。

表 5–7　矿产资源开发利用的不同阶段对环境造成的危害

开发利用阶段	对环境造成的破坏作用
勘查	土地占用；植被破坏；钻井废水造成地表及地下水污染
开采	占用、毁坏土地；破坏植被、地貌，造成水土流失；挖掘过程使地面沉降，形成地下水漏斗，诱发地震；矸石和其他固体废物处置造成滑坡、泥石流；粉尘噪声污染；酸性矿坑水的排放污染地表、地下水体
冶炼	粉尘、噪声污染；尾矿堆放诱发泥石流和滑坡；颗粒物、有害气体、废水及有机化学物质的排放造成水体、空气、土壤等污染

对矿床的勘探活动包括分析资料和野外勘探工作，由于工程量相对较小，这个过程对环境造成的破坏是局部、轻微的。开采阶段的影响为局部或地区性的，较前者严重。冶炼阶段的破坏性最大，所造成的污染可以破坏元素的地球化学循环，其影响甚至是全球性的。

（二）采矿方法

露天开采费用较低，有利于开采品位较低的矿体，从而提高了资源的利用率；但是，露天开采会严重破坏地表景观、占用大量土地、造成环境污染等。在其他条件相同的情况下，地下开采对矿山地表环境的影响比露天开采时要小得多。地下开采对地表景观的破坏程度较小，对大气和水体的污染亦不像露天开采那么严重；地下开采对土地资源的破坏主要表现为地面沉降或地面塌陷。

（三）矿物特性

矿产的种类不同，在开发利用过程中所造成的环境影响也不同。煤炭等能源矿产的燃烧主要形成二氧化碳、二氧化硫等气体，造成温室效应或形成酸雨；金属矿产的开采常造成严重的重金属污染，对人体构成极大的危害；硅藻土中所含的晶质可以致癌，石棉可以造成硅肺病；建筑

材料的开采直接地破坏着自然景观。

（四）其他因素

地理位置、地形和气候条件、开采规模等因素，对矿山环境会造成不同程度的影响。

开阔平坦地区或低洼地带，水流流速较小，水流的搬运能力较低，水土流失的情况较缓和；相反，开发陡峭地区的矿山，粉尘、噪声能传播很远的距离，污染范围大，水土流失严重。中国南方许多有色金属矿山位于山区，周围丛山既是噪声、粉尘传播的天然屏障，又是遭受破坏了的自然景观的掩护体。在这些矿山中，当山洪爆发时很容易出现滑坡、井下灌水事故，水土流失也较严重，在一定条件下又易发生逆温及山谷风等现象，导致大气的严重污染。

一个地区的雨量、温度、湿度、常年风向及风力等因素，强烈地影响着污染物向矿区周围环境中搬运、迁移，制约着采矿对环境影响的程度和污染范围。

开采规模与环境影响之间存在一定的关系。在其他条件相同情况下，矿石产量大，废石废渣排放速度也快，原材料及燃料消耗增加，导致“三废”污染加剧，受影响的地表范围也广。然而，当社会对矿产资源的需求量一定时，提高矿井产量，可以减少矿井的总数，对环境总的影响还是可以减少的。

第三节　矿山地质环境治理

矿山开发区是人类工程经济活动对地质环境影响极为强烈的地区。必须采取以防为主、综合治理的方针，才能保护和改善矿区地质环境质量。因此，必须做好从勘查、设计、开采到闭坑四个阶段的环境保护和综合治理。

矿产勘探与设计阶段，必须在查明环境地质条件的基础上，开展地质环境质量现状评价和影响评价，预测矿床开采后可能产生的环境地质问题；合理规划工业场地、交通运输线路、生活区、矿渣等固体废弃物的堆放场地，优选采矿方式和选冶工艺措施，防止或减少环境地质问题的发生。以采取相应的防范措施，为开采提供依据。

矿山建设开采阶段，严格规范矿业生产活动，防止、减少环境地质问题的发生、发展，治理已产生的环境地质问题。根据环境地质条件，控制已有环境地质问题的发展，使矿区恢复成环境质量良好的地区。

矿山闭坑阶段，需要做好以“造地复田”为主的综合治理，恢复耕种或种草绿化、营造树木、人工造湖，使矿区地质环境向良性转化。

一、矿山地质环境治理的基本原则

治理矿产资源开发引起的环境地质问题，应遵循以下六条原则。

1. 立法原则

以法律的形式确定矿山开采者对矿区环境破坏及其治理所应承担的责任，并以法规的形式确定治理工作必须达到的环境质量标准。

2. 生态风险评价原则

在实施矿山开采活动前，应当根据有关法律、矿区各类资源赋存情况、开采活动可能引起的生态破坏类型和程度，以及开采者从事开采和生态重建的技术经济能力等，进行生态风险评价。

3. 最少量化原则

尽可能使开采所占用的土地最少，使开采过程造成的景观破坏、环境质量破坏和生物群落破坏最少，使矿山废弃物的生成量最少。

4. 资源化原则

它有两层意思：其一是使受到破坏的土地、水域等，经过治理，能作为合格的自然资源再度具有生态经济价值；其二是使开采活动产生的矿山废弃物在其他的工业活动中得以利用。

5. 无害化原则

它是指对矿山废弃物进行无害化处置。多数情况下，矿山废弃物的利用率远小于它的生成率；即使经过再利用，仍会有相当数量的废弃物产生。对矿山废弃物的无害化处置，通常有两种方法：一种是去毒法，以化学方法或生物方法去除废弃物中的有害成分；另一种是隔离法，以物理方法阻止废弃物中的有害成分向周围环境渗漏。对于一些具有潜在资源价值，但在技术经济上一时难于开发的废弃物，隔离法是一种比较恰当而又经济的选择。

6. 生态系统的恢复和重建原则

这一原则是矿山环境治理对策中最重要和最基本的内容，包括采矿地环境质量的恢复、生物群落的恢复和重建。在任何情况下，采矿活动都会造成土地、环境质量、生物群落的破坏，而且这些破坏往往是数量极大的。最小量化原则、资源化原则和无害化原则只能在一定程度上减缓这些破坏，但远不能取代生态系统的恢复和重建原则。

在上述六条原则中，立法原则和风险评价原则，在发达国家已实施多年；最少量化原则和资源化原则是在考虑资源环境问题时为限制污染生成量而提出的，也已成为国际社会普遍接受的通则，目的是确保矿山开采活动对生态资源和环境的破坏程度最低；无害化原则与生态系统恢复和重建原则，早已为致力于环境保护的生态学家们所倡导。“无害化”和“生态系统的恢复和重建”两项原则可以视为矿山环境治理、土地复垦和生态重建的两根支柱。

二、露天矿的复垦与利用

露天开采的剥离物，可边剥边回填到采空区内，叫作内排土；也可临时堆放在矿区边界以外地面，叫作外排土。设置内排土场优点很多：实现了边采边填，采矿完毕，也就回填了采空区，剥离物不占用土地。采用外排土场时，需要大面积的土地堆放剥离物，开采完毕时或把它回填采空区，或不回填，就按废石场复垦。从土地利用和环境保护角度看，应尽量创造条件，使用内排土的开采方法。

1. 外排土露天采空区的恢复和利用

应该根据对土地恢复的要求，露天矿坑的深浅，填充物料的供给，以及坑内有无积水或涌水等多种因素考虑采空区的复垦问题。

砾石采场、石灰石或花岗岩等建筑材料供给地，一般都是无覆盖层的浅坑，采完后没有物料（石、土等）回填或者不要求回填，可视条件进行如下处理。

① 如果矿坑与地表或地下水体相通，永久地被水淹没，且面积又足够大，则可将其辟为水库、鱼塘、人工湖泊或水上娱乐场所。

② 对于间歇性被水淹没的矿坑，既可用来储水，灌溉农业、调节小气候，也可回填复垦为农业用地。或辟为其他有用的场地，如运动场、公园等。但应注意：当矿坑与地下水或地表水有水力连通时，若充填物选择不当，可能造成水体污染。

③ 对无水采空区，其底板往往是平坦的，只要通过研究实验，采取适当的措施，改善采空区植物生长的条件后，是可以再种植的。

④ 对于覆盖物少的深露天矿坑，通常难于找到或需耗资才能找到大量的回填材料。若矿坑处于潜水面以下，给水充足，或者排水差而被淹没，则最宜用作水库，灌溉农田，"水库"周围植树造林，构成幽静的风景点。干燥的深露天矿坑改建成打靶场、爬岩训练场，或作其他用途。

2. 内排土露天采场的复垦和利用

采矿、复垦两条腿走路的开采方法，对保护土地、防治环境污染，实属有利，应该尽量采用内排土场的露天开采方法。缓倾斜薄矿床和某些砂矿床，是适宜开辟内排土场进行开采的(图 5-9)。一般来说，对急倾斜厚矿体就较难实现内排土开采方案，但是对有几个采场的矿区，若周密规划采掘进度，先强化开采某几个采场，形成采空区，有意识地开辟内排土场，也是可以实行内排土开采的。

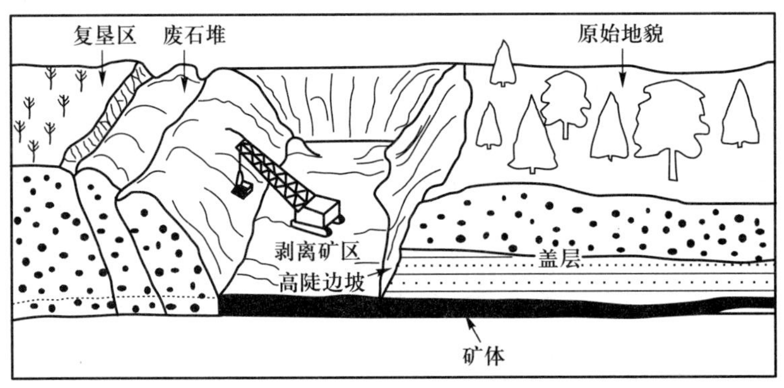

图 5-9　内排土露天采矿与复垦示意图

内排土开采是把复垦作为开采过程中的一个组成环节，可以说，某个复垦方法就是相应的采矿方法，它有如下几种：索斗铲开采复垦法、汽车回运复垦法、轨道回运复垦法、沿等高线分区段剥离开采复垦法、横向采掘复垦法等。

三、废石堆、尾矿池复垦

矿床地下开采掘出的大量废石，除部分作井下填料使用外，绝大部分需堆存于地表。露天开采采用外排土场时，占地面积更大。这些废石堆必然会带来一系列环境问题，必须认真及时地进行复垦。

1. 废石堆复垦

目前，国内外普遍采用土壤层覆盖法进行废石堆复垦，即废石堆复垦后的结构是，由下而上为坚硬或粗粒岩土—底土层—表土层。因此，在堆放废石之前应将堆场中表层土壤和底层土壤分别掘出并储存，以备用作覆盖层。

废石堆放时还应预先设计堆置方法并布置防排水系统和通气系统，以防止有害物质的淋滤、减少自热自燃或爆炸的可能性。

复垦废石堆时，首先要根据具体条件，将废石堆平整成符合利用要求的场地。如用于农业种植的废石堆，其表面坡度应小于用作植树造林场地的坡度，切忌平整或周围高、中间低的场地。然后铺盖表土，表土的厚度和性质应视场地再种植的可能性来决定，如种植农作物要求土质好、厚度大，植树造林对表土土质要求低一些。再种植的植物品种应与场地岩土性质相应，同时应注意环境因素，如气候条件、废石场朝向、生物学因素（昆虫病害、动物危害）等。

2. 尾矿池复垦

矿山的尾矿池是一个面积相当大的平坦地块，如任其遗弃，则将成为大气粉尘污染源，即使在较小风速下，也容易发生“尘暴”。由于雨水淋漓、侵蚀、酸（碱）废水及各种有毒有害金属离子和杂质不断渗出，还会污染水体、土壤；若坝体倒塌，可酿成严重恶果。相反，复垦废弃的尾矿池，则可达到变害为利的目的，增加农副收入，消除污染，改善环境。

尾矿池是由极细微的颗粒物质堆积而成，凝聚能力差，透气和容气性能低；缺乏植物生长的营养物质，土壤细菌及微型动物也无法生存；富集多种重金属元素，完全不符合植物生长的土壤结构。因此，种植前应设法固结表层，在坝坡上覆盖山皮土，施加肥料，并创造良好的表层透气和容气的条件。

国外有的矿山，在尾矿池表面铺盖约 1 m 厚的废石层，它对再种植能起到良好效果：稳定表层砂土，保护植物根系，防止水分蒸发，抵御风、水侵蚀，此外还有固坝防塌的作用，是一种可取的方法。

四、地面塌陷区和废弃矿井整治

1. 地面塌陷区的整治和利用

地表下沉和塌陷是地下开采，尤其是地下采矿普遍出现的土地破坏问题。通常，地表塌陷区的边界超出地下的对应采空区的边界范围，塌陷面积大于采空区面积，体积约为采出矿石体积的60%~70%。恢复由此破坏的土地面积对保护矿山环境和利用土地资源是极为重要的。

① 对于塌陷的水淹区域，可用作农业灌溉、发展渔业及其他养殖业，以及改建为水陆公园。

② 开发利用煤矸石，化害为利。在暂不能利用的情况下，用煤矸石填充塌陷区。这样，煤矸石不需另占地面，填充的塌陷区可再种植或作其他用途，同时减少或消除塌陷区和废石堆对环境的污染；若经周密规划，则可变荒芜之地为风景宜人、工农业兴旺的良好场地。

③ 可以利用塌陷区作为固体废物的储存场所，特别是在煤矿区附近都建有大型火力发电厂，可利用塌陷区来储存粉煤灰；在金属矿山中，塌陷区亦可作为废石堆存放区。

应该注意，当地表塌陷区与地下水或地表水体相通时，不要因充填而造成水体的污染。

2. 废弃矿井、地面设施的整治和利用

报废矿井的地面遗留有道路、管道、建筑物，以及井筒、井架等生产、生活设施。应结合矿山地理位置、地形条件、当地经济状况等因素，进行整治和综合利用。

矿区内的铁路、公路和一些专用建筑物，常常随它们服务的矿山报废而失去其原来的作用，应尽量使这些设施和建筑物在发展乡镇企业和振兴地区经济中发挥作用。而那些专用的结构物，如井架等，应予拆除，使矿山面貌转变为符合当地生态环境功能的场所。

历史上遗留下来的老矿区，往往没有井巷平面布置图纸，增加了处理上的困难，这样的井巷及其他出口，必须可靠地封闭，消除危险隐患。对新近采完关闭的矿井，如果没有专门用途及可靠的安全保证，亦应密闭井筒及平硐口。

应当指出，对废弃的地下矿井，应该周密地做出适当处理，以免发生地面沉降或塌陷。同时，还应保存完整的技术资料（如井上、井下对应位置图，巷道布置，采空区大小及位置，等等）。

五、矿山“三废”的综合利用

逐步实行尾矿、矸石及矿坑排水资源化，把矿坑排水纳入水资源管理系统，有条件的矿山可通过改变排水方式，改井下集中卧泵排水为地面井直接排水，把矿坑疏干排水与解决供水水源结合起来，这样既减少了污染，又解决了供水水源；还应努力提高选矿厂用水的复用率，尽量减少排放量；对洗选后的尾矿，应进一步提取有用矿物和元素加以利用，提高经济效益。对塌陷破坏的土地要有计划地进行造地复田、造地建村，综合开发利用。这项工作要和环境的综合治理结合起来进行，保持生态环境的平衡，对矿山矸石应作为巷道、露天采场的充填物利用，或用来制作建筑材料（如制砖、烧水泥等），以尽量减少地面堆放，避免污染环境。

第六章　工程活动和城市化与地质环境

生产力的发展，使人类对自然条件的改变，产生了巨大的作用。人类活动已成为地球上一种巨大的地质营力，迅速而剧烈地改变着地球的面貌，甚至导致地球上出现一些新的地质现象。人类活动中，工程建设是提供基础设施、保证人类社会发展和其他各种活动得以进行的根本，不论是资源开发、工农业生产、交通运输，还是科技进步、国防建设，以及生态修复、灾害防治等，无一不是以工程建设为基础。

人类活动的范围主要集中在地质环境空间内，对地质环境所起的作用是多种多样的，对地质环境可以造成不同规模、不同程度、不同性质的影响。从历史发展看，人类文明越是进步改造自然的能力越强，对地质环境起到的正面或负面影响越大；这些影响可能是局部的或区域的，动力的或静力的；发生的部位可能是浅部的，也可能是深部的；可能是化学的作用，也可能是生物的或是机械的；作用的时间可能是短期的，也可能是长期的。

第一节　地质环境变化的人为驱动力

地质环境演变与人类生存繁衍、社会文明进步息息相关。绝大多数环境地质问题实质上是人类活动与地质环境相互作用、相互影响的综合表现。人类通过有目的的生产活动，有意识地利用并改变着自己赖以生存的地球表层圈层，对地质环境的扰动强度和改造力度经历了从小到大、从简单到复杂的进程，人类活动已经成为地质环境变化的主要驱动力，特别是大型水利水电工程、交通道路、跨流域调水、城市化进程等，对地质环境的影响既深刻又广泛。

一、工程活动

人类活动是一个内容非常丰富、形式非常广泛的概念，泛指一切生产和生活活动，包含了人类一切可能存在形式的基本活动，例如个体的、群体的、社会的、经济的等。人类的工程活动丰富多彩，往往是群体性的经济活动，包括水利水电工程、工业与民用建筑工程、地下工程、道路和其他线路工程、采矿和建筑材料工程，等等，这些工程活动对地质环境的影响是多方面的。

工程活动的目的不同，其影响范围和对地质环境的作用强度有区域尺度、地域尺度和场地尺度等多个层次。工程活动对地质环境造成的影响和破坏，有短期的直接的较易认识到的，也有长期的潜在的不易认识到的，还有介于二者之间的。在工业化、城市化、信息化、全球化的推动下，人类工程活动对地质环境影响的深度和广度越来越明显。

二、工业化

工业化是世界上大多数国家近现代经济社会发展的主题。随着工业化进程的不断深入，人类开发地质资源的技术迅速发展，由地质环境输入工业经济中的物质在种类和数量上快速增加，所产生的地质环境问题也呈现出明显的加剧。发达国家已经完成了工业化，经济发展水平高，对环境和生态系统保护要求严格，通过加大环境治理和保护投入，地质环境得到改善。发展中国家，特别是正在工业化的国家，为了满足人口增长和工业化、城市化的需要，土地、水、矿产资源开发力度将进一步加大，由于经济发展水平低，环境和生态保护投入少，在"现行模式发展情景"下，土地、水、矿产的开发将继续增长，所造成的水土污染、区域地质环境问题面临的压力将继续增大。

随着全球工业化的持续推进，人类经济社会对土地资源、水资源和矿产资源的需求日益增长。城市扩展挤占农业用地、农业发展挤占生态用地，人类生活的生态空间不断萎缩。水资源开采量增长的同时，越来越多的未经处理的污水直接排入地质环境，水资源紧缺与污染问题并存。矿产开发向低品位和深部发展，对环境扰动程度不断加大，会越来越多地损害生态系统的完整性和稳定性。资源约束趋紧、环境污染严重、生态系统退化将成为越来越多发展中国家推进工业化进程的重要瓶颈。

三、城市化

据联合国2014年版《世界城镇化展望》，世界一半多的人口——相当于39亿人居住在城镇地区，比1950年的7亿城市人口增加了4.6倍，城市人口比例从29.4%增加到51.6%；到2050年，城镇人口将再增加25亿，而且绝大部分增加的城镇人口将集中在亚洲和非洲。全球城区常住人口1000万以上的超大城市数量从1970年的2座增加到2014年的28座。

城市化地区是人类活动对地质环境影响程度最为强烈、影响范围最为密集的区域。随着城市化进程的推进，人口不断由农村向城市地区聚集，城市人口不断提高；各种建筑物、构筑物和工程设施密集而建，地上地下空间开发强度不断提高；城市建成区不断向外扩展，占用了越来越多的耕地、林地或生态用地；高密度人口和高强度经济活动，使城市地区成为资源消耗和废物排放最为集中的区域，环境地质问题频繁发生。

第二节　工程活动与地质环境

人类工程活动是人类生存活动中重要的组成部分，对地质环境影响较大的人类工程活动主要有水利水电工程、矿业工程、道路工程、跨流域开发工程、城镇或工业土木工程等。每种类型的工程又包含一系列的工程建筑物，组成工程系统。比如，地下开采的矿业主体工程是矿井、坑道和采场；水利水电工程有水利枢纽、水库工程、引水工程、下游灌溉工程及输变电工程等。各类工程系统及工程建筑物对地质环境的作用方式和强度不同，产生的环境效应亦不尽相同(表 6–1)。

表 6–1 大型工程活动的环境地质效应

工程类型	作用方式	环境效应
水利水电工程	附加荷载 岩体爆破 边坡开挖	诱发地震，库岸再造，水库淤积，突水溃泥，岩爆，岸边浸没，土壤盐碱化与沼泽化，改变水生生态系统，加剧下游河床侵蚀，河口泥沙减少，海岸侵蚀，海水入侵等
跨流域调水工程	岩土开挖、爆破 弃土填堆 拦截地表径流	改变天然水系，土壤盐渍化，影响水生生物，水质污染，渠道边坡失稳等
矿业工程	废物堆排 开挖、爆破 疏排地下水	诱发地震，边坡失稳破坏，山体开裂崩塌，突水溃泥，岩爆，煤与瓦斯突出，区域地下水位下降，采空塌陷，水土环境污染，破坏植被，水土流失，土地荒漠化等
交通工程	岩土开挖 弃土填堆 工程振动	边坡失稳，塌方，突水溃泥，岩爆，岩溶塌陷，泥石流，水土流失，破坏植被等
城市土木工程	岩土开挖 废弃物堆填 地表径流改道 水资源开发	地面沉降，岩溶塌陷，地裂缝，基坑变形与破坏，水资源短缺，水土环境污染等

一、大型水利水电工程环境地质问题

大型水利水电工程是国民经济和社会发展的基础设施，大中型水库是江河治理的关键工程之一。水利水电工程一般都具有明显的蓄水防洪、调节径流和提高水资源利用率的作用，在灌溉、供水和发电等方面具有巨大的经济效益。但是，在水利水电工程的影响下，河流原有的水文情势和水力条件都会发生变化，库水位周期性升降和水量的不断变化，都会引起库区及其周边地区地质环境的改变，对生态地质环境产生不良的影响，诱发一系列水利水电工程环境地质问题(图 6–1)。

大型水利水电工程对地质环境的影响和破坏主要表现在：地形地貌的改变、水利工程影响区水文地质条件的变化及其环境影响、水库岸坡失稳、水库淤积、水库渗漏与浸没、水库诱发地震、大坝下游引水灌溉区土壤盐渍化等。

修建水库还会引起下游河道的变迁，使原有防洪工程体系与新的水文条件不相适应。有些大型水坝建成后，使河口三角洲失去一年一度的泛滥，土地肥力降低，入海水量减少，海水倒流浸渍，加重了土壤盐碱化。流域性的水利水电开发和跨流域调水工程，对区域环境的影响更加深远，它可使水位降低，水面缩小，含盐量上升；对海洋环境的影响亦是不能忽视的问题。

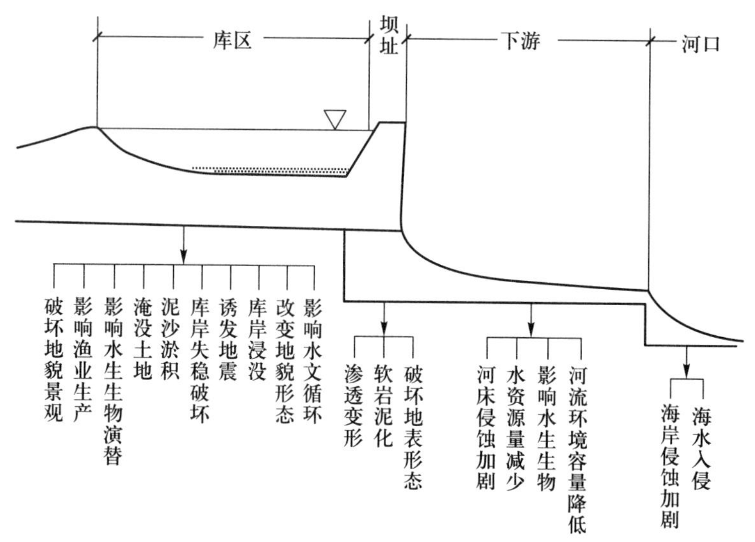

图 6-1 水能开发利用对河流流域的地质环境影响

(一) 地形地貌的改变

水库蓄水后,在大坝的上游回水范围内和大坝下游地区,由于河流水动力条件的改变,从而引起地形地貌的变化。

水库兴建后,库区回水范围内大片的土地淹没在水下,并出现宽阔的水面。在泥沙淤积作用下,原来不平的库底逐渐淤高淤平,从而发生地貌的改变。如中国的丹江口水库,建库前汉江多年平均输沙量为 115×10^6 t,水库蓄水后,98% 的入库泥沙集中淤积在距坝 50~130 km 的库区内,淤积厚度最大 25 m,大坝下游 6 km 的黄家港站含沙量几乎为零。由于下泄河水流量的减小,河流输沙能力减少约 41%。

水库下游一定范围内的河段地形地貌也发生变化。因水库拦蓄了洪水,下游河段原来被洪水淹没的滩地、沙洲,将常年暴露在河面以上,或被开垦成为可耕的土地。下游河道河水流量和水中泥沙含量的大量减少,使原为淤积的下游河道变为冲刷环境;下游河段的支流可在支流汇口处产生局部泥沙淤积,形成新的水下浅滩、沙洲;入海泥沙量的减少使河口附近由淤积环境变为海水动力作用下的侵蚀环境,海岸线不断后退。如埃及阿斯旺水库,建库前,尼罗河每年有 $(6\text{~}18)\times10^7$ t 泥沙排入地中海;建库后,由于泥沙被拦蓄在库内,改变了河口地段地中海海湾、罗赛泰及达米塔河口的淤积结构,河口附近的海岸线侵蚀后退,形成达米塔和罗赛泰群岛。

此外,修建水库大坝,需要移动大量的土石方。无论是开挖坝基、取料场取料,还是堆放废土,都会改变库区一定范围内的地形地貌。

(二) 水文地质条件的改变

1. 库区水动力场的改变

水库蓄水后,库区沿岸一定范围内的地下水位将产生大幅度的抬升,库岸地段内的地下水水力坡度减缓，地下水运动发生变化，从而引起与地下水运动有关的一系列环境地质问题，如地下水补径排条件的改变等；壅高后的地下水位接近或超出地面时，便产生浸没、湿陷、沼泽化等环境地质问题。

2. 库区水化学场的改变

水库将河水拦蓄在库内，使原河水在洪枯水季节的化学成分差别缩小或消失，起到混合均化作用，库水的溶解氧、硫化氢、二氧化碳等含量也发生变化。夏季深水层出现缺氧或无氧现象；二氧化碳含量由表水层向底层递增，并有一定的季节变化。影响库水化学性质的因素有：补给水源的化学成分；土壤中的元素含量；集水区的化学特征；水库的库容大小、库水温度、蒸发、水生物作用等。

3. 库区水温度场的改变

地处温带的大型深水水库，一般情况下库水冬暖夏凉。夏季的库水温度分层，表层水温高，深部水温低。如丹江口水库在 8 月份前表层水温平均 29.6 ℃，底层水温平均 14.9 ℃，水深 15~25 m 处存在一跃温层。水库下泄与下游天然河水的温差，要经相当长的流程才消失，有时可达数百千米。

4. 库外水文地质条件的改变

水库蓄水后，大坝下游河段的河水位及流量发生改变，地表水与地下水的补排关系也发生变化，原来的地下水补给河水可能变为库水补给地下水。如地处干旱地区的河西走廊，因在其南北山沟谷大量兴建中小型水库，减少了下游地区地下水的补给量，导致泉水枯竭，地下水位普遍降低，水质恶化，自流灌溉变为提水灌溉。库水还可以通过分水岭向相邻谷地（或低洼处）渗漏，使邻谷或盆地水位升高。

（三）水库边岸再造

水库蓄水后库区水文条件急剧变化，在库岸斜坡与库水相互作用过程中因库岸失稳坍落和岸边淤积而引起的岸坡形态的改变称为水库边岸再造。水库建成蓄水后，抬升的水位浸没自然条件下的水上斜坡，使斜坡岩土体因饱水而强度降低；库水涨落引起地下水位波动变化还对斜坡岩土体产生动水压力；水库水体波浪拍打库岸增强了波浪的冲刷作用。原来处于平衡状态的岸坡为适应新的环境，不断发生坡形的再造，形成新的稳定性岸坡。水库边岸再造主要有岸坡坍蚀和岸坡崩滑破坏两类。

岸坡坍蚀的过程如图 6–2 所示。水库蓄水后，随着水位迅速上升，水体范围随之扩展，形成开阔的人工湖泊。上升的库水抬高岸边地下水位，浸润原先处于干燥状态的岩土，减小土体或软弱夹层的抗剪强度，使库岸岩土体的物理力学性质发生改变。由风力引起的水面波浪是改变库岸形态的动力因素之一。库岸岩土遭受浸湿和波浪的冲蚀，逐渐形成岸壁的初期塌落（图 6–2（a）），破坏的快慢取决于岩土的强度及波浪的能量大小。如果原岸坡较高，则岸壁上形成与库水位 1 在同一高度的浪蚀龛（图 6–2（b））。波浪不断对被湿化的库岸冲击、磨蚀，自然崩落和冲击下来的岩土碎屑成为悬移质和推移质被波浪回流带离坡脚淤积在岸边，于是库岸边线后移，水下浅滩开始生成（图 6–2（c））。波浪重复地作用，库岸不断坍落、后退，浅滩逐渐增长，同时也改变着波浪与库岸相互作用的特征。直至浅滩尺寸拓宽到足以消耗全部波能，库岸后退与浅滩的发展渐趋稳定，形成最终的平衡剖面（图 6–2（d））。

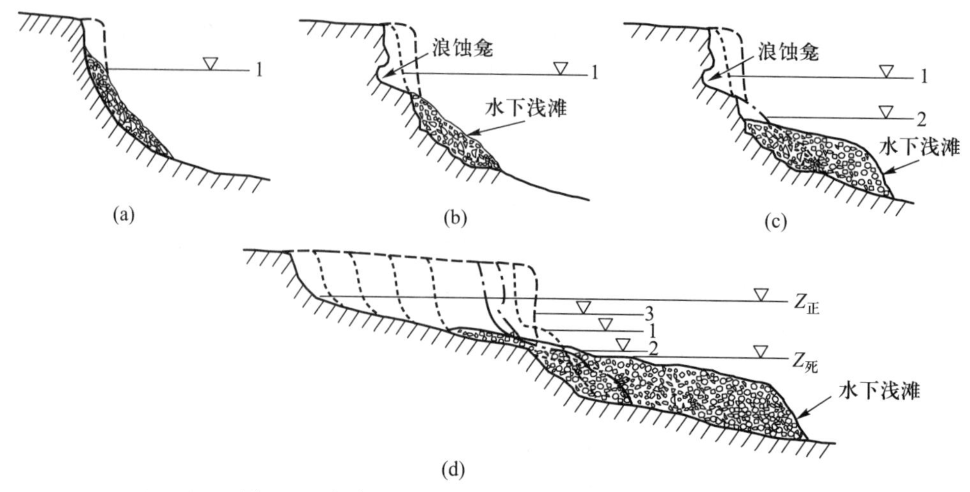

图 6-2 水库边岸再造的一般过程(张咸恭,1983)

(a)水库岸壁的初期破坏;(b)(c)浪蚀龛及水下浅滩的形成;(d)最终平衡剖面的形成。1、2、3:不同时期水库水位;$z_正$:水库正常蓄水位;$z_死$:水库死水位

大型崩滑破坏大多发生在基岩库岸地区,产生突发性的坍岸,一次滑坍规模很大,大量岩块瞬间倾入水中,急剧改变库岸地貌形态和库区水文特征。坍塌的岩体冲击库水产生涌浪,如发生在近坝或坝肩附近,涌浪可越过坝顶,危及大坝和下游的安全。意大利瓦依昂水库,1963 年 10 月 8 日发生库岸滑坡,滑体规模达 2.6 万多亿立方米,整体滑落时间约 20 s,涌浪高出坝顶 100 多米,库水越过大坝冲毁下游村镇,死亡 3000 余人。

影响库岸再造宽度和发展速度的因素包括内在因素和外在因素两类。内在因素有库岸地形地貌、斜坡岩土体性质、岸坡结构、地下水类型、库岸植被覆盖程度和岸边人工建筑物的分布。库岸愈高陡、库岸线曲率愈大、切割愈破碎,愈容易产生库岸的坍落。外在因素有库水动态、风浪特性、大气降水和库面浮冰。库区泥沙来源和运移规律也是一个重要因素。

水库建成蓄水后,应建立完善的库岸边坡监测系统,对库岸的变形及其演化趋势进行监测,对容易发生岸坡失稳、坍滑的地段开展稳定性评价,遵循以防为主、防治结合、因地制宜综合治理的原则,采取抛石、草皮护坡、砌石护坡、护岸墙、防波堤等措施减缓或阻止库水对岸坡的侵蚀。

(四) 水库淤积

在河水含泥沙量大的河流上建库,河水进入水库后流速骤减,水流搬运能力下降,所挟泥沙在库尾或支流的入库口堆积。水库淤积的主要危害是影响水库的正常使用,缩短水库使用寿命,而且会给上下游防洪、灌溉、航运、排涝治碱、工程安全和生态平衡带来影响。例如,三门峡水库坝高 106 m,设计库容 $96.4\times10^8\ m^3$,控制黄河流域面积 688421 km^2,占黄河流域面积的 91.5%,控制黄河来水量的 89%,来沙量的 98%。三门峡水库于 1960 年 9 月开始蓄水拦沙,由于原规划设计没有考虑到多沙河流的泥沙淤积问题,运用初期蓄水位较高,1961 年 2 月 9 日蓄水位达 332.58 m,蓄水量为 $72.3\times10^8\ m^3$,库区泥沙淤积严重。至 1962 年 2 月,库区泥沙淤积量达 15.3×10^8 t,93% 的来沙淤积在库内。虽然采取了敞泄滞洪排沙等方式减缓泥沙淤积,至 2002 年汛后，潼关以下库区累计淤积量达到 $29.52 \times 10^8\ m^3$，占设计库容的 31%。由于水库回水超过潼关，淤积泥沙抬高了潼关河床高程，在渭河口形成了拦门沙，造成渭河下游河道排洪能力下降，防洪压力增大。水库淤积还使其上游潼关一带河床不断淤高并向上延伸，河水外溢，两岸土地大范围被淹。

影响水库淤积的环境因素主要是入库河水的泥沙含量和库岸地带的崩、滑、流发育状况及水库水位调度特性等。河水泥沙含量高的重要原因就是河流上游地区滥伐森林、坡地开荒，以及采矿、筑路等不合理的人类活动。因此，减少水库淤积的有效措施是加强水土保持工作，整治冲沟、植树种草和流域综合治理。在水库上游泥沙含量高的支流、沟谷上修建拦沙库。同时，加固库岸不稳定地段，尽量避免库岸失稳坍塌；修建水库时还应设置泄流排沙设施。

（五）水库浸没

水库蓄水后，库岸岩土体被水浸泡而逐渐饱和，地下水水位随之上升而形成壅水。若岸坡相对平缓、地下水水位接近甚至高出地面，导致库岸岩土体强度降低、大片土地变成沼泽或严重盐渍化的过程和现象，称为水库浸没。

水库浸没对临近库岸地带的工农业生产和居民生活危害巨大，平坦、肥沃的良田因地下水位上升而沼泽化或盐渍化；地基承载力降低，建筑物遭受破坏。若地基为黄土或具膨胀性的土层，影响更为严重。浸没还可造成附近矿坑充水，矿山被迫关闭。

水库浸没是各种因素综合作用的结果，库岸地形、岩性和结构、水文地质、水文气象、水库运行状态及人类活动等均对水库浸没有一定的影响。容易发生水库浸没的地段包括：① 平原型水库的大坝下游、顺河坝或围堤外侧；② 地下水位埋藏浅、地表水和地下水排泄不畅、补给量大于排出量的库岸地段；③ 水库附近封闭或半封闭的洼地边缘。

（六）水库诱发地震

人类工程活动所引发的地震称为诱发地震（induced earthquake），地下核爆炸、采矿、深井注水、抽采地下流体、水库蓄水等均可诱发地震。水库诱发地震一般指与水库蓄水相伴的地震活动性的增强。水库诱发地震最早发现于希腊的马拉松水库，伴随该水库蓄水，1931 年库区就产生了频繁的地震活动。20 世纪五六十年代，世界各地修建的大中型水库急剧增加，诱发地震的水库数量也随之呈现出上升的趋势。尤其是进入 60 年代以后，全球水库地震的频度和强度都达到了高峰，几座大型水库相继发生 6 级以上的地震，造成大坝及库区附近建筑物的破坏和人员的伤亡。

水库蓄水后，水体的巨大荷载使库区及其周围地应力场发生变化，可能使原来地震活动微弱的地区发生较强烈的地震或使地震活动强烈地区的发震次数增多。目前，全球已有 120 多座水库诱发了地震活动。其中大于 5 级的水库诱发地震 16 例，大于 6 级的水库诱发地震 4 例，造成较严重影响的水库诱发地震如表 6–2 所示。

1. 水库诱发地震的基本特征

与构造成因地震（即正常地震）相比，诱发地震有其自身的一系列特征，主要表现在以下几个方面。

① 表示频度与震级关系的 b 值较大，一般比构造成因地震（即正常地震）的 b 值大 1.3~1.5 倍。这是水库诱发地震一个很重要的特点，是区别诱发地震和正常地震的主要标志之一。

表 6-2 全球主要水库诱发地震一览表

国别	库坝名称	坝型	坝高 /m	库容 /（$\times 10^8$ m^3）	开始蓄水时间	发震时间	最大地震	
							震级	时间
赞比亚	卡里巴湖	拱坝	125	1526	1958.1	1961.7	6.1	1963.9.23
印度	科伊纳大坝	重力坝	103	2708	1962.6	1963	6.4	1967.12.10
希腊	克雷马斯塔湖	重力坝	147	47.5	1965.7	1965.12	6.2	1966.2.5
中国	广东新丰江	大头坝	105	130	1959.10	1959.11	6.1	1962.3.19
日本	黑部大坝	拱坝	180	1.488	1960	1961.8	4.9	1961.8.19
法国	蒙大纳大坝	拱坝	130	2.75	1962.4	1963.4	4.9	1963.4.25
瑞士	康特拉	拱坝	233	0.86	1964.8	1965.5	4.0	1965.10.11
巴基斯坦	曼格拉水库	土石坝	135	72.5	1967.2	1967	3.6	1967—1968
苏联	努雷克大坝	土石坝	300	110	1972	1972.12	4.5	1972—1973
希腊	马拉松湖	重力坝	63	0.41	1929.10	1931	5.0	1938
新西兰	本莫尔湖	土石坝	110	20.4	1964	1964	5.0	1964
中国	湖北丹江口	重力坝	97	160	1967.11	1970.1	4.7	1973.11.29
中国	辽宁参窝	重力坝	50	54	1972.11	1973.2	4.8	1974.12.22
中国	青海盛家峡	土石坝	35	0.045	1980.10	1981.3	3.6	1984.3.7
中国	云南漫湾	重力坝	126	10.1	1987.12		4.6	1994.11.5
中国	浙江珊溪	重力坝	130	18.04	1997.11		4.6	2006.2.9
中国	湖北三峡	重力坝	185	393	2003.6		5.0	2013.12.16
中国	云南向家坝	重力坝	162	51.63	2008.12		4.5	2014.10.1
中国	四川溪洛渡	重力坝	285	128	2007.11		5.3	2014.4.5

② 在空间上，震中集中分布在水库周围，基本在几个特定的区段重复发生，一般距库边线不超过 10 km，位于河谷第一分水岭范围内。多数诱发地震的震源深度很浅，其范围在 1~11 km，一般为 3~5 km 或仅几百米甚至于近地表。

③ 在时间上，发震与水库蓄水过程密切相关。一般水库蓄水后或数月后开始出现微震，一年或几年后发生主震。

④ 在强度上，地震震级比正常地震低，多数属于微震，至今为止还没有超过 6.5 级的水库诱发地震。但由于震源极浅，水库诱发地震的震中烈度一般较同震级天然构造地震高，震波垂直分量的作用较显著，破坏作用较强，对水利工程的安全造成很大威胁。而且，诱发地震的频度和强度随时间的延长呈明显下降的趋势。

⑤ 在震源机制上，水库诱发地震主要有两种震源错动型式。一种是倾向滑动，滑动面倾角较陡，主压应力轴接近于垂直，即相当于高角度的正断层错动型式。另一种是走向滑动，滑动面亦很陡，主压应力轴接近水平，即相当于陡倾角的平推断层型式。逆断层错动型式的机制极少。

⑥ 地震频率异常高，且与水位的高低，尤其是水位的大幅度升降呈明显的正相关关系；最大

主震或大震群的出现往往滞后于最高水位的出现。

⑦ 地震的震型以前震—主震—余震型为多,也有群震型,孤立型罕见。余震衰减率比正常地震的余震衰减率低得多。广东省新丰江水库于1959年10月蓄水后地震活动加剧,1962年3月19日发生6.1级地震,从此余震不断,至1978年底的16年间共记录地震3.1万次之多。

2. 水库诱发地震的机制

水库蓄水后对库底岩体可产生3个方面的效应,主要可以归纳为水体荷载作用、孔隙水压力扩散作用和库水对岩石的软化弱化作用等。水库诱发地震的物理机制可以概括为4种:

① 应力增强机制,认为水库蓄水所增加的荷载会导致岩体中应力增强,一旦超过岩体自身强度即引发地震;

② 强度弱化机制,认为水库蓄水后水头升高引起地下孔隙水压力升高,导致滑动面有效应力减小而引发地震;

③ 岩体弱化机制,认为水库蓄水向深部岩体扩散过程中,水体会软化和弱化岩体,导致滑动面摩擦系数降低而引发地震;

④ 局部应力集中机制,认为库区岩体结构和介质建造的不均匀性和各向异性,控制着蓄水过程地应力和孔隙水压力的分布,导致局部应力和孔隙水压力的高度集中,从而引发地震。

虽然水库水体对库底岩石的荷载效应可能在岩体中产生附加应力场并使水库边缘产生张应力和切应力,从而恶化先存断裂面的应力条件,并且,水库诱发地震的震级与水库蓄水后的水位存在一定的正相关关系,但水库诱发地震的确切诱因尚未完全查明,已有震例表明这类地震不是由于水库荷载直接或单独造成的,而是水库蓄水和某种地质作用共同引发的。丹佛废液处理井诱发地震为水的空隙水压力诱发地震机制提供了一例实证,由于岩体裂隙面或断裂带上空隙水压力的存在,降低了作用在该面(带)上的有效应力,从而降低了抗剪强度,使在缓倾角的断裂面(如逆掩断层面)上的块体也有可能产生倾向滑移或在一定推力下产生逆倾向错动。人们普遍认为,水库蓄水后的库水效应叠加于库区原有天然应力场之上,使水库蓄水前自然积累起来的应变能得以较早地释放出来。

3. 水库诱发地震灾害

水库诱发地震的直接后果是大坝及震中地区建筑物的破坏和人类生命财产的损失,其间接灾害包括水库枢纽运转功能失效,库水下泄、淹没下游城镇和农田,发电、航运系统中断,水库放空所带来的水库效益亏损等一系列严重后果。水库诱发地震有的震级可达6级以上,如印度的科伊纳水库诱发地震震级达6.4级,使科伊纳市绝大部分砖石房屋倒塌,死亡177人,伤2300余人,水库大坝及附属建筑物也受到严重损害,影响破坏半径达50 km,水库被迫放空进行加固处理。中国广东省的新丰江水库诱发地震也威胁到大坝的安全,右岸坝顶部附近产生了上百条不同程度的裂缝,出现轻微渗漏,极震区几千间房屋严重破坏,死伤数人。

4. 水库诱发地震研究与预测

水库诱发地震的研究主要包括区域地壳稳定性、水库诱发地震判据、库区水文地质条件和岩体结构面特征、库区微震活动、诱震地质环境分区、诱震类型、最大震级对建筑物和环境危害的评价及对策研究等方面。通过调查研究,查明库坝区诱震的地质环境,分析诱震的可能性及其危害,预测库坝区震情变化发展趋势,为大坝设计提供应否采取抗震措施的依据,以确保大坝的安全运营。

水库诱发地震的预测是根据库区的地质环境、地应力状态、孕震构造、岩体的导水性、可溶岩分布及喀斯特发育情况、发震机理等初步判定可能发震地段。根据发震断层的长度、喀斯特发育程度、已有震例的工程类比或参照区域地震活动水平进行初步估计水库诱发地震的强度。目前水库诱发地震危险性评价与预测主要分为定性方法(工程地质类比法)、半定量方法(概率统计法,模糊数学,神经网络算法等)、综合性方法三类。

二、道路交通工程环境地质问题

铁路、公路是国民经济建设的命脉,修筑铁路或公路等交通线,势必大量开挖边坡、掘进隧道,从而造成山体边坡失稳、隧道洞顶塌陷和疏干地下水等,灾害事件屡见不鲜。如 1986 年 6 月 21 日哥伦比亚西南部一段山间公路发生大滑坡,致使几十辆汽车被大量土石方吞没。中国的宝成、鹰夏等铁路线都是有名的“病害”线。1997 年以来,中国的交通建设投资每年以超过 20% 的幅度增长,在建或即将建设的交通工程量巨大,对地质环境的破坏作用及其诱发的环境地质问题日益增多。

1. 边坡变形失稳

在交通线路建设中,由于开挖路堑和平整路基使自然山坡的应力平衡条件发生变化,常导致边坡变形失稳,发生崩塌、滑坡、泥石流等灾害或造成路基、路堑失稳变形,尤其是道路经过软弱破碎岩体时,可形成崩滑密集段;遇暴雨时可形成泥石流;通过老滑坡体时,还有可能使滑坡复活。如成昆铁路全线有 183 处滑坡,其中因道路工程建设引起或复活的古滑坡有 77 处,占滑坡总数的 42%。

全球范围内修建铁路和公路所搬运和堆添的土石方量甚至超过了河流搬运和堆积的物质量,交通线路对山体斜坡稳定的破坏,主要是由于开挖路堑破坏自然边坡的稳定坡角而使坡体应力场变化,或切断各种软弱结构面形成易于崩滑的不稳定楔体;当线路通过古滑坡体时,若选线不当,或在车辆振动、暴雨、地震等外力作用下,可能导致古滑坡复活,引起大规模的灾害事件。修建铁路或公路,还会产生大量废弃的土石,堆置或处理不当,将发生滑塌或在雨水作用下成为泥石流的物源区;对地表天然植被的破坏也加快了水土流失的速率。

为了保证路基路堑边坡的稳定性,必须做好选线的工程地质勘察工作,收集并分析沿线的水文、气象、地貌、地质等方面的资料,使选定的线路路基具有足够的强度、水 - 温稳定性和整体稳定性,针对影响路基稳定性的主要因素提出应采取的处理措施。

2. 水文地质环境的改变

交通线路建设工程,影响并改变地表径流的原有状态,或使浅层地下水含水层被截断,地下水的补给、径流、排泄条件发生变化,地下水不能流向下游,导致下游地区地下水补给减少,井、泉干枯,甚至出现土壤荒漠化现象;当线路穿越山腰处时,则在道路的上边坡出现地下水露头。开凿很深的路堑时,道路路基可能低于当地的地下水位,从而引起地下水水位下降。

在岩溶发育地区修筑交通线路,可能出现路基基底冒水、水淹路基、隧道涌水、大规模突泥和大面积地面沉陷等环境地质问题。例如,在京广复线南岭隧道施工中,曾发生严重的突泥现象,先后两次突泥共计达 10500 m^3,淤塞导洞长达 347 m,致使导洞棚架倒塌、地面下沉 17 m、陷穴面积达 1400 多平方米,造成巨大经济损失。

3. 洞室破坏与隧道涌水

隧道工程引起的环境地质问题，主要是疏干地下水和产生地表塌陷，特别是隧洞穿过强岩溶化岩层时尤为显著；当隧洞穿过破碎岩体时，可能产生洞顶坍落、洞壁垮帮。地下水是造成塌方和使围岩失稳的重要原因。如地下水可使岩质软化，并使其强度降低；促使围岩中的软弱夹层泥化，减少层间阻力，造成岩体滑动；地下水涌出时，在动水压力作用下，将出现流沙及渗透变形；有时还会发生突水事故，并引起地下水位下降，破坏原有的水文地质环境，导致附近井、泉干枯，地表发生塌陷。

青藏铁路的关角越岭隧道长达 4006 m，最大埋深 520 m，由于其地处强烈的晚近活动构造带内，在以地应力为主的各种因素作用下，路基和隧道出现了难以整治的拱顶裂缝和掉块、边墙裂缝、底板隆起、路基中心线偏移与导坑缩径等地质“病害”。

影响隧道围岩稳定性的因素主要有岩层产状、地质构造、地下水、地震等地质因素和隧道埋深、几何形状、跨度和长度、施工方法、围岩暴露时间及衬砌类型等工程因素。

4. 交通线路建设环境地质问题的预防

交通工程建设一般分为可行性研究、初步设计、施工和营运等阶段，各阶段的环境地质调查研究主要有以下几个方面：

① 可行性研究阶段，主要开展线路规划，通过道路沿线地质环境和社会经济条件以及开发建设要求，全面分析道路工程与地质环境相互作用，分析预测交通线路工程在不同地区的适宜性和可能产生的环境地质问题，为线路工程的综合规划提供宏观决策依据。

② 初步设计阶段，主要对道路沿线的环境地质要素、环境地质作用及问题进行全面的评价、预测，经多方案对比优选，为道路沿线的地质环境保护提供依据和对策建议。

③ 施工、营运阶段，主要针对施工、营运中所产生的环境地质问题，查明其发育分布特征与规律，并对重要线路、典型问题进行深入研究，评价其危害程度，制定切实可行的防治措施。

交通线路环境地质问题及其危害的防治原则是：以防为主、防治结合、重点预控。在设计阶段，充分认识和掌握道路沿线地形地貌和地质条件，尽量避免线路经过可能出现环境地质问题的地段。同时，选择适当的调控手段，采取避绕、加固、保护和综合治理等措施，减轻或避免不良环境地质问题，保证行车安全和交通线路的畅通。

三、跨流域调水工程环境地质问题

水资源合理配置是水资源可持续利用的重要基础。跨流域、长距离调水工程的目的是调整水资源数量在空间上的天然分布，使其与经济社会发展格局相适应，从水资源丰沛的地点、以经济合理的代价，调出符合数量和质量要求的水资源，满足缺水地区经济社会可持续发展的需求。水资源的地域调配措施包括利用天然河道或修建人工渠道、运河、管道、泵站等输水、引水、提水等调水工程。

在世界的大江大河上几乎都能找到调水工程的影子。公元前 2400 年，为了满足今埃塞俄比亚境内南部的灌溉和航运需求，埃及兴建了世界上第一个跨流域调水工程。当选跨流域调水的鼻祖。世界著名的调水工程有：中国的京杭大运河、美国的中央河谷及加州调水工程、澳大利亚的雪山工程、巴基斯坦的西水东调工程等（表 6–3）。目前，世界上已有 20 多个国家和地区兴建了 160 多处跨流域调水工程。

表 6–3 国内外主要跨流域调水工程基本情况表

国家	工程名称	水量调出区	水量调入区	调水方式	引水量 / ($m^3 \cdot s^{-1}$)	年调水量 / ($\times 10^8\ m^3$)	开工年份
美国	中央河谷	萨克拉门托河	圣华金地区	提水	636	134	1937
美国	加州水利	费瑟河等	南加州地区	提水	292	52	1959
加拿大		尼切克河	凯马诺电厂	自流	185		1925
埃及	努巴里亚	尼罗河	努巴里亚	提水	116		1966
苏联		额尔齐斯河	努拉河	提水	75	25	1962
巴基斯坦	西水东调	印度河	巴基斯坦东部	自流	1492	160	1960
法国	普罗旺斯	迪朗斯河	唐德贝尔湖	自流	40		1963
澳大利亚	雪山工程	雪山河	墨累河	自流		23.7	1949
印度		比阿斯河	萨特累季河	自流	225	47	1961
罗马尼亚		多瑙河	罗通海湖	提水	200	20	
德国		多瑙河	莱茵河	提水	27	3	1974
伊拉克	萨萨尔	底格里斯河	萨萨尔河	自流	600		1956
西班牙	北水南调			提水	66	10	
秘鲁	马赫斯			自流	260		
中国	江水北调	长江下游	江苏北部	提水	470		1961
中国	引滦工程	滦河流域	天津，唐山	自流	140	19.5	1982
中国	南水北调东线	长江下游	黄淮海平原	提水	1000	192	2003
	南水北调中线	长江中游	黄淮海平原	自流	800	237	2003
	南水北调西线	长江上游	黄河流域	混合		195	规划

（水利部南水北调规划设计管理局，2003）

中国是世界上修建调水工程最早的国家之一，如京杭大运河，以公元前 486 年兴建的沟通长江、淮河流域的“邗沟”为基础，经多次改建扩建后，于 1293 年连通成全长 1700 余千米、贯穿 5 大流域的人工运河，为发展华夏的农业灌溉和水上交通做出了重大贡献。公元前 221—219 年建成的沟通长江和珠江水系的灵渠至今仍在发挥灌溉、航运等综合利用作用。

跨流域调水可以扩大农业灌溉面积、提高粮食产量、促进航运、改善受水地区的水质和自然环境，同时具有防洪效益。但跨流域调水人为改变了天然水系，不仅引发流域生态系统的变化，还淹没大量土地、迫使工程沿线居民搬迁、使被引水河流下游水资源发生变化，若用水管理不当，还可能造成受水地区土壤次生盐渍化等。

下面仅以中国南水北调工程为例论述跨流域开发工程可能引发的环境地质问题。

（一）输水渠道阻塞天然径流问题

中国的南水北调是从长江向黄淮海平原调水的举世闻名的巨大工程，分东线、中线和西线三种规划方案。其中东线和中线方案，流经 10 个省、市，横穿长江、淮河、黄河和海河四大水系，仅中线干渠就与 168 条自西向东流动的天然河道相交，对自然条件下的地表径流和地下水流起到拦阻和堵塞作用，影响地表天然河道的泄洪排涝功能。若渠道渗水将使地下水位上升，形成一条地下水坝，阻止地下水向东流动，使干渠西侧产生一个地下回水区。

（二）渠道稳定性问题

西线方案地处青藏高原，地势陡峻，地层褶皱强烈，多为陡倾岩层，地质构造复杂，是地震高烈度区，将给工程抗震带来一定的影响，工程建筑物可能因地震而遭受破坏。此外，西线调水工程影响区域内高地应力分布区，工程开挖可能引起卸荷回弹与应力释放，造成斜坡、洞室的变形破坏，发生岩爆、崩塌、滑坡等灾害现象。冻土的冻融滑塌和热融沉陷也对西线工程的渠线和地下工程产生危害和影响。

中线方案除穿越膨胀土地段、岩溶发育的可溶岩地段和广阔的煤系地层及矿山采空区外，还需在黄河河底开挖倒虹吸隧道。可能出现的环境地质问题有：膨胀土土体胀缩，引起地基变形、边坡滑塌等；部分渠线通过砂砾石和岩溶发育的可溶岩地段时的渠道渗漏、渗透变形、浸没和次生盐渍化等；在渠道水流冲刷、侵蚀、渗透变形作用下，出现散浸、管涌、堤岸崩塌等。

东线方案沿线存在许多条带状散布的碳酸盐岩裸露区，地表岩溶缝隙、溶沟、溶槽及地下溶洞、落水洞、暗河等是很好的汇水场地或地下水通道，可能引发严重渗漏、岩溶塌陷等环境地质问题。

（三）调水沿线土壤盐渍化和水质污染问题

目前，黄淮海平原已经形成比较完善的排水系统，一般情况下不会导致北方灌区土壤盐渍化。但当输水水位高于干渠两侧地下水位时，侧渗作用将抬高沿线地下水水位，改变土壤水分和盐分的运移条件。东线干渠穿过黄淮海冲积平原东缘，地势低洼，地形平坦，地下水位埋藏浅，矿化度高，土壤地球化学过程以累积为主，是中国盐碱土主要分布地区之一。南水北调后水量平衡将发生重大变化，可能引发次生盐渍化，应采取积极防范措施。

中线和东线方案的黄淮海平原地势平缓、中小地形坡洼交错，排水不畅，地下水埋深较浅，植被覆盖度小，地表水蒸发量大。若灌溉方式不当，导致地下水水位上升，水盐状态改变，可能产生严重的土壤次生盐渍化。

（四）对下游水文情势和航运的影响

中线调水工程通过加高丹江口大坝，从而改变丹江口水库及汉江中下游的水文情势，虽然削减了洪峰流量，有利于中下游的防洪，但却对中下游的生态环境带来一定的负面影响。调水 $(130\sim140)\times10^8\ m^3$ 占丹江口坝址断面径流量的 1/3，占汉江流域径流量的 22%，河道水位下降 0.6~1.0 m，引起汉江中下游水文情势变化，汉江中下游出现 1000~3000 m^3/s 的天数减少约 100 天，对汉江下游河道冲淤、水环境容量、航运和沿江引水将产生一定影响。

（五）东线南水北调对长江河口环境及水生生物的影响

长江河口宽达 90 km，水域辽阔，水文特性和河床演变复杂，现状环境受径流量大小、潮汛强弱、河道深浅及含盐度高低等因素的综合影响。东线调水 1000 m^3/s 改变这些因素的量值及其相互关系，可能引起盐水入侵、拦门沙增加、渔场变化及水质污染等问题。

东线方案的输水线路流经洪泽湖、南四湖、东平湖等淡水湖泊。调水后，沿线湖泊水位抬高、水深增加，静水或缓流水体变成速流水体，泥沙含量增加，湖水透明度减小，湖中有机物质和营养盐类冲淡，水生植物光合作用减弱，可能威胁水生植物的生存，使鱼类饲料减少，进而影响整个水体生态系统。

为了减少跨流域调水工程对自然环境的影响，必须开展大量的基础地质、水文地质、工程地质和环境地质调查与研究。在调水规划区内，优选路线，预测和评价调水工程施工和营运期可能发生的地质环境变化；对调水区、通过区和受水区可能出现的环境地质问题进行分析预测并提出科学合理、经济可行的解决措施。

第三节 城市化与地质环境

城市的发展与其所处的地质环境甚为密切，地质环境是城市社会的载体，其质量的优劣、容量的大小及其变化直接影响着城市社会的发展。良好的地质环境为城市的发展与繁荣提供了必需的物质基础；恶劣的地质环境制约了城市的发展，甚至毁灭曾经辉煌一时的都市，如中国的楼兰古国被茫茫沙漠埋于地下，意大利的庞贝古城因火山喷发而在地球上消失。

城市的形成、运转和发展，要求地质环境提供丰富而优质的固体矿产资源、能源、水资源、土地空间，以及优美、安全和充满生机的生态环境。反过来，城市建设与发展中的各种工程活动在不断地影响和改造着地质环境，使地质环境原有的物质流和能量流发生改变，甚至引发新的地质作用和现象。城市生态系统显示出人类对自然系统的干预达到了最大限度。城市景观使原有地形发生改变，形成新的地貌景观；同时破坏了自然地质生态系统，形成全新的城市生态系统。城市生态系统的输出，使大量废弃物和污染物质进入地质环境中。

一、城市生态系统及其特征

城市生态系统是一个综合系统，由自然环境、社会经济和文化科学技术共同组成。它包括作为城市发展基础的房屋建筑和其他设施，以及作为城市主体的居民及其活动。城市在更大程度上属于人工系统。

城市是一个开放系统。它需要从外界获得空气、水、食品、燃料和其他物质。这些物质在城市中经过集中和利用，一部分成为有用的产品，另一部分成为废水、废气、废渣等有毒有害物质，再返回到城市系统之外(图 6-3)。

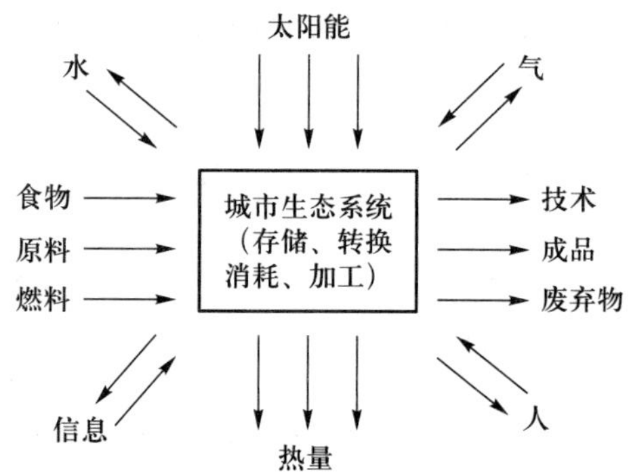

图 6-3 城市生态系统的输入与输出

城市生态系统是在人类参与下创造的新环境，与自然生态系统比较，具有如下几个方面的特征：

① 城市环境容量的大小，取决于地理位置制约下的自然环境背景。任一地区的原生天然环境，都是地理位置制约下的各个要素相互影响、相互制约、共同作用并呈有机统一的产物。城市所处的地理位置（包括其水平与垂直方向），对其环境容量起着决定性作用，如位于向风海岸、山地迎风坡的城市，其自然环境容量必然大于位处内陆、峡谷的城市。不仅如此，这种地理位置制约下的自然环境背景差异，又使区域环境污染的性质显示出强烈的地区特征。

② 非生态结构无限扩大，城市生态系统呈"倒金字塔"。人口的急剧增加，要求不断扩大城市用地空间，并加速城市各项功能的运转效率。于是，大规模的建筑集群不断涌现，错综复杂的交通线密如蛛网；混凝土结构物、沥青铺面等迅速增加，最终造成城市地区生态与非生态结构比例发生根本变化，非生态空间实体的构成无限扩大。从而使生产者（绿色植物）的生物量及个体数相应剧减，而同时依赖外来食物供养的人口却按几何级数猛增，导致生产者与消费者（即绿色植物与人口）的结构关系发生倒转，形成"倒"的城市生态系统金字塔。

③ 城市是一个流量大、容量大、密度高、运转快的巨大开放系统，与环境之间存在着广泛的物质交换和能量转换。城市从环境中输入大量物质和能量，经过城市活动又向环境输出大量的高强度物质流和能量流。在城市生态系统中，人口、物质、能量、信息、价值都高度密集并迅速转化，输入、转化、输出的功率和效率都很高。

④ 不同类型、不同功能的城市，其地质作用的重点和强度存在着很大的差异。例如，山地城市因地形坡度大、建设过程中岩土体的挖填方量大，重力地质作用显著，边坡失稳与水土流失灾害严重；平原城市和滨海城市常因过量抽汲地下水而诱发地面沉降、海水入侵；矿业城市则因开采地下矿产资源，人为改变地应力场、地下水渗流场，形成地下采空区，容易出现地面塌陷、地裂缝、"三废"污染等灾害。在同一城市内，不同城市功能区地质作用的差异也很明显，工业区的地基静荷载和动荷载较强，住宅区主要是生活垃圾对土壤和水体的污染。

与城市化过程相关的环境地质问题很多，如区域地壳稳定性问题、地基稳定性问题、深基坑开挖引起的边坡稳定性问题、水质污染及水资源保护问题、城镇固体垃圾处置问题、城市地质灾害、城市土地利用与规划等。本节主要叙述城市水环境问题、城市地质灾害和城市土地利用问题。

二、城市地质资源

城市地质资源是对城市规划建设具有重要意义的地下水、地热、浅层地温能、矿泉水、地质遗迹、天然建筑材料、渣土等资源的统称。

(1) 地热资源

中国地热资源量十分丰富，城市地热开发利用程度低，开发利用潜力巨大。地级以上城市每年可开采地热资源折合标准煤 8×10^8 t，可实现建筑物供暖制冷面积 356×10^8 m^2。其中，143 个地级以上城市适宜规模化开发利用浅层地温能，112 个地级以上城市位于水热型地热富集区，年可开采地热能总量折合标准煤 5×10^8 t，能够满足 200×10^8 m^2 以上建筑物供暖制冷需求，是发展绿色低碳城市的有利条件。截至 2015 年底，每年实际开发利用浅层地温能资源折合标准煤 1600×10^4 t，实现建筑物供暖制冷面积 4.3×10^8 m^2，地热水资源年开采量仅占全国资源量的 0.2%。

(2) 地下水资源

中国南北方的水资源构成迥异,南方城市以开发利用地表水资源为主,北方城市以开发利用地下水资源为主。南方省份 173 个地级以上城市地下水可开采资源量 $1900\times10^8\ m^3$,年利用总量 $145\times10^8\ m^3$,地下水资源开发潜力大,在保障地质环境安全的条件下进行适度开采,选择有条件的城市可建设地下水应急水源地。北方省份 164 个地级以上城市地下水可开采资源量 $1700\times10^8\ m^3$,年利用总量 $955\times10^8\ m^3$,乌鲁木齐、哈尔滨、呼和浩特、郑州、兰州、长春、太原、石家庄等 51 个城市地下水资源超采严重,地下水位较深,形成较大的地下储水空间,可以建设地下水库调蓄城市洪水,是建设海绵城市的有利条件。

(3) 地质遗迹资源

中国城市及周边分布着地质遗迹 798 处,其中世界级遗迹点 136 处。地质遗迹超过 10 处的城市包括焦作、平顶山、昆明、南京、郑州、大理等 20 个,地质遗迹 5~10 处的城市包括杭州、桂林、丽江、韶关、承德等 31 个,地质遗迹 5 处以下的城市包括徐州、黄山、三明、三门峡、新乡等 160 个。城市地质遗迹具有重大科普、旅游和生态作用,社会和经济价值突出。建立地质遗迹保护区、地质遗迹保护段、地质遗迹保护点或地质公园,可以推进绿色城市建设。据不完全统计,截止到 2013 年全国地质遗迹参观人数 12.3 亿人次,创造经济价值 5961.8 亿元,提供 300 万以上就业岗位。

三、城市化与水环境问题

水对于城市居民和城市系统内各个行业都是最根本的资源,与城市环境的其他自然条件相比,水资源的利用与处理及其天然作用对城市系统的影响更大。多数大城市因水资源短缺而必须从其他地区调水。把水作为资源使用时,未消耗的部分通常也受到了一定程度的污染,对城市内和城市附近的水体造成危害。在城市化过程中,对水、土资源的开发利用,必然改变城市所在地区的水环境状况(表 6–4)。

表 6–4 城市化过程的水环境效应

	水土利用情况	产生的水环境效应
城市化初期	清除植被,建造房屋及城市公用设施	蒸发量减少,暴雨径流增大,河流沉积作用增大
	抽取地下水	地下水水位下降
	修建化粪池和污水道	土壤水分增多,地下水位可能上升;附近水井和河流受到污染
城市化中期	大面积建造房屋,清除表土;回填水塘;铺设路面,构筑暗渠	加速地表的侵蚀作用和河流的沉积作用,洪水泛滥,地下水位下降
	未经处理或处理不彻底的污水排入河流和排污水井	河流或水井受污染,鱼类和其他水生动物死亡,下游地区水质恶化
城市化晚期	房屋、街道和建筑成片分布,城市化完成	渗滤作用减小,水位降低;水文循环发生变化
	大量的未经处理的废料排入河流中	污染加剧,水生生物大量死亡;下游地区水质恶化

续表

	水土利用情况	产生的水环境效应
城市化晚期	浅井因污染而废弃	潜水位上升
	人口增加，新建供水系统，修建水库引水	如果供水来自流域以外，则当地河水的流量会增大
	建设下水道系统及污水处理厂，改善排水系统	从城区排出更多的水，含水层的渗滤回收进一步减弱
	开采深层地下水，增加水的开采量	区域水位降低，地面沉降；水质恶化；滨海地区咸水入侵
	注水回灌，废水回收利用	地下水位升高；有效利用水资源

（一）城市水害

城市化的结果，使地面不透水面积增加，地表径流增大，地下入渗减小，排水河道流量加大，洪峰到达时间提前，致灾能量增大。同时，由于地下设施增加，城市财产和人口增加，灾害所造成的损失也在不断增加。

随着城市现代化的发展，城市洪涝灾害的内容和模式也有所改变，出现了近代城市灾害问题，如地下交通及生活设施的淹没损失，城市交通网络、电、供水、通信、信息系统发生故障等问题。

事实上，城市洪涝灾害绝不仅仅指大洪水，更重要的是城市遭受暴雨的自适应能力，因为这才是城市最普遍的水患困扰。由于暴雨强度大、区域性强、城市防洪体系不健全等因素的影响，许多城市在遭受暴雨袭击后常常蒙受巨大的经济损失。

（二）城市水资源短缺

由于城市人口密度大、工业高度集中，城市生活、工业生产的用水量不断增加，水资源供需矛盾日趋严重。许多城市因超量开采地下水，形成大面积的地下水位下降漏斗，出现区域性地下水位下降。水资源不足已成为城市社会与经济发展的重要制约因素。

中国北方城市、沿海城市缺水早已是十分严峻的问题。由于缺水进而导致大量超采地下水，引起地面沉降，又加重了城市的洪涝灾害。沿海城市地区的地下水位降低常造成海水入侵、地下水咸化，这更加剧了沿海城市的水资源紧张局面。

随着城市经济的发展和生活方式的变化，城市需水量逐年递增，水资源供需矛盾将变得更加尖锐。

（三）城市水环境污染

人口集中、工业化程度高的城市，其下游水体常常被污染。污染源是城市生活污水和工业废水、城郊农用化肥和农药，还有受污染的大气降水形成的地表、地下径流。

随着人类活动的加剧，淡水用量急剧增加，排放的废污水量也在不断增加，从而导致环境质量下降和水质污染。水质受到污染不仅威胁生物的生存，破坏水源，减少可供水量，加剧水资源紧张，而且殃及居民的健康。同时水域的污染也使水域景观恶化，降低了这些城市的旅游开发价值；被污染的水体表面的水热条件也会改变。

根据中国地质调查局组织的全国地下水污染调查结果，城市地下水中氮超标现象普遍，少数城市地下水出现重金属超标和微量有机物超标现象。据中国水资源公报，2014 年，全国耗水总量 3222×10^8 m^3，耗水率 53%；全国废污水排放总量 771×10^8 t，比 1949 年废污水排放量的 20 多亿吨增加了 30 多倍；人口规模大的北京、上海、广州、重庆、成都的城市生活污水排放量均超过 10×10^8 t（表 6–5）。未经处理或不达标的废污水直接排入江河湖库水域，造成严重的水污染。2018 年，对全国 26.2×10^4 km 的河流水质状况监测结果表明，Ⅰ ~ Ⅲ类、Ⅳ ~ Ⅴ类、劣Ⅴ类水河长分别占 81.6%、12.9% 和 5.5%，主要污染项目是氨氮、总磷和化学需氧量；对全国 2833 眼浅层地下水监测结果为Ⅰ ~ Ⅲ类、Ⅳ类、Ⅴ 类水质监测井分别占井总数 23.9%、29.2% 和 46.9%。主要污染项目有锰、铁、总硬度、溶解性总固体、氨氮、氟化物、铝、碘化物、硫酸盐和硝酸盐氮等；50% 的城市地下水均不同程度地遭到污染，城市湖泊受到中度污染，有些淡水湖泊水体富营养化严重；在 118 座大城市中约有 98% 的浅层地下水受到不同程度的污染；水污染进一步加剧了部分地区的水资源紧缺状况。

表 6–5　中国主要城市 2014 年废水排放情况（单位：10^4 t）

城市	工业废水排放量	城镇生活污水排放量	城市	工业废水排放量	城镇生活污水排放量
北京	9174	141374	武汉	17097	71572
天津	19011	70303	长沙	4397	49006
石家庄	24024	34127	广州	22444	142149
太原	3975	20407	南宁	9097	27436
呼和浩特	7249	13654	海口	776	11677
沈阳	9134	38668	重庆	34968	110705
长春	5564	21590	成都	10064	112228
哈尔滨	5188	34472	贵阳	2895	22427
上海	43939	176940	昆明	3747	44520
南京	21561	55336	拉萨	326	2385
杭州	35370	59060	西安	6340	44770
合肥	6920	43809	兰州	4563	13773
福州	4681	33077	西宁	2555	7633
南昌	8656	34736	银川	5496	12951
济南	7880	31005	乌鲁木齐	4849	19735
郑州	13039	53122			

注：据国家统计局

（四）城市水环境保护与水资源合理利用

随着社会经济的不断发展，城市的数量和规模都在不断扩大，城市用水日益成为严重威胁城市安全及发展的一大问题。解决这一问题必须从两方面着手，一是从技术的角度加强城市规划和建设中的水环境系统规划和管理；二是从经济角度理顺水利工程的投入产出关系，合理利用水资源。

1. 城市防洪

城市防洪主要是防止洪水（外水）和涝水（内水）两项。外水包括上游产生的江河洪水、溃坝洪水、风暴潮、山洪等，对此应当有相应的预报系统和防洪堤、挡潮闸等设施。一般地讲，城市防洪标准应达到能抵抗百年一遇洪水的水平，但随着城市经济的发展，防洪标准也应当进一步提高。就防内水而言，由于忽视了排除内水的基本设施建设，许多城市变成“无雨旱灾、小雨小灾、大雨大灾”的怪城。这是典型的由城市化引起的内涝灾害。目前一些发达国家已开始注意解决这一问题，所采取的措施包括：① 建立完善的雨水系统，保证降雨及时排出市区。② 建设大型排水泵站，及时排除低洼地区积水。③ 建设城市蓄水设施，调蓄雨洪。

2. 城市供水

城市附近的各类水体，包括地表水体和地下水体，应当具备城市供水功能，这就要求一定的水量和水质条件。在水量不充沛的地区，应当设立水源保护地，建设水库进行水量调节。同时，针对不同的用水要求进行供水区域划分。生活用水要选择在未被污染或污染不太严重、能满足饮用水要求的上游河段，工业用水可安排在下游河段。

对于城市生活和工业用水管理，还应制定城市水源保护区规划，实行谁收益谁补偿制度，协调上游保护和下游利用之间的关系；制定各行业的用水标准定额，并实行用水定额供应计划，取消居民用水包费制度；加强工业布局和产业结构调整，鼓励节约用水和清洁生产，提高水资源的重复利用率和降低单位产品的用水量；严格控制工业污染和提高森林覆盖面积，以保护或改善水质和水源保护区；提高公众觉悟，选择正确的水资源消费模式，推动公众参与保护水资源的活动和树立节约用水的观念。

3. 城市水环境保护

城市水环境保护首先要求保持城市区域内水体水质清洁，这也是保障城市供水，保持良好生态环境的基本要求。为达到这一要求，必须防止水体污染，城市的污水不能直接排向河道或湖泊，实施污水总量控制和排污许可证制度；完善水环境质量标准；结合旧城改造和新城市建设，完善城市污水管网系统；城市必须建设足够的污水处理厂，提高污水处理的比例；因地制宜选用多种污水处理方法，合理地开发城市污水的多种用途，实现城市污水资源化。

四、城市化与地质灾害

地质灾害是地质环境的一种变异现象。城市大规模建设活动，可诱发和激化各种地质灾害，成为对城市发展的潜在的消极的制约因素。

（一）城市地质灾害的特点

城市地质灾害作为“天、地、生、人”大灾害系统的重要子系统，不同灾害互为因果并相互反馈。各类城市地质灾害都不是孤立存在的，常形成集社会人文、工程技术、自然生态为一体的灾害群。城市地质灾害的特殊性尤其与城市这个特殊地域在社会经济发展中的地位和作用是分不开的。

1. 城市地质灾害的多样性

由于城市是人类对地质环境干扰破坏最严重的地区，不同类型和风险水平的地质灾害广泛分布。如由于人类抽采地下水而出现的地面沉降和地表塌陷，城市固体垃圾堆放对土地和地下水的污染，沿海城市开采地下水而诱发的海水入侵，等等。

2. 城市地质灾害的复杂性

一方面是某种地质灾害的出现常常表现为多种灾害成因的复杂叠加，即成因多元性；另一方面是一些平常的灾变常会在城市系统中酿成大灾，即灾害的链生性。以地震为例，它可以诱发城镇河道、水库的洪灾；可以造成地下煤气管道破裂或诱发火灾；地震在山城还会引起滑坡、崩塌、泥石流等地质灾害。

3. 城市地质灾害的突发性

许多城市地质灾害的出现具有突然性，它们骤然发生、历时短、爆发力强、成灾快、危害大。

4. 灾害破坏的严重性和影响的广泛性

在城市地区，人口和财富相对集中，建筑物密集，工厂林立。一旦发生灾害，就会造成严重的破坏，危及城市建筑和人民生命财产，并对城市的社会经济发展产生巨大而广泛的影响。

5. 城市地质灾害的持续性

城市地质灾害的持续性主要是指主灾后往往伴随发生各种次生灾害。另外，某些地质灾害本身就属于累进性地质灾害，即以缓慢性的物理、化学的变异和迁移为特征的地质灾害，如地面沉降。

（二）城市地质灾害的种类

从广义来讲，凡对城市造成威胁的地质灾害均属城市地质灾害的范畴。由于城市处于陆地上各种类型的地貌单元，所处地质环境条件复杂多样，每一种陆地地质灾害都对其影响范围内的城市造成危害。可以说，城市地质灾害的种类繁多，几乎包含了所有陆地地质灾害类型。

地质灾害的形成是一种动态和具有随机性的过程，多数表现为突发性和难以预见性。在城市范围内各类地质原生灾害与次生灾害造成的破坏是巨大的，这些灾害包括强烈地震、洪水泛滥、泥石流、崩塌、滑坡、水土污染、地面沉降、地表塌陷，以及特殊地基土（软弱土、湿陷土、膨胀土等）在外因作用下转化而成的次生灾害。能够诱发城市地质灾害的环境因素主要有动力地质作用、不同性状岩土类型、水文地质条件、人类活动等。

中国受滑坡崩塌泥石流威胁的地级以上城市有 199 个，其中省会级以上城市和计划单列市 23 个。截至 2015 年，发现隐患点 4429 处，威胁人口共计 61.4 万人，威胁财产 185.1 亿元。综合考虑易发程度、威胁人口、威胁财产等因素，对地级以上城市受滑坡崩塌泥石流威胁程度进行评价，结果表明受滑坡崩塌泥石流威胁大的城市 18 个，受威胁人口大多超过 1 万人。受滑坡崩塌泥石流威胁较大的城市 26 个，受威胁人口大多超过 2000。受滑坡崩塌泥石流威胁中等的城市 28 个，受威胁人口大多超过 1000 人。受威胁小的城市 127 个。

在中国，地面沉降主要发生在长江三角洲、华北平原、汾渭盆地、珠江三角洲、东北平原、淮河平原、江汉平原、滨海平原，以及山区断陷盆地等地区。全国有 102 个地级以上城市发现地面沉降现象，包括 20 个省会级以上城市和计划单列市。2015 年，全国 57 个主要城市地面沉降监测数据表明，城市规划建设区年沉降量大于 10 mm 的地面沉降区面积 8372 km^2。最大年沉降量大于等于 100 mm 的城市有北京、太原和廊坊，最大年沉降量 51~99 mm 的城市有 6 个，最大年沉降量 10~50 mm 的城市有 48 个（表 6–6）。

表 6–6　全国部分主要城市规划建设区地面沉降情况（2015 年）

城市	最大沉降速率 /（$mm \cdot a^{-1}$）	>10 mm 沉降面积 /km^2	城市	最大沉降速率 /（$mm \cdot a^{-1}$）	>10 mm 沉降面积 /km^2
北京	140	2201.7	大同	20	93.1
天津	90	2440.2	忻州	40	63
上海	30	35.2	临汾	20	12
唐山	20	40.9	太原	100	226.2
保定	60	303.7	运城	40	104.9
沧州	30	49.6	渭南	15	12.8
石家庄	20	24.5	咸阳	15	5
衡水	50	65	西安	45	270
邯郸	50	118.5	宝鸡	20	54.5
德州	40	130.6	襄阳	20	25.9
济南	20	33	徐州	15	2.2
东营	20	98.2	宿迁	25	35.2
淄博	40	10.8	南京	15	2.6
莱芜	30	40.4	无锡	20	0.3
安阳	20	25.6	苏州	25	3.4
鹤壁	20	21.6	湖州	30	2.1
新乡	30	99.2	杭州	15	0
郑州	70	230.1	宁波	20	14.1
洛阳	20	39.2	台州	20	40.5
许昌	20	14.8	温州	20	27

（林良俊等，2017 ）

五、城市化与土地利用

城市建设、建筑、工业和交通运输的发展需要占用大量的土地。据统计，世界上大城市的面积正以高出人口增长率两倍的速度在不断膨胀之中，而城市多是位于地势较低平的地区，这就使得城市化的发展大量占用农用耕地。据统计，美国每年由于城市和交通建设占用农业用地高达 100×10^4 km^2，日本 1960 年到 1970 年因城市化而失去 7.3% 的耕地。发展中国家也有类似情况，城市的扩张在吞噬着大片良田。

据土地和地质调查资料初步评价结果表明，中国东部地区的京津冀、长三角、珠三角等大型城市群的49个城市中，有21个城市国土开发过度。其中，上海、天津、深圳、无锡、佛山、东莞、中山等城市国土开发程度已经超过30%的国土开发国际警戒线，北京、广州、南京、唐山、苏州、珠海等14个城市国土开发程度介于20%~30%，已经处于过度开发状态（表6-7）。中西部城市面积也在快速扩张，部分城市出现了国土开发过度的现象，例如，武汉和成都国土开发程度分别达到22%和21.9%，郑州、焦作、许昌、漯河等也超过了20%。

表6-7 京津冀、长三角、珠三角城市国土开发程度

国土开发程度	城市名称
>30%	上海、天津、深圳、无锡、佛山、东莞、中山
20%~30%	北京、广州、南京、唐山、廊坊、苏州、嘉兴、常州、镇江、铜陵、舟山、泰州、南通、珠海
15%~20%	沧州、保定、石家庄、邯郸、衡水、扬州、宁波、合肥、芜湖、马鞍山、盐城、湖州、
<15%	邢台、秦皇岛、张家口、承德、绍兴、杭州、金华、安庆、台州、宣城、江门、惠州、肇庆

（林良俊等，2017）

城市用地主要为工业用地、仓储用地、交通运输用地、生活居住用地和绿化用地等五大类。为使城市土地利用合理化，必须进行城市总体规划和土地利用控制。城市土地利用控制主要包括土地利用方式及土地空间安排两个方面，它是与城市规划中功能区用地布局、土地利用现状紧密结合的。土地利用控制的目标是使城市发展与环境保持统一，科学地利用城市日益紧缺的土地资源。

六、城市环境地质研究

城市环境地质研究主要涉及两方面的问题，一是城市选址、规划、建设过程中所遇到的环境地质问题；二是城市建成后及发展过程中因地质环境反馈作用而出现的环境地质问题。在城市环境地质研究中应开展城市环境地质与城市规划协调研究、城市地下空间开发与优化设计环境地质问题研究、高层建筑地基环境地质研究、城市地质环境优化利用与地质环境保护研究、城市水资源与城市可持续发展问题研究。

城市环境地质研究的任务是根据城市经济社会发展规划、城市建设总体规划，查明城市区域地质、水文地质、工程地质、环境地质、灾害地质等基础地质条件，正确认识城市建成区和规划区的地质环境特征，全面摸清区域资源环境和灾害等重大问题，合理利用城市地质资源，减少城市建设对地质环境的影响，避免或减轻各种潜在地质灾害和工程活动诱发的次生灾害带来的损失，提高城市建设的经济效益；综合评价资源环境承载能力和空间开发适宜性，构建三维地质模型、资源环境监测预警网络、地质信息决策支持系统等，服务城市规划、建设、运行、管理全过程。制定合理的土地功能区划，合理开发地下空间，有效利用城市土地，提高城市用地使用率，提出国土空间布局、重大工程和基础设施建设的地学建议。

第四节　城市垃圾处置与地质环境

一、城市垃圾概述

随着世界人口的剧增、城市化进程的加速、现代工业化生产的发展和人民生活水平的提高，人类对资源的消耗越来越大，由此而产生的各种废弃物日益增多。世界各国每年产生的城市垃圾约为(80~100) $\times 10^8$ t，其中，美国每年约产生 2.2×10^8 t 生活垃圾，现有处置场5万余处，占地超过 1.18×10^4 km^2。

废弃物主要来源于人类的生产和消费活动，通常是指生产、生活中的废弃物，俗称垃圾。固体废弃物常指被丢弃的固体和泥状物质，包括从废水、废气中分离出来的固体颗粒物。固体废弃物按其来源可分为：矿业废弃物、工业废弃物、城市垃圾、农业废弃物和放射性废物等五种类型(表6-8)。

表6-8　固体废弃物的种类、主要组成物质和来源

种类	主要组成物质	来源
矿业废弃物	废矿石、尾矿、金属、废木、砖瓦灰石等	矿山、选矿
工业废弃物	金属、矿渣、砂石、陶瓷、涂料、绝热和绝缘材料、胶黏剂、废木、塑料、橡胶、烟尘等	冶金、交通、机械、金属
	肉类、谷物、果类、蔬菜、烟草等	食品加工
	橡胶、皮革、塑料、纤维、燃料、金属等	橡胶、皮革、塑料
	锯末、碎木、化学药剂、金属填料、塑料等	造纸、木材、印刷
	化学药剂、塑料、橡胶、涂料、沥青、石棉、油毡等	石油化工
	金属、玻璃、木材、塑料、陶瓷、化学药剂、绝缘材料等	电器、仪器仪表
	布头、纤维、塑料、橡胶、金属等	纺织服装
	金属、水泥、石膏、砂石、石棉、纤维等	建筑材料
	炉渣、煤灰、烟灰	电力工业
城市垃圾	食物垃圾、纸屑、布料、木料、塑料、陶瓷、金属、玻璃、粪便、灰渣、碎砖瓦、废器具等	居民生活
	沥青及其他建筑材料、废汽车、电器等	商业、机关
	碎砖瓦、树叶、废塑料、农药等	市政建设
农业废弃物	秸秆、菜叶、废塑料、农药、禽粪等	农、林、牧
	死禽兽、腐烂鱼虾、污泥等	水产
放射性废物	金属，含放射性废渣、粉尘、污泥、器具、建筑材料等	核工业、核电站、医院

固体废弃物在一定条件下会发生化学、物理或生物的转化，对周围环境产生一定的影响，若处理方法不当，有害物质可通过水、气、土壤、食物链等途径污染环境，进而危害人类的安全。如何科学、妥善地处理、处置日益增多的各类废弃物，使之不对人类生存环境产生危害，已成为当今世界亟待解决的环境问题之一。本节主要讨论城市垃圾对地质环境的影响。

二、城市垃圾处置的环境地质问题

城市人口的增多、城市居民消费水平的提高和城市化进程的加快，使城市垃圾产生量的增长速度十分迅速，全球城市垃圾产生量年平均增长速率为 8.4%，中国城市垃圾产生量年增长速率达 10%，超过世界平均增长速度。然而，堆放和处置场地却在日益减少，加之处理不当产生了一系列问题，如土地占用，土壤污染、水污染、大气污染等，加剧了对人类健康的危害，成为严重的环境问题，并引发了一些社会问题和经济问题。

近年来，随着科学技术的发展，很多国家在减少污染、回收利用、科学开发垃圾资源方面取得了丰硕的成果，展现了综合处理、合理利用城市垃圾的美好前景。

（一）城市垃圾的构成

城市垃圾系指城市居民的生活垃圾、商业垃圾、道路扫集物，但不包括建筑垃圾和工业垃圾。城市垃圾包括主要以蔬菜、果皮、煤灰为主的厨房垃圾，以废旧塑料、废旧报纸、废铁制品、废旧电器和家具为主的家庭垃圾，伴随商业活动排出的各种包装纸屑、塑料包装物等商业垃圾，市政维护管理中产生的街道清扫废弃物，等等。

城市垃圾是人类生活必然的副产物，已成为世界各城市面临的一大公害。美国为高消费国家，年产垃圾 2.25×10^8 t，人均 1 t 多，居世界之首；日本年产垃圾 0.45×10^8 t，人均 0.4 t；英国年产垃圾 0.33×10^8 t；据统计，目前中国直接来源于城市居民家庭的生活垃圾年产量达 0.35×10^8 t，与英国城市垃圾量接近（表 6-9）。

表 6-9 世界主要国家和地区城市垃圾产生量（$\times 10^4$ t）

国家或地区	1995 年	2000 年	2005 年	2008 年	2009 年	2010 年
美国	19711	22003	22921	22803	22104	22667
法国	2825	3123	3337	3471	3450	3454
德国	5089	5281	4656	4837	4847	4924
意大利	2578	2896	3166	3247	3211	3248
韩国	1744	1695	1767	1900	1858	
英国	2890	3395	3512	3342	3251	3245
日本	5222	5483	5272	4811	4625	4536

城市垃圾的产量与构成，随人口数量、居民生活水平、生活习惯、家用燃料结构、工业水平及经济基础等情况不同而异。在工业发达国家的城市垃圾中，废纸、废玻璃、废金属等可回收物品比例较高，而发展中国家的城市垃圾主要为残剩食物、炉灰、街道扫集物等，可回收物品比例较低。与西方发达国家相比，中国城市垃圾构成中有机成分含量少，无机成分含量多（表 6-10）。国外生活垃圾中可燃成分一般均在 50% 以上，如英国为 70%，美国为 60%；而中国生活垃圾中可燃成分所占比例很小。

表 6-10 中国与西方国家城市生活垃圾构成（%）比较

国别	厨房	废纸	塑料	炉灰砖瓦	金属	玻璃	其他
美国	27.1	43.8	3.1	3.7	9.1	9.0	5.2
英国	27.0	38.0	2.5	11.0	9.0	9.0	3.5
法国	22.0	34.0	4.0	20.0	8.0	8.0	4.0
荷兰	21.0	25.0	4.0	20.0	3.0	10.0	17.0
瑞士	20.0	45.0	3.0	20.0	5.0	5.0	2.0
日本	18.6	46.2	12.7	—	—	—	16.5
中国	31.0	2.5	1.5	60.5	1.0	2.0	2.5

（二）城市垃圾对地质环境的影响

1. 侵占土地

城市垃圾最明显的危害，就是与人类争夺土地，挤占人类的生存空间。每堆积 1×10^4 t 城市垃圾，约需占地 670 m^2。美国每天产生城市垃圾 60.3×10^4 t，如将其按 3 m 厚堆放或填埋，需占用土地 1.63 km^2。至 20 世纪 90 年代初，全美垃圾填埋场多达 75000 个。目前，中国有 663 座城市，城市生活垃圾年产量从 1986 年的 5200×10^4 t 猛增到 1996 年的 1.66×10^8 t，增长速度为每年 10%；2000 年，中国累积堆存城市垃圾量已达 60×10^8 t，占地 5.4×10^8 m^2，占用农田 6.7×10^4 hm^2。

2. 污染土壤和空气

城市垃圾及其浸出液中的有害物质，如重金属铅、铬、铁等滞留在土壤中，会改变土质和土壤结构，使土壤酸化、碱化或硬化；有毒物质在土壤内产生毒质与其他物质反应，可杀灭土壤中的微生物，影响土壤中微生物的活动，使土壤丧失腐解能力，妨碍植物根系生长，最终导致草木不生。这些有害物质还可能被某些植物吸收，通过食物链进入家畜或人体，造成危害（图 6-4）。

城市垃圾在适宜的温度和湿度下，某些物质被细菌分解，可能释放出恶臭或有害气体，造成空气污染；焚烧可燃垃圾排出的废气也会污染空气；城市垃圾中的细颗粒或粉末状物质，如炉灰、干污泥等随风飞扬到空中，随风吹散，也会污染大气环境，影响人体健康；在垃圾的运输和处理过程中,也会产生有害气体和粉尘,污染大气。

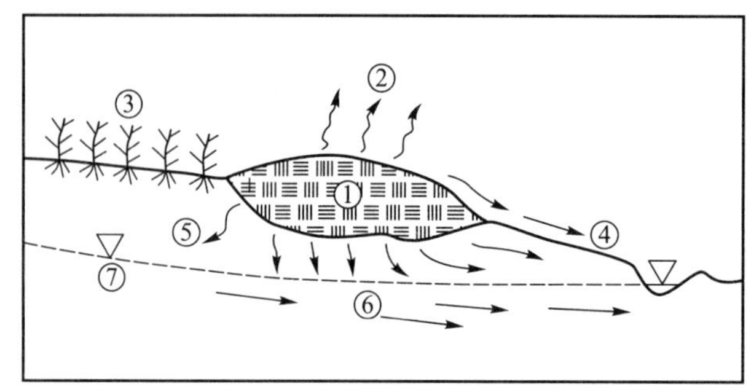

图 6-4 固体垃圾填埋场有害物质进入环境的几种途径

① 固体垃圾; ② 有毒气体向空气中散发; ③ 植物吸收; ④ 地表径流汇集淋滤液;
⑤ 土壤滞留; ⑥ 渗滤进入地下水系统; ⑦ 地下水位

3. 污染水体

城市垃圾对地表水体的危害,很大程度上归因于人们直接把城市垃圾倾倒于湖泊、河流沿岸或排水沟渠两侧。这些垃圾受水浸泡,产生多种有害物质,污染水体,恶化水质,影响水生生物的生长。某些河流变黑发臭,就与人们日复一日向水中倾倒垃圾有关。

城市垃圾的露天堆放或土地掩埋是地下水的重要污染源。在一些底部未采取防渗措施的垃圾堆放场地或垃圾填埋场,因大气降水的淋滤而产生的含多种污染物质的液体通过包气带可进入含水层中。当地下水位高于填埋场底部时,垃圾中的有害物质直接被地下径流溶解并带走,造成下游地区地下水的污染;如果地下径流排泄补给地表水,则地表水体亦遭污染。

不同类型土体的地下水渗流速度有很大差别,也影响了有害物质对环境的污染程度。如填埋场边界为封闭完好的页岩或泥岩,因其吸附性好,透水性差,地下水径流非常缓慢,垃圾渗流液很少扩散,故污染范围小。若填埋场边界为渗透性好的砂土或砂质粉土,地下径流速度快,大气降水渗入作用强,垃圾渗流液扩展较快,则污染严重。

一般情况下,污染质在含水层中随地下水流作横向迁移形成羽状的污染晕(图 6-5)。污染物的成分视所排放的固体垃圾而异。固体垃圾填埋场一旦对地下水造成污染且没有采取补救措施,污染可延续很长时间,少则几十年,多则几百年。

4. 危害人体健康

目前,已确认至少有 20 多种人类疾病是和废弃物污染有关;某些传染性废弃物直接向空气中传播病菌致人生病。若城市垃圾未经任何无害化处理或处理不当,被污染的土壤和水体可经过食物链对人体健康造成危害;如果食用被污染的蔬菜或饮用被污染的水体,则可能使人感染疾病。

(三) 城市垃圾处置方法

城市固体垃圾经过收集、运输、转运、预处理(压缩、破碎、焚烧、回收利用等)后,最终需作安全处置,对城市固体废物的处理工艺主要分三类,即破碎压实、焚烧和资源回收再利用。

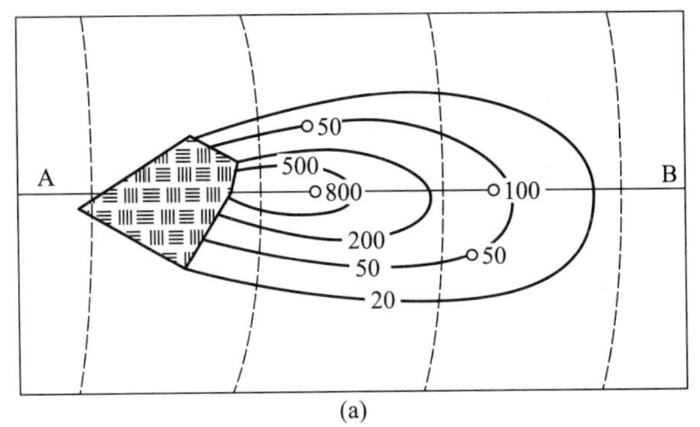

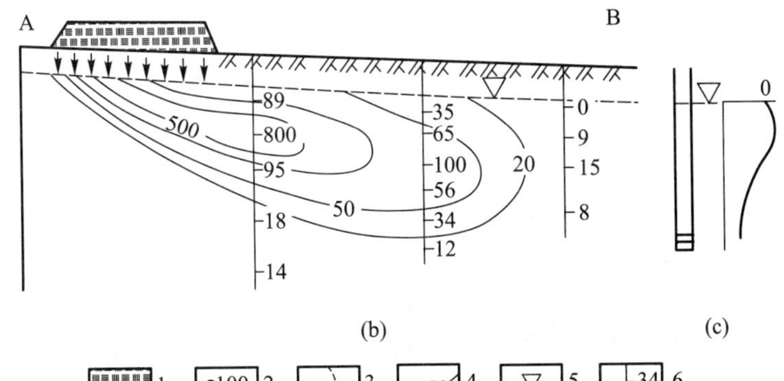

1 2 100 3 4 50 5 6 34

1. 垃圾堆边界；2. 含水层中的钻孔及微量组分含量；3. 等水位线；
4. 污染组分含量 (mg/L) 等值线；5. 地下水位线；6. 钻孔中取水样地点及指示剂含量（$mg \cdot L^{-1}$）

图 6–5　固体垃圾堆下地下水污染分布图（杨忠耀，1990）

（a）平面图；（b）剖面图；（c）沿深图

目前，广泛采用的城市固体垃圾的处置方法主要有：露天填埋法、堆肥法、焚烧法、卫生填埋法、固化法和综合利用法等。前三种处置方法在西方主要发达国家中的垃圾处理率高达 90% 以上。

1. 露天填埋法

露天填埋法是处置固体废物最古老和最普遍的方法，将固体废物直接填入溪谷、天然洼地、废弃的卵石坑或采石场，而不进行任何处理。露天填埋法工艺简单，处置成本低廉。

露天填埋法只需用垃圾车把垃圾运出城区、堆放到填埋场即可。有时，就地焚烧一些有机物以减少体积。这种处置方式的缺点是，垃圾易腐烂、发臭，苍蝇、蚊虫滋生，极易造成严重的环境污染。目前发达国家已很少采用这一方法。

2. 高温堆肥法

堆肥作为城市垃圾处理与处置的方法已得到广泛重视。有机垃圾在微生物作用下，发生生物化学反应而降解形成一种类似腐殖质土壤的物质，可作肥料被用来改良土壤。食品垃圾、花园有机垃圾、纸和粪便等均适于堆肥。

堆肥是实现城市垃圾资源化、减量化的一条重要途径。堆肥法有露天堆肥法、快速堆肥法和半快速堆肥法三种，以好氧性建筑为基础的半快速堆肥法得到了很大的发展。

但堆肥法具有堆肥周期长、占地面积大、卫生条件差、肥效低、需要事先分离出无机质垃圾等缺陷。

3. 焚烧法

焚烧法就是利用高温(900~1000 ℃)燃烧易燃或惰性残余垃圾。这个温度足以燃烧所有可燃物质,剩下的只有灰尘和不可燃物质。经焚化后未燃尽的垃圾残余通常是无生命的,可用作合适的填料。

在大城市附近,土地资源紧张,一般缺乏垃圾填埋场所,可用焚烧法处理垃圾。垃圾经过燃烧,可以减少体积,便于填埋,还可以消灭各种病原体,把一些有毒有害物质转化为无害物质并可回收热能。近年来,焚烧成为很多国家综合利用垃圾资源所采取的重要手段。它可做到无害排放,从体积(重量)上基本消灭垃圾(焚烧后残灰一般仅为原垃圾体积的5%~10%),并释放热能。现在,欧美等发达国家正努力开发垃圾新能源,利用垃圾焚烧发电。

就环境保护角度来讲,焚烧处理也存在大气污染问题,焚烧炉排出的有毒气体有氯化氢、硫氧化物、氮氧化物、多氯联苯(PCB)等。所以必须对焚烧尾气进行二次处理。此外,焚烧法的投资总额和操作费用一般高于卫生填埋和堆肥法,焚烧垃圾时还需要昂贵的费用控制二次污染,维修费用也高。但无论如何,垃圾焚烧发电在开发新能源方面具有十分重要的意义。

4. 土地卫生填埋(城市垃圾地质填埋)

卫生填埋的工程原理是将废物限制在尽可能小的区域内,并进行压缩和分层处置,每层垃圾的表面均用土料覆盖,共同构成一个填筑单元。密实的盖层可有效阻止昆虫、鼠类和其他动物进入废物填地,隔绝了废物与空气的接触,避免或减少了进入地表水和空气中的污染物质。利用坑洼地填埋城市垃圾,是一种既可处置垃圾、又可覆土造地的环保措施之一。

土地卫生填埋又称为地质填埋,其影响因素包括地形起伏、地下水的位置、降水量、土壤和岩石类型、处置场地位于地表水和地下水系统的位置。废矿坑、废黏土坑、废采石坑等最适宜填埋处置城市垃圾,但应尽可能靠近生产厂,避开风景区、文物古迹、野生动物保护区,远离活动性断层带、洪水泛滥区、低洼湿地及滑坡、崩塌、泥石流等地质灾害多发区。

选定填埋场地时,一般要求填埋场地的水文地质条件为地层渗透性差,区域地下水位低于场地最低处 3 m 以上(图 6-6(a));好的场址应设在干燥地区,潮湿气候条件下或地下水位较高时,垃圾应埋在地下水位线以上、相对不渗透的黏土层和淤泥土中(图 6-6(b)),在填埋场底板和最浅部含水层间至少要有 10 m 厚的相对隔水层。由于底部隔水层的存在,几乎没有污染物质的渗滤。

如果垃圾填埋场位于基岩裂隙含水层的水面之上(图 6-6(c)),当潜水面比较高或隔水层较薄且透水时,则基岩裂隙含水层将会发生大范围地下水污染。若填埋场地下伏有倾斜灰岩含水层,上部覆盖可渗透的砂和碎石土层(图 6-6(d)),地下水亦可能发生严重污染。而在渗透性很小的页岩分布区,污染程度很小。

为了尽量减少固体垃圾填埋对地下水的污染,在选择填埋场地时,还应考虑如下情况:

① 包气带岩性为透水性较差的细粒结构,如黏土层、亚黏土层及裂隙、溶洞不发育的基岩,且要求潜水位埋深较大。这样淋滤的污水不容易渗入地下水中,而且即使有少量的淋滤污水下渗,亦具有足够的净化空间和较强的净化能力。

② 在地下水补给地表水的河谷地段,应尽量使填埋地点靠近地表水,以使受固体垃圾淋滤而污染的地下水及早向河水排泄,减少对地下水的污染。

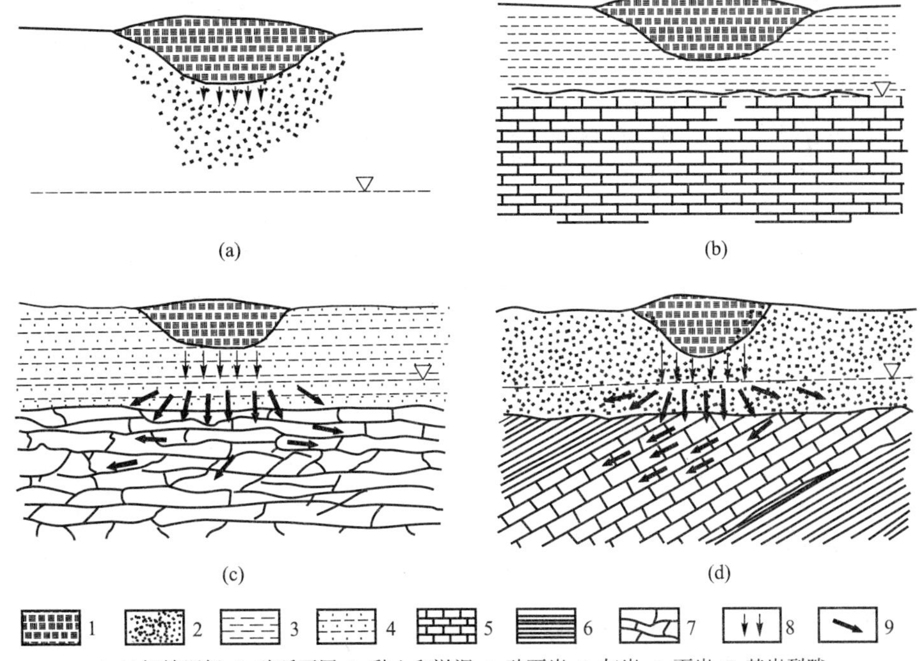

1. 垃圾填埋场；2. 砂砾石层；3. 黏土和淤泥；4. 砂页岩；5. 灰岩；6. 页岩；7. 基岩裂隙；
8. 污染物质淋滤下渗；9. 污染物质在地下水中的运移和弥散

图 6–6　不同环境条件下的固体垃圾填埋场

(a) 干燥环境；(b) 潮湿环境；(c) 位于基岩裂隙含水层之上；(d) 位于灰岩含水层之上

③ 填埋场不应设在有可能供饮用水的含水层地区。如迫不得已而为之，则必须处于地下水水源地的下游一定距离外。

④ 固体垃圾堆放场的底部应敷设厚塑料布或人工黏土层，以防止淋滤液下渗；或用钻孔及沟渠收集淋滤液体进行处理后再排入地表水体。

竣工后的卫生填埋场，可用于其他各种用途，包括用作停车场或仓库、花园、公园等，位于山地斜坡或具有一定高差的卫生填埋场，还可开辟为滑雪斜坡、赛车道及其他娱乐设施场地。

5. 综合利用法

综合利用是实现城市垃圾资源化、减量化的重要手段之一。在垃圾排入环境之前进行分类和分离，回收利用可再生的废品，隔离特别有害的组分供特殊处理，既可以循环利用资源、减轻后续处理的负荷，又可以减少污染、保护环境。

垃圾中可回收再利用的废品有废纸、废塑料、废玻璃、废橡胶、废电池、废旧金属等。此外，垃圾中的厨房废物、庭院废物和农贸市场废物等可降解有机物，是生产有机肥料的上好原料。回收利用垃圾中的废弃资源，不但可以减少最终需要无害化处置的垃圾量，减轻对环境的污染，而且能够节约资源、节约能源，减少垃圾的处理处置费用。分离后的可燃废物用来焚烧发电。垃圾资源化是解决城市固体垃圾处置问题的一条重要途径。

（四）城市垃圾地质填埋技术的研究

城市固体垃圾地质填埋具有成本低廉、处置彻底、环保效果好等优点，受到世界各国的普遍采用。地质填埋处置理论、方法和技术的研究受到国内外学者和工程技术人员的广泛重视。

城市垃圾的地质填埋技术主要包括填埋场底部防渗衬垫系统铺设技术、垃圾渗滤液处理技术、垃圾污染环境的生物化学治理技术、填埋场终期开发利用技术及环境影响监测技术等。

目前，国内外学者在城市固体垃圾地质填埋技术方面取得了丰硕的成果，运用物理学、化学、地下水动力学、微生物学、工程地质学等学科的理论和方法，开展了以下几个方面的研究：垃圾场中污染质溶液在场地土体及地下水中的运移规律和物理化学及生物化学作用机理；垃圾填埋场－土壤系统中微生物对污染物在地下水和包气带中的积累、迁移转化、降解和消散的作用机理与调控机制；不同衬垫材料对垃圾污染质的净化机理和阻隔能力；垃圾污染土壤和水体环境的生物、化学治理技术和方法；等等。成本低廉、技术可靠、行之有效的填埋场渗滤液处理技术是地质填埋技术的研究重点，也是今后的发展方向。

第七章 地 质 灾 害

第一节 地质灾害概述

一、地质灾害的定义及其内涵

地质灾害是指由于地质作用(自然的、人为的或综合的)使地质环境产生突发的或累进的破坏,并造成人类生命财产损失的现象或事件。人类直接生活在地壳的表面,这里也是地球各圈层相互作用最密切、最强烈和最敏感的部位。地球各圈层在运动变化及相互作用和影响过程中,将会单独或综合地产生各种地质作用,使地表发生变异。这些变异中有些对人类构成灾害,即地质灾害。地质灾害与气象灾害、生物灾害等一样是自然灾害的一个主要类型,具有突发性、多发性、群发性和渐变影响持久的特点。由于地质灾害往往造成严重的人员伤亡和巨大的经济损失,所以在自然灾害中占有突出的地位。

由地质灾害的定义可知,地质灾害的内涵包括两个方面,即致灾的动力条件和灾害事件的后果。地质灾害是由地质作用产生的,包括内动力地质作用和外动力地质作用。随着人类活动规模的不断扩展,人类对地球表面形态和物质组成正在产生愈来愈大的影响,因此,形成地质灾害的动力条件还包括人为活动对地球表层系统的作用,即人为地质作用。

只有对人类生命财产和生存环境产生影响或破坏的地质事件才是地质灾害。如果某种地质过程仅仅是使地质环境恶化,并没有破坏人类生命财产或影响生产、生活环境,只能称之为灾变。例如,发生在荒无人烟地区的崩塌、滑坡、泥石流,不会造成人类生命财产的损毁,故这类地质事件属于灾变;如果这些崩塌、滑坡、泥石流等地质事件发生在社会经济发达地区,并造成不同程度的人员伤亡和(或)财产损失,则可称之为灾害。

二、地质灾害的类型及其特征

(一) 地质灾害分类

目前对地质灾害的灾种范围有多种不同的认识,大致可分为两种观点:一是把由地质作用引起或地质条件恶化导致的自然灾害都划归为地质灾害,主要包括地震、火山、崩塌、滑坡、泥石流、地面沉降、地裂缝、土地荒漠化、海水入侵、部分洪水灾害、海岸侵蚀、地下水水位升降、水土环境异常与地方病、矿井突水溃沙、岩爆、煤与瓦斯突出、冻土冻融、水库淤积、水库及河湖塌岸、水库渗漏、特殊土类灾害、冷浸田等近 30 种灾害。二是仅限于以岩石圈自然地质作用为主导因素而形成的自然灾害，主要包括地震、火山、崩塌、滑坡、泥石流、地面塌陷、地面沉降、地裂缝、海水入侵、特殊土类灾害等十几种。

按不同的原则，地质灾害有多种分类方案。现将一般划分类型叙述如下。

(1) 按空间分布状况，地质灾害可分为陆地地质灾害和海洋地质灾害两个系统。陆地地质灾害又分为地面地质灾害和地下地质灾害，海洋地质灾害又分为海底地质灾害和水体地质灾害。

(2) 按灾害的发生原因，地质灾害可分为自然动力类型、人为动力类型及复合动力类型。自然动力类型地质灾害分为内动力亚类和外动力亚类，人为动力类型地质灾害按人类活动的性质还可进一步细分，复合类型分为内外动力复合亚类、人为内动力复合亚类、人为外动力复合亚类。以自然成因为主的地质灾害主要有火山、地震、泥石流、滑坡、崩塌、地裂缝、砂土液化、岩土膨胀、土壤冻融等；由人类活动诱发的地质灾害主要有水土流失、土地沙漠化、土壤盐碱化、地面沉降、地面塌陷、坑道突泥突水等（表 7–1）。

表 7–1　地质灾害成因类型划分表

类型	亚类	灾害举例
自然动力类型	内动力亚类	地震、火山、岩爆、瓦斯爆炸、地裂缝等
	外动力亚类	泥石流、滑坡、崩塌、岩溶塌陷、地面沉降、荒漠化等
人为动力类型	道路工程	滑坡、崩塌、荒漠化、黄土湿陷等
	水利水电工程	泥石流、滑坡、崩塌、岩溶塌陷、地面沉降、诱发地震等
	矿山工程	地面塌陷、坑道突水、泥石流、诱发地震、煤与瓦斯突出等
	城镇建设	地面沉降、地裂缝、地下水变异等
	农林牧活动	水土流失、荒漠化、与地质因素有关洪涝灾害等
	海岸港口工程	海底滑坡、岸边侵蚀、海水入侵等
自然与人为动力复合类型	内 – 外动力复合亚类	泥石流、滑坡、崩塌等
	内动力 – 人为复合亚类	岩爆、瓦斯爆炸、地裂缝、地面沉降等
	外动力 – 人为复合亚类	泥石流、滑坡、崩塌、水土流失、荒漠化等

（潘懋等，2012）

(3) 按地质环境或地质体变化的速度不同可划分为突发性和缓慢性地质灾害两类。前者主要有火山、地震、泥石流、滑坡、崩塌等，后者主要有水土流失、土地沙漠化、土壤盐碱化等。

（二）地质灾害特征

尽管地质灾害的类型繁多，产生原因各异，分布广泛，但它们的活动、分布和危害等却有许多共同的特征。

1. 地质灾害的必然性与可防御性

地质灾害是地壳内部能量转移或地壳物质运动引起的。灾害发生后，能量和物质得以调整并达到暂时的、相对的平衡;随着地球的不断运动,新的不平衡又会形成。因此,地质灾害是伴随地球运动而生并与人类共存的必然现象。

然而,人类在地质灾害面前并非无能为力,通过揭示地质灾害的发生机制和分布规律,进行科学的预测预报和采取适当的防治措施,就可以对灾害进行有效的防御,减轻或避免灾害造成的损失。

2. 地质灾害的随机性和周期性

地质灾害是在多种动力作用下形成的,其影响因素更是复杂多样,地质灾害发生的时间、地点和强度等具有很大的不确定性。可以说,地质灾害是复杂的随机事件。

但是,受地质作用周期性规律的影响,地质灾害还表现出周期性特征。如地震活动具有平静期与活跃期之分,泥石流、滑坡和崩塌等地质灾害的发生也具有周期性,表现出明显的季节性规律。

3. 地质灾害的突发性和渐进性

地质灾害的发生和持续时间具有突发性和渐进性的特征。突发性地质灾害具有骤然发生、历时短、爆发力强、成灾快、危害大的特征,如地震、火山、滑坡、崩塌、泥石流等。渐进性地质灾害则发生缓慢,持续时间长,如土地荒漠化、水土流失、地面沉降、煤田自燃等;渐进性地质灾害的危害程度逐步加重,涉及范围广,尤其对生态环境的影响较大,所造成的后果和损失比突发性灾害更为严重,但不会在瞬间摧毁建筑物或造成人员伤亡。

4. 地质灾害的群体性和链生性

许多地质灾害不是孤立发生或存在的,前一种灾害的结果可能是后一种灾害的诱因。在某些特定的区域内,地质灾害常常具有群发性的特点。崩塌、滑坡、泥石流、地裂缝等灾害的群体性和诱发性尤为突出。雨季或强震发生时,常常引发大量的崩塌、滑坡、泥石流或地裂缝灾害。

在泥石流频发区,通常发育有大量潜在的危岩体和滑体,暴雨后极易发生严重的崩塌、滑坡活动,由此形成大量碎屑物融入洪流,进而转化成泥石流灾害。

5. 地质灾害的成因多元性和原地复发性

不同类型地质灾害的成因各不相同,大多数地质灾害的成因具有多元性,受气候、地形地貌、地质构造和人为活动等综合因素的制约。

某些地质灾害具有原地复发性,如中国西部川藏公路沿线的古乡冰川泥石流,一年内曾发生泥石流 70 多次,实属罕见。

6. 地质灾害的区域性

地质灾害的形成和发展往往受制于一定的区域条件,因此其空间分布经常呈现出区域性的特点。如中国“南北分区,东西分带,交叉成网”的区域性构造格局对地质灾害的分布起着重要的制约作用,90% 以上的崩塌、滑坡、泥石流灾害发育在第二级地貌阶梯山地及其与第一和第三级阶梯的交接部位;第三阶梯东部平原的地质灾害类型主要为地面沉降、地裂缝、胀缩土等。

7. 地质灾害的破坏性与“建设性”

地质灾害对人类的主要作用是造成多种形式的破坏,但有时地质灾害的发生可对人类产生有益的“建设性”作用。如山区陡峭斜坡地带发生的崩塌、滑坡为人类活动提供了相对平缓的台地,人们在古滑坡台地上居住或种植农作物。

8. 地质灾害影响的复杂性和严重性

地质灾害的发生、发展有其自身复杂的规律,对人类社会经济的影响表现出长久性、复杂性特征。首先,重大地质灾害常造成大量的人员伤亡和人口大迁移。其次,受地质灾害周期性变化的影响,经济发展也相应地表现出一定的周期性特点。最后,地质灾害地带性分布规律还导致经济发展的地区性不平衡。

9. 地质灾害人为成因的日趋显著性

不合理的人类活动使地质环境日益恶化,导致大量地质灾害的发生。如超量开采地下水引起地面沉降、海水入侵和地下水污染,矿产资源的不合理开采和某些工程项目的盲目上马导致崩塌、滑坡、泥石流等灾害的频发等。

除天然地震和火山喷发外,大多数地质灾害的发生均与人类经济活动有关,全球滑坡灾害的70% 与人类活动密切相关。单纯人为作用引起的地质灾害数量越来越多,规模越来越大,影响越来越广,经济损失也愈加严重。

10. 地质灾害防治的社会性和迫切性

地质灾害除了造成人员伤亡,破坏房屋、铁路、公路、航道等工程设施,造成直接损失外,还破坏资源和环境,给灾区社会经济发展造成广泛而深刻的影响。因此,有效地防治地质灾害不但对保护灾区人民生命财产安全具有重要的现实意义,而且关系到地区、国家乃至全球的可持续发展。

三、中国地质灾害的空间分布规律

中国地域辽阔,经度和纬度跨度大,自然地理条件复杂,构造运动强烈,故自然地质灾害种类繁多、灾情十分严重。同时,中国又是一个发展中国家,经济发展对资源开发的依赖程度相对较高,大规模的资源开发和工程建设及对地质环境保护重视不够,人为地诱发了很多地质灾害,使中国成为世界上地质灾害最为严重的国家之一。

地质灾害的空间分布及其危害程度与地形地貌、地质构造格局、新构造运动的强度与方式、岩土体工程地质类型、水文地质条件、气象水文及植被条件、人类工程活动等有着极为密切的关系,同时又与人类活动有关。受上述诸因素制约,中国地质灾害的区域分布具有东西分区、南北分带的特点,如海拔 4000 m 以上的青藏高原,寒冻作用普遍,冻胀、融沉、泥流、雪崩等灾害发育;第一级与第二级阶梯地貌过渡地带,活动构造发育,地震频发;因地形切割强烈,山地地质灾害,如滑坡、崩塌、泥石流、水土流失等分布广泛;西北诸省土地荒漠化作用强烈;东部平原区除土地盐渍化广泛分布外,地面沉降、岩溶塌陷、地裂缝广泛发育;沿海诸省,海水入侵、海岸侵蚀等发育。

第二节 地 震 灾 害

地震是地壳运动的一种形式。岩石圈物质在地球内动力作用下产生构造活动而发生弹性应变,当应变能量超过岩体强度极限时,就会发生破裂或沿原有的破裂面发生错动滑移,应变能以弹性波的形式突然释放并使地壳振动而引发地震(图 7-1)。地下核爆炸、兴建大型水库、地下注水等人类活动也可诱发地震。据统计,全世界每年大约发生几百万次地震,人们能够感觉到的仅占百分之一左右，七级以上的灾害性地震每年多则二十几次，少则三五次。

强烈地震可使大范围的建筑物瞬间沦为废墟，是一种破坏性很强的地质灾害。地震灾害不仅造成建筑物倒塌而使人类生命财产遭受重大损失，而且还会诱发大规模的砂土液化、崩塌、滑坡和海啸等次生地质灾害；地震的破坏范围有时可扩展到数百千米甚至数千千米之外。

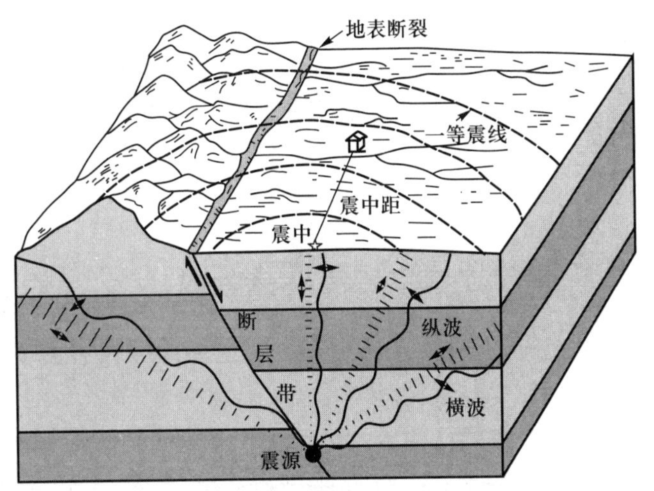

图 7-1 断裂错动引发构造地震

一、地震活动概述

(一) 地震波

地震所产生的震动是以弹性波的形式传播出来的，这种弹性波称为地震波。地震时通过地壳岩体在介质内部传播的波称为体波，体波经过折射、反射而沿地面附近传播的波称为面波。面波是体波形成的次生波。

体波包括纵波和横波。纵波又叫疏密波，由介质体积变化而产生，并靠介质的扩张与收缩而传递，质点振动与波的前进方向一致；在某一瞬间沿波的传播方向形成一疏一密的分布(图 7-2(a))。纵波振幅小、周期短、速度快，又称为初波(P 波，primary wave)；纵波可以在固体介质或液体介质中传播。横波又叫扭动波，是介质性状变化的结果，质点的振动方向与波传播方向互相垂直，各质点间发生周期性的剪切振动(图 7-2(b))。横波振幅大、周期长、传播速度慢，又称为次波(S 波，secondary wave)；横波不能通过对剪切变形没有抵抗力的液态介质。

面波是体波到达地面后激发的次生波。它仅限于地面运动，向地面以下迅速消失。面波分为两种，一种是在地面上做蛇形运动的勒夫波(Love wave)，质点在水平面上垂直于波前进方向做水平振动(图 7-2(c))。勒夫波在层状介质界面传播，其波速介于上下两层介质横波速度之间。另一种是在地面上滚动的瑞利波(Rayleigh wave)，质点在与平行传播方向相垂直的平面内作椭圆运动(图 7-2(d))，与 P 波的辐射有关。瑞利波产生的振动使物体发生垂直和水平方向的运动。

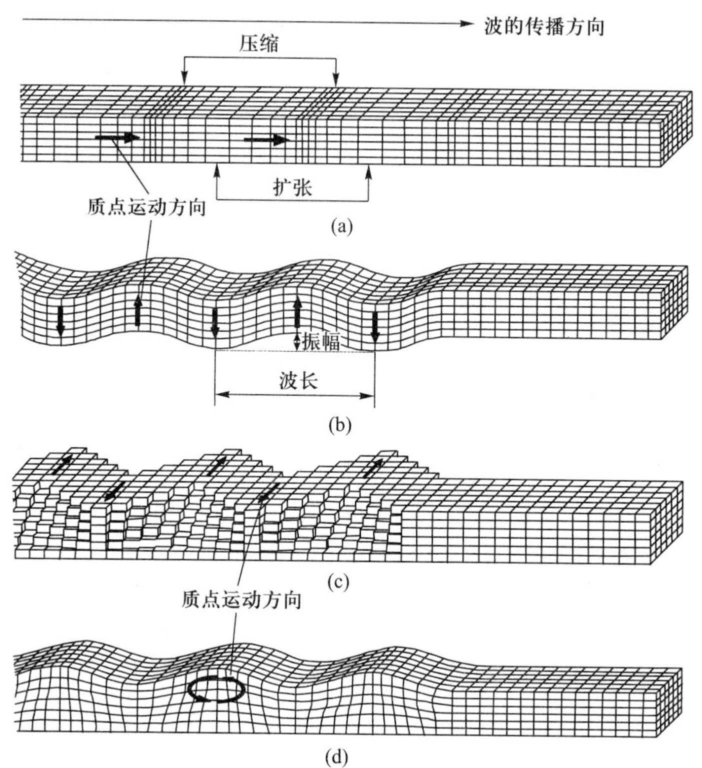

图 7-2 地震波在地表附近传播方式示意图(Keith,1996)
(a) 纵波;(b) 横波;(c) 勒夫波;(d) 瑞利波

(二) 地震的类型

按形成原因,地震可分为两大类:天然地震和人为地震。前者主要有构造地震、火山地震和塌陷地震,后者主要有水库地震、深孔注水地震和爆破地震等。

1. 构造地震

在地壳运动过程中,地壳不同部位受到力的作用,在构造脆弱的部位容易发生破裂和错动而引起地震,这就是构造地震。全球 90% 以上的地震属于构造地震。

2. 火山地震

火山地震主要是由地下岩浆的冲击或强烈爆炸导致地层的错动引起的。火山地震的特点是震源常局限于火山活动地区,震源深度一般不超过 10 km,地震震级较小,影响范围不大,火山地震数量不多,约占全球地震总数的 7%。

3. 塌陷地震

地面岩溶塌陷或大规模的崩塌、滑坡也能够产生地震,即塌陷地震。在石灰岩分布地区常发育大量的地下溶洞,当溶洞大到难以支撑其顶部岩层的压力时,就发生岩石的崩塌陷落,引发地震。塌陷地震的特点是震源很浅、震级较小,影响范围小,破坏性也很小。

4. 诱发地震

采矿、地下核爆破及水库蓄水或向地下注水等人类活动均可诱发地震。矿山开采过程中,岩体或矿体发生破坏，使内部积聚的弹性能得到迅速释放就会产生地震。大型水库在蓄水后诱发地震的实例在国内外已有很多报道。

（三）地震震级与地震烈度

地震能否使某一地区建筑物受到破坏取决于地震能量的大小和该建筑物区距震中的远近。所以需要有衡量地震能量大小和震动强烈程度的两个指标，即震级（*M*，magnitude）和烈度（*I*，intensity）。它们之间虽然具有一定的联系，但却是两个不同的指标。

1. 地震震级

地震震级以地震过程中释放出来的能量总和来衡量，释放出来的能量愈大则震级愈高。由于一次地震释放出来的能量是恒定的，所以在任何地方测定，只有一个震级。现有记载的地震震级最大为 8.9 级，这是因为地震震级超过 8.9 时，岩石强度便不能积蓄更大的弹性应变能。由于地震是地壳能量的释放，震级越高，释放能量越大，积累的时间也越长（表 7–2）。在易发震地区，如美国旧金山及其周围地区，平均一个世纪才可能发生一次强烈的地震。这就是说，大约需要 100 年积累的能量才能超过断层的摩擦阻力。这期间由于局部滑动可能发生小地震，但储存的能量还是能够逐渐积累起来，因为断层的其他地段仍然处于锁定状态。

表 7–2　地震震级和发生的频率及特有的破坏效应

里氏震级	每年的数量	修正的烈度	居住区震动的特有效应
<3.4	800000	Ⅰ	只能被仪器记录到
3.5~4.2	30000	Ⅱ、Ⅲ	室内的一些人有感觉
4.3~4.8	4800	Ⅳ	大多数人有感觉，窗户响动
4.9~5.4	1400	Ⅴ	每个人均有感觉，盘子跌破，门晃动
5.5~6.1	500	Ⅵ、Ⅶ	建筑物轻微破坏，墙面破裂，瓦块掉落
6.2~6.9	100	Ⅷ、Ⅸ	建筑物破坏较重，烟筒倒塌，房屋脱离基础
7.0~7.3	15	Ⅹ	严重破坏，桥梁塌落，许多高大建筑物倒塌
7.4~7.9	4	Ⅺ	大毁灭，绝大多数建筑物倒塌
>8.0	5~10 年一次	Ⅻ	完全破坏，可见地面波动，物体被抛向空中

（Barbara 等，1997）

2. 地震烈度

地震烈度是指地面及各类建筑物遭受地震破坏程度。地震烈度的高低与震级的大小、震源的深浅、震中距离、地震波的传播介质、地震区地质构造等条件有关。比如，距震中愈远，烈度愈低，破坏性愈小；震源愈浅，烈度愈大，破坏性愈大。

在地震区把地震烈度相同的点用曲线连接起来，称为等震线。地震的等震线图十分重要，从等震线图中可以看出一次地震的地区烈度分布、震中位置，推断发震断层的方向；利用等震线还可以推算震源深度或用统计方法计算在一定的震中烈度和震源深度情况下的烈度递降的规律。

（四）地震的时空分布规律

1. 地震活动的周期性

大量研究表明，地震的发生具有周期性。即在某一时期内地震的发生特别频繁，地震数量多，地震震级大，表现为地震活跃期。在两个地震活跃期之间，地震数量相对较少，地震震级小，此时为地震平静期。由于世界各地震带的地质构造不同，地壳厚度不一，地幔层内物质运动状态、速度等均有所差异，所以地震形成的过程长短有别。不同地震带的地震活动周期是不一致的。有的几十年，有的上百年。如中国东部地震带（台湾地区除外）一个周期一般是 300 年左右，西部地震带一般是 100~200 年，台湾地区仅为几十年。在一个较长的地震活跃期内还有一些年份存在着一个或数个地震活跃小周期，称为地震活跃幕。

2. 地震活动的空间分布

地震活动的空间分布有垂直分布和地表平面分布两种情况。前者是指震源深度在垂直剖面上的变化规律，后者则是震中在地表的地理位置分布规律。

（1）地震的垂直分布：根据震源的深度把地震分为浅源地震（0~70 km）、中源地震（71~300 km）和深源地震（>300 km）。

① 浅源地震分布广泛，发震次数约占全球地震总数的 72.5%，释放的能量占全球地震释放总能量的 85%。浅源地震的震源深度多在地表以下 30 km 深度范围内。

② 中源地震的发震次数约占地震总数的 23.5%，释放的能量约占总释放能量的 12%。中源地震主要发生在环太平洋地震带和地中海喜马拉雅地震带。

③ 深源地震约占地震总数的 40 %，释放能量约占总释放能量的 3 %。大部分发生在环太平洋地震带。

（2）地震在地表的平面分布：地震特别是浅源地震，其产生多与断层错动有关；全球地震的分布与大地构造密切相关。这些地震集中的地带称为地震带。全球范围内的主要地震带是环太平洋地震带、欧亚地震带（地中海喜马拉雅地震带）、大洋中脊地震带和大陆裂谷地震带（图 7–3）。

① 全球约 80 %的浅源地震、90 %的中源地震和几乎全部深源地震都发生在环太平洋地震带，地震释放的能量约占总释放能量的 80 %。该带沿一系列山脉而行，从美洲南端的合恩角沿西海岸到阿拉斯加向西横跨到亚洲，在亚洲沿太平洋海岸自北向南经日本、菲律宾、新几内亚，最后到达新西兰而构成环路。

② 欧亚地震带（或称地中海喜马拉雅地震带）为全球第二大地震带，释放能量约占全球地震能量的 15%。震中分布较环太平洋地震带分散，所以该地震带的宽度大且有分支。它从直布罗陀一直向东伸展到东南亚。此带地震以浅源地震为主，在帕米尔、喜马拉雅分布有中源地震，深源地震主要分布于印度尼西亚岛弧。

③ 大洋中脊地震带主要分布于各大洋的中部地带。这一地震带远离大陆且多为弱震，20 世纪 60 年代海底扩张和板块构造理论的发展才使人们注意到这一地震带。这一地震带的所有地震均产生于岩石圈内，震源深度小于 30 km，震级绝大多数小于 5 级。

④ 大陆裂谷地震带也多发浅源地震，主要分布在东非大裂谷、红海地堑、亚丁湾、死海、贝加尔湖及夏威夷群岛等地区。

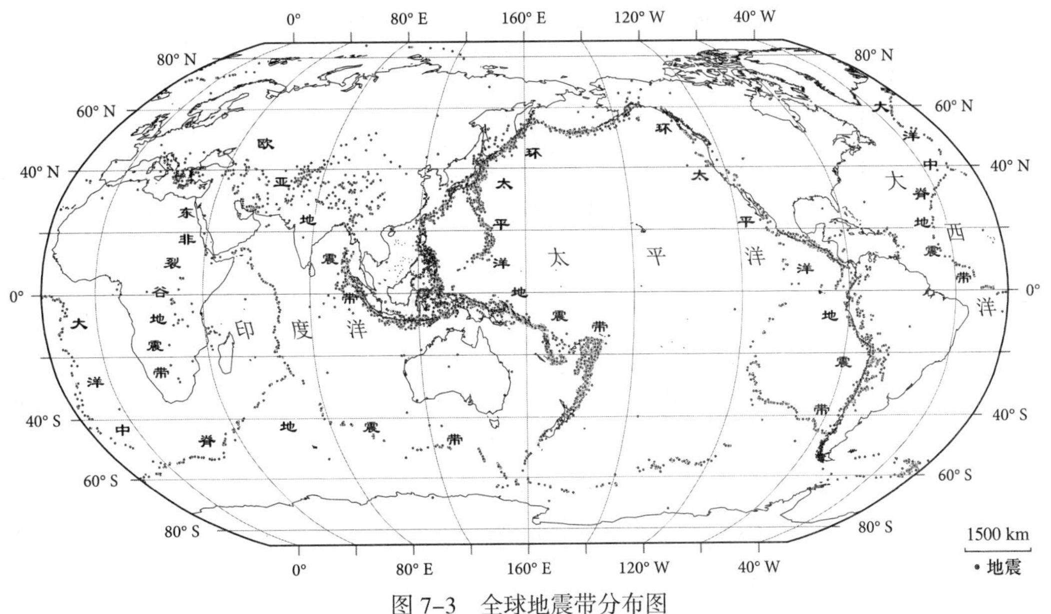

图 7–3　全球地震带分布图

上述地震分布绝非偶然，而是在一定的大地构造背景之下的现代构造运动的产物。由于大洋中脊增生、板块俯冲和转换断层等岩石圈运动，才形成了上述有规律分布的全球性地震带。

按地质成因，地震可分为板块增生带地震、转换断层地震和板块汇聚边缘地震。比较而言，稳定的大陆内部则相对宁静。但板块内部环境也能成为大地震的场所，非常强烈的地震偶尔也发生在板块的内部，即正常稳定的大陆板块内部环境中。

中国地处欧亚板块的东南部，位于太平洋板块、欧亚板块、菲律宾海板块的交汇处，从而构成了中国构造活动与地震活动的动力背景。

二、地震活动对人类的影响

地震是一种突发性的地质灾害，对人类及其生存的环境有着巨大的影响，它可使地球表面发生剧烈变化、破坏原有的地形地貌，同时对人类生命财产构成危害和损失。强烈地震灾害可以把整座城市毁于一旦。仅 20 世纪 60 年代以来，地震毁灭的重要城市就有蒙特港（智利，8.6 级，1960 年）、阿加迪尔（摩洛哥，1960）、斯科普里（南斯拉夫，1963）、安科雷奇（阿拉斯加，1964）、马拉瓜（尼加拉瓜，1972）、唐山（中国，死亡 24.2 万人，1976）、塔巴斯（伊朗，1978）、阿斯南（阿尔及利亚，1980）、亚美尼亚（哥伦比亚，1999）等。20 世纪初以来，强烈地震已夺去上百万人的生命（表 7–3），造成直接经济损失数千亿元。

（一）地震效应

在地震影响范围内，地壳表层出现的各种震害及破坏现象称为地震效应。对于工程建筑物来说，地震效应大致可分为场地破坏效应和强烈震动效应两个方面，它与场地工程地质条件、震级大小和震中距等因素有关。

表 7-3 20 世纪初以来死亡人数超过千人的灾难性大地震一览表

地点	震级	死亡人数	时间	地点	震级	死亡人数	时间
日本东海	9.0	2000	2011.3.11	伊朗克尔曼省	6.8	3000	1981.6.11
中国四川汶川	8.0	87150	2008.5.12	意大利	7.2	2735	1980.11.13
巴基斯坦南亚	7.6	73000	2005.10.8	阿尔及利亚	7.3	2590	1980.10.10
印尼苏门答腊	8.7	292000	2004.12.26	伊朗东北部	7.7	25000	1978.9.16
伊朗巴姆	6.3	45000	2003.12.26	中国河北唐山	7.8	242700	1976.7.28
印度古吉拉特邦	7.9	30000	2001.1.26	危地马拉	7.5	22778	1976.2.4
中国台湾中部	7.3	2405	1999.9.21	中国辽宁海城	7.3	1328	1975.2.4
土耳其伊兹米特	7.8	17890	1999.8.17	中国云南大关	7.1	1423	1974.5.11
哥伦比亚西部	6.0	1890	1999.1.25	秘鲁北部	7.7	70000	1970.5.31
巴布亚新几内亚	7.1	2100	1998.7.17	中国云南通海	7.7	15621	1970.1.5
阿富汗塔哈尔省	7.1	3000	1998.5.30	中国河北邢台	7.2	8064	1966.3.22
阿富汗塔哈尔省	6.1	4500	1998.2.4	智利奇康	8.3	28000	1939.1.24
俄罗斯萨哈林岛	7.5	1989	1995.5.28	中国四川叠溪	7.5	20000	1933.8.25
日本阪神	7.2	6430	1995.1.17	中国甘肃昌马堡	7.6	70000	1932.12.25
印度	6.4	22000	1993.9.30	中国甘肃古浪	8.0	4 万余人	1927.5.23
印度尼西亚	6.8	3900	1992.12.12	中国云南大理	7.1	14000	1925.3.16
印度	6.1	1600	1991.10.20	日本横滨	8.3	142800	1923.9.1
印度尼西亚	7.8	1620	1990.7.16	中国宁夏海原	8.5	28.82 万	1920.12.16
伊朗西北部	7.3	50000	1990.6.21	意大利墨西拿		16 万	1908.12.28
亚美尼亚西北部	6.9	25000	1988.12.7	智利	8.6	20000	1906.8.16
墨西哥中部	8.1	7500	1985.9.19	中国新疆阿图什	8.2	10000	1902.8.22

1. 场地破坏效应

按形成条件和对建筑物的破坏形式与规模，可将场地破坏效应分为地面破裂效应、斜坡破坏效应和地基基底效应三种基本类型。

(1) 地面破裂效应：地震导致岩土体直接出现断裂或地裂，跨越断裂或断裂附近的建筑物及道路、各种管线会因此而发生严重破坏。

(2) 斜坡破坏效应：地震导致斜坡岩土体失去稳定，触发各种斜坡变形或破坏，引起斜坡地段的建筑物破坏，称为斜坡破坏效应。因地震而引发的崩塌、滑坡、溜滑等均属斜坡破坏效应。斜坡破坏效应不但对斜坡上的建筑物造成破坏，有时还会破坏斜坡下方的道路及其他建筑物，造成人员伤亡和财产损失。例如，1920 年中国宁夏海原地震，在约 250 km^2 的范围内发生了大量的黄土崩塌滑坡，死亡 28.82 万人，其中大部分是由于黄土滑坡和窑洞坍塌所致。

(3) 地基基底效应：地基基底效应主要表现为地震使地基岩土体产生振动压密、液化、变形或移位而导致地基承载力下降以至丧失，由此造成建筑物的破坏。地基基底效应可分为以下几种情况：① 地基强烈沉降与不均匀沉降，前者主要发生在软弱土层、疏松砂砾、人工填土等地基中，后者主要发生在地基岩性不同或层厚不同的情况下；② 地基水平滑移，主要发生于斜坡地基；③ 砂土地基液化，是地基失效的常见形式。

2. 强烈地振动破坏效应

地振动破坏效应是反映地震波直接破坏建筑物的现象，包括建筑物的水平滑动、晃动及共振等造成的破坏，这是地震效应中的主要震害，约 95% 的人员伤亡和建筑物破坏是由强烈地振动直接造成的。

(1) 地震力对建筑物的作用：地震发生时，由地震波产生的惯性力作为一种荷载作用于建筑物，使建筑物发生变形和破坏。

(2) 地震的振动周期对建筑物的影响：建筑物地基受到地震波的冲击而振动，同时引起建筑物的振动。地基土石和建筑物具有各自的振动周期，当两者的振动周期相等或相近时便引起共振，导致建筑物振动的振幅加大，以致建筑物倾倒、破坏。一般来讲，建筑物愈高，自振动周期愈长；所以，长周期的地基振动使较高的多层建筑物破坏，而低层建筑物却无损坏。距震中愈远，地面振动的周期愈长，因而常见到距震中较远处的高层建筑物遭受破坏的现象。

（二）地震灾害

地震灾害按其与地振动关系的密切程度和地震灾害要素的组成可分为原生灾害和次生灾害。地震原生灾害源于地震的原始效应，是地振动直接造成的灾害，如地震时房屋倒塌、地震喷沙冒水等。地震次生灾害泛指由地震运动过程的结果而引起的灾害，如地基失效而引起的建筑物倒塌、地震使水库大坝溃决而发生的洪灾、地震引起斜坡岩土体失稳破坏而造成的灾害、地震海啸引起的水灾等。

1. 地表错动和地裂缝

地震发生时，原有的断层和新生断层活动强烈，常发生垂直与水平错动；在地面发生断层破裂的地方，建筑物产生裂缝、道路中断、所有位于断层上或跨越断层的地形地貌均被错开。有时地面还会产生规模不同的地裂缝。

2. 破坏地面建筑物

强烈地震可使极震区的房屋荡然无存，烈度Ⅶ度区的房屋倒塌破坏也十分严重。桥梁、水利设施、地下管道、水坝、涵洞等构筑物也遭到严重破坏。1668 年山东郯城 8.5 级地震波及大半个中国，距震中 240 km 的济南，烈度高达Ⅶ度，其破坏性可想而知。

3. 砂土液化

在地震力作用下，饱水沉积物和表土的突然震动或扰动能够使看似坚硬的地面变成液状的流沙，砂粒悬浮于水中，土体完全丧失强度和承载能力。砂水悬浮液在上覆土层压力作用下可冲破土层薄弱部位喷到地表，形成喷砂冒水现象。地震导致的砂土液化往往是区域性的，涌出的砂掩盖农田，压死作物，使沃土盐碱化、砂渍化，同时造成河床、渠道井筒等淤塞。砂土液化还可导致地基失稳，地面沉降，使房屋倾斜、桥梁落架。例如，1975 年 2 月 4 日，中国辽宁省海城发生的 7.3 级地震，震中区以西 25~60 km 的下辽河平原数百平方千米范围内砂土强烈液化，到处喷水冒砂，喷水水头高达 5~6 m，总喷砂量达 817×10^4 m^3，压盖农田约 5100 hm^2，许多道路、桥梁、民用建筑、工业设施、水利工程和堤防遭受破坏。1964 年美国阿拉斯加地震时，砂土液化和诱发滑坡是使安克雷奇大部分地区遭受毁坏的主要原因。1976 年，中国唐山大地震时发生的大面积喷水冒砂现象也是砂土液化引起的。

4. 崩塌、滑坡

在陡峭的斜坡地带，地震震动可能引起表土滑动或陡壁坍塌等地质灾害。美国的阿拉斯加州、加利福尼亚州，以及伊朗、土耳其和中国均发生过地震滑坡、地震崩塌灾害。房屋、道路和其他结构物被快速下滑的土石所毁坏。1920 年 12 月 16 日，中国宁夏海原发生的大地震死亡 28.82 万人，主要是由黄土滑坡和窑洞坍塌造成的。在强震区的海原、固原和西吉县地震滑坡数量多得无法统计。仅西吉县夏家大路至兴平 65 km 范围内，滑坡面积高达 31 km^2。在会宁、静宁、隆德、靖远四县发生滑坡 503 处。

2008 年 5 月 12 日发生在四川省的汶川 8.0 级大地震，在 11×10^4 km^2 的范围内触发了 197481 处滑坡，滑坡总面积达 1160 km^2，最大的滑坡分布点密度达到 281 个 / 平方千米。汶川地震诱发的滑坡具有规模大、数量多、运动距离长、速度快等特点，且常常发生在高山河谷地区，堵塞河流形成大量堰塞湖。堰塞湖失稳溃决突发的洪水，是地震次生灾害链中的一种灾害类型。

5. 海啸

地震的另一个次生效应是海啸。水下地震是海啸的主要原因。据统计，1900—1983 年，太平洋地区共发生 405 次海啸，其中大多数属于地震海啸。强烈海底地震引起的海啸，可使海浪高达 20~30 m，给船只、海港、海岸及建筑物和生命财产带来巨大的危害（表 7–4）。

表 7–4 全球有历史记录以来的海啸灾难

时间	海啸发源地	波浪爬高 /m	产生的影响
1755.11.1	东大西洋	5~10	约 10 万人死亡，毁灭葡萄牙里斯本，葡萄牙国力因此衰落，从欧洲到西印度洋群岛均受影响
1868.8.13	秘鲁—智利	>10	波及新西兰，夏威夷受损
1883.8.26	喀拉喀托岛	36	约 36000 人遇难
1896.6.15	日本本州	24	约 26000 人淹死，8000 余艘船只沉没
1933.3.2	日本本州	>20	3000 人死于海浪
1908.12.28	意大利墨西拿	12	82000 人遇难
1946.4.1	阿留申群岛	10	夏威夷希洛岛 150 人淹死，财产损失合 25×10^6 美元
1960.5.23	智利	21	25000 人死亡，码头瘫痪，200 万人无家可归，经济损失 3×10^8 美元
1964.3.28	阿拉斯加	6	加利福尼亚死亡 119 人，财产损失达 1.04×10^8 美元
1992.12.2	印度尼西亚	26	137 人死亡，村庄被毁
1992.9.2	尼加拉瓜	10	170 死亡，500 人受伤，1.3 万人无家可归
1998.7.17	巴布亚新几内亚	23	2100 多人死亡，6000 人失踪
2004.12.26	印度尼西亚苏门答腊岛	10	造成 29.22 万人死伤，其中 22.6 万人死亡，经济损失 100×10^8 美元
2011.3.11	日本	24	27593 人死亡失踪，核电站受损放射性物质泄漏

1964 年美国阿拉斯加乌尼马克岛附近强烈水下地震引发的海啸波浪以 800 km/h 的速度沿太平洋传播,4.5 小时后袭击了夏威夷的希洛。虽然在宽阔海域波高只有 1 m,但当遇到陆地时最大波高比正常高潮位高出 18 m。这次地震海啸摧毁了近 500 座房屋,使 1000 多座房屋遭破坏,造成 159 人死亡。另一场由地震引起的毁灭性海啸发生于 1755 年葡萄牙海岸带,仅在里斯本就有 60000 人死亡。1998 年 7 月 17 日,由于太平洋海底地震而引发的海啸袭击了位于南半球的巴布亚新几内亚,高达 23 m 的海啸波浪冲向巴布亚新几内亚沿岸 29 km 范围的村庄,造成 3000 多人死亡,6000 人失踪。

6. 地面标高改变

有时地震还会造成大范围的地面标高改变,诱发地面下沉或岩溶塌陷。1976 年唐山大地震时就有多处岩溶塌陷发生。1964 年美国阿拉斯加地震时造成从科迪亚克岛到威廉王子海峡约 1000 km 海岸线发生垂直位移,有的地方地面下沉 2 m 多,而在另外一些地方地面垂直抬升达 11 m。地震诱发的地面下沉属于永久性的地面标高降低,在雨季可能无数次地发生洪水灾害,有时甚至造成永久性的积水。如美国密西西比河田纳西州一侧穿过新马德里的瑞尔弗特(Reelfoot)湖就是 1811—1812 年一系列地震发生时因地面沉降引起洪水而形成的。

7. 洪水

洪水是地震的次生灾害,地震诱发的地面下沉、水库大坝溃决或海啸均可引发洪水。1933 年,中国四川叠溪发生的 7.5 级地震,使岷江被堵,形成 4 个地震堰塞湖。45 天后湖水坝体溃决,造成下游水灾,洪水泛滥长达 1000 km,冲毁农田 3400 hm^2、房舍无数,淹死 2 万多人。

8. 火灾

火灾是一种比地面运动造成的灾害还要大的次生破坏形式。地面运动使火炉发生移动、煤气管道产生破裂、输电线路松弛,因而引发火灾。地面运动还使输水干线发生破损,扑灭火灾的供水水源也被中断。例如,1906 年 4 月 18 日,美国旧金山 8.3 级地震后引起连续燃烧 3 天的大火,烧毁了 12 km^2 的 521 个街区、28188 幢房屋,死亡 400 人,损失达 4 亿美元。火灾造成的损失比地震造成的直接损失大 10 倍。许多年后这次地震还被称为"大火"。

此外,地震还可引起煤气泄漏、毒气扩散、造成人畜死亡而引发疾病传播,地震灾区停工停产、灾区社会动荡与不安,以及政治、经济、社会和法律职能失调等可看作是地震的衍生灾害,是地震对人类社会长期效应的表现。

三、地震活动的监测与预报

地震灾害是人类面临的最可怕的地质灾害之一。地震预报是地震学研究的重要课题之一。1906 年 4 月美国旧金山地震发生后,科学家们就提出了依据地壳形变观测进行地震预报的观点。但由于人类对地震孕育、前兆异常机理等内在机制的认识还不够深入,地震预报的各种方法都还处于理论探讨阶段。

(一) 地震监测

地震监测是地震预报的基础。通过布设测震站点、前兆观测网络及信息传输系统提供基本的地震信息,从而进行地震预报甚至直接传入应急的防灾减灾的指挥决策系统。

目前，全球许多活动断层都处于严密的监测控制之下。监测方法包括动物群异常反应的观察、人工定期水准测量、水井水位变化记录、使用各种精密仪器自动监测断层活动性等（图7-4），更为先进的地震监测系统是在活动断层区布置自动监测仪器，并通过通信卫星把数据传递到地震监测中心。

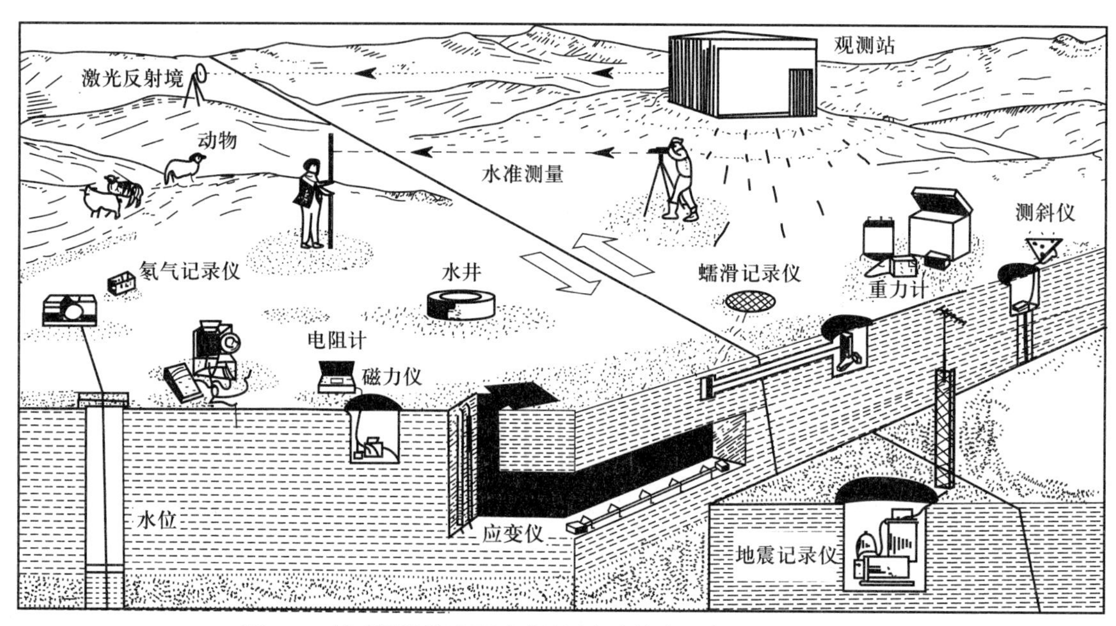

图7-4 活动断裂带地震活动监测方法综合示意图（Keith，1996）

全球范围内几乎所有多地震的国家都已建立了地震监测站网，并形成了全球数字化地震台网（global seism net，GSN）。GSN是由分布在全世界80多个国家总计128个台站组成的。目前，中国已在全国主要的地震活动区建立了地震监测系统，建成了北京、上海、成都、昆明、兰州等6个地震数据电信传输台网的12个区域无线遥测地震台网和9个数字化地震台站。现有地震和10余种前兆专业地震监测台站、观测点共计970个。

地震监测技术包括利用卫星测量地面的微小变化，通过全球导航卫星系统（GNSS）、地面接收网追踪地球上空沿轨道运行的卫星传来的测距信号。如果测距信号所反映的从地面站到卫星的距离发生变化，则说明地面产生了位移或变形。地震连续发生时还会产生一种“干涉图”，即反映获得两次雷达影像之间地面变化的等值线图。它具有很高的清晰度，可使地震学家能够深入地认识地壳变形的速率，从而及时发布地震的早期警报。

（二）地震预报

地震预报是指在地震发生前，对未来地震发生的震级、时间和地点进行预测预报，并及时公布于众，让预测受灾区人们做好预防工作，以减少人员伤亡和财产损失。根据时间尺度的不同，地震预报分为5个阶段，即长期预测、中期预报、短期预报、临震预报和主震后余震预报。

地震长期预测是根据构造运动旋回和地震活动周期进行的。在特定区域内未来几年或几十年内地震的预测已经取得了比较满意的成功。地震的中短期预报和临震预报还远未取得成功。其部分原因是地震机制和过程深埋地下,不便于人们进行研究和监测。地震的短临预报主要基于先兆现象的观察,而先兆现象并不是在所有的地震发生之前都会出现。

从地震预报研究内容看,有三个层次,即地震参数预报、地震灾害预测和地震灾害损失预测。地震参数预报以地震事件的发生时间、地点和强度三个参数(简称时、空、强三要素)为主,即狭义的地震预报。通过对地震前地震活动、地形变、地磁(电)场、地下水位及其化学成分等的长、中、短、临各阶段前兆变化特征的研究,结合地震地质和深部地球物理场的背景资料,完成对未来地震时、空、强三要素的预报。

地震灾害损失预测就是在地震灾害预测的基础上,评估潜在地震灾害的损失,预测未来地震灾害中人员伤亡和经济损失。地震灾害损失预测一般以地震灾度来衡量。

第三节 火山喷发灾害

火山喷发是一种危害严重的地质灾害。公元1000年以来,全球已有几十万人直接或间接死于火山喷发。大规模的火山喷发还对人类赖以生存的自然环境造成不可估量的破坏和影响。目前,全球近1/10的人口生活于有潜在喷发危险的火山阴影之下,而世界上大部分最危险的火山都处于人口稠密的发展中国家。火山喷发的危险性和减轻火山灾害的迫切性与重要性已引起世界各国的关注。

一、火山活动概述

地球具有明显的圈层结构,从地表向地心由地壳、地幔和地核三部分组成。莫霍面以下地幔层的上部是由近似橄榄岩的物质组成的,镁、铁成分较多,压力大、密度高,局部呈熔融状态。地壳运动、岩浆活动和火山喷发活动均与此圈有关。在地球内力作用下,地幔物质在不停地运动,当岩浆中的气体游离出来,越集越多,使内压力不断增大,达到一定极限时,岩浆就顺地壳裂隙或薄弱地带喷出地表,形成火山喷发。火山活动是岩浆活动的一种形式,也是地球内能和热量释放的一种形式。

(一) 火山的类型与喷发样式

1. 火山的类型

根据火山活动的状况可分为死火山、休眠火山和活火山三种。在地质历史时期有过活动,而在人类历史中没有活动的火山称为死火山,它对人类几乎不会造成危害。在人类历史时期曾经有过活动,而近代长期没有活动的火山称休眠火山。现在仍在活动或周期性活动的火山称活火山,它对人类具有极大的危害性。

火山喷发的时间长短、规模和危害程度不尽相同。喷发酸性熔岩(如流纹岩)的火山,因熔岩黏性大,所含气体多,爆发力强,常喷出大量气体、熔岩、火山碎屑物和火山灰,这种火山称爆炸式火山。它破坏性大,对人类危害严重。喷发基性熔岩(如玄武岩)为主的火山,其熔岩黏性小,温度高,气体和岩流常慢慢逸出,很少产生火山碎屑物,称宁静式火山。这种火山对人类危害相对较小。

2. 火山喷发样式

对火山喷发进行严格分类难度很大。在绝大多数喷发事件中,活动类型和火山喷出物的性质都在变化,有时是逐渐的(几周、几个月或几年),有时每隔一天甚至一小时就发生变化。尽管如此,根据喷发样式、喷出物种类,以及火山堆积物和火山地形可把火山喷发分为中心式喷发和裂隙式喷发两大类若干亚类,其中中心式喷发的亚类比裂隙式要多(图 7-5)。

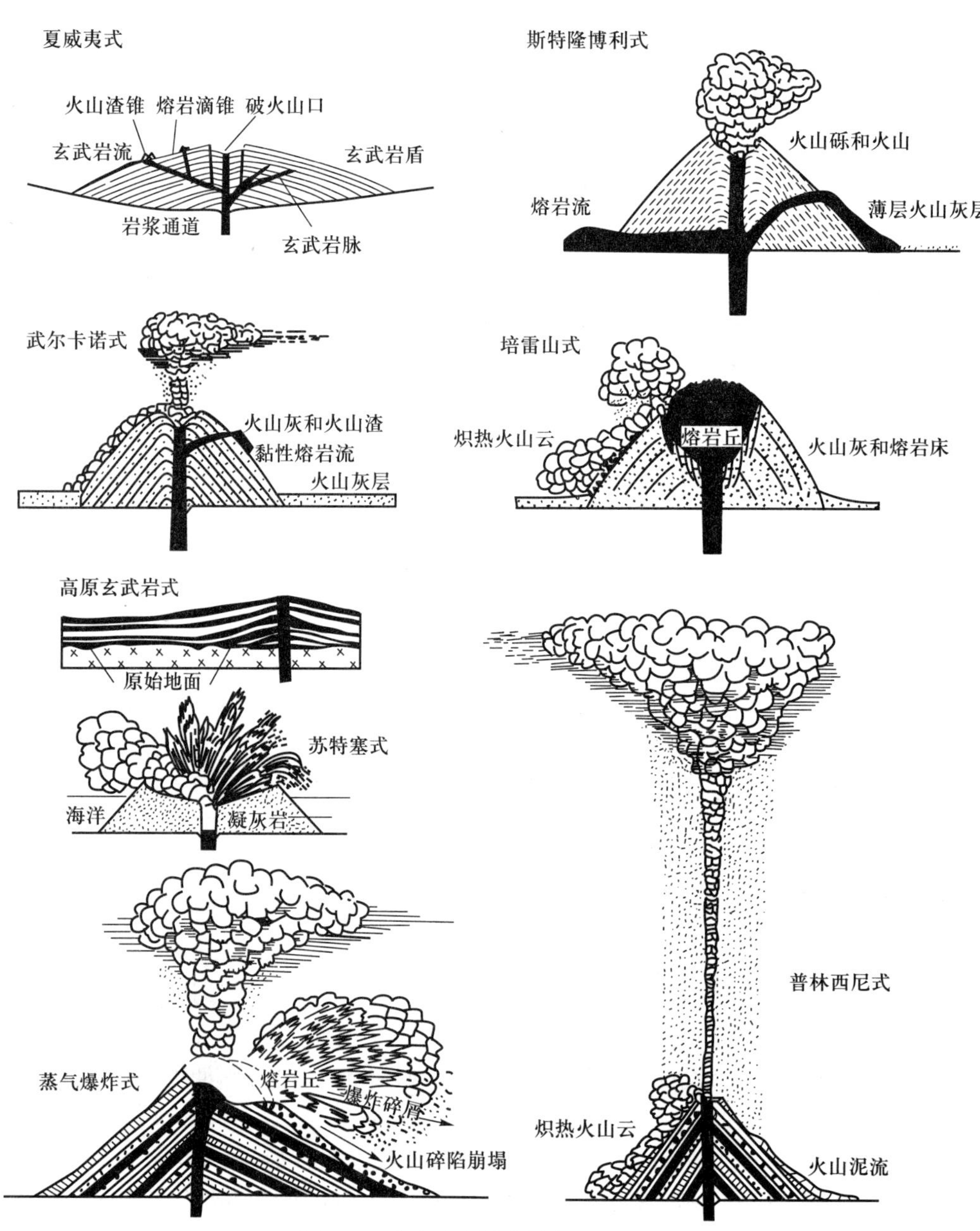

图 7-5　火山喷发样式图(Alwyn,1994)

中心式喷发和裂隙式喷发的明显区别是前者多为爆炸式火山，后者多为宁静式火山。爆炸式火山如 1980 年华盛顿州的圣海伦斯（Mount St.Helens）火山喷发、1982 年墨西哥的埃尔奇乔恩（El Chichon）火山喷发和 1991 年菲律宾的皮纳图博（Pinatubo）火山喷发，均造成严重的生命和财产损失。宁静式火山喷发比猛烈的爆炸式喷发相对安全，美国夏威夷群岛的火山喷发多为宁静式。

（二）火山喷发物

爆炸式火山喷发时，首先喷出黑色气体烟柱；然后喷出大量围岩碎块及熔岩物质，降落在周围地区；最后冒出灼热熔岩，沿山坡向下流动。火山喷发停止后，还会有残余气体喷出和温泉涌现。而宁静式火山很少喷出烟柱和固体碎屑，只溢出灼热的熔岩流。

1. 气体喷发物

气体喷发物中，水汽比例很大，约占 60%~90%；其他成分主要有 H_2S、SO_2、CO_2、HF、HCl、NaCl、NH_4Cl 等。它们可形成各种矿产而为人类所利用。

2. 液体喷发物

主要是熔岩流，基性熔岩流可形成熔岩条带、熔岩被或熔岩锥。熔岩条带呈狭长带状长度可达数十千米；熔岩被可达几平方千米到上万平方千米，如印度德干高原玄武岩熔岩被，面积达 $6\times10^4\ km^2$；熔岩锥呈短而厚的穹窿状。

3. 固体喷发物

由围岩碎块和熔岩块组成，总称火山碎屑物。主要有火山灰、火山渣和火山弹。

（三）火山的空间分布

火山活动主要与上地幔物质运动有关，同时也与地壳运动和地质构造有关。火山主要分布在地壳厚度薄、构造活动剧烈的地区。目前，全世界死火山约有 2000 余座，活火山 850 座。从总体看，它们的分布有一定的规律性。

全球火山分布与地震带分布基本一致（见图 7-3），主要的火山带有环太平洋火山带、地中海火山带、大西洋海底隆起火山带和东非大裂谷火山带。到目前为止，中国已发现的火山锥约 660 座，其中绝大部分是第四纪死火山，近代还活动的火山很少，中国近代火山主要分布于东北环蒙古高原区域、西南青藏高原区域和东部环太平洋西岸区域。

二、火山喷发对人类的影响

火山喷发对人类赖以生存的地球环境的影响可产生两种效应，即灾害效应和资源效应（表 7-5）。火山喷发灾害可分为直接灾害和间接灾害两种类型。任何一次火山喷发都可能产生多重灾害。火山喷发的直接灾害与喷发物质的性质密切相关。次生灾害中，火山泥流、大气影响（振动波和放电）、岩浆活动引起的地震和地面位移虽然比较普遍，但破坏程度较低。就人员伤亡而言，海啸和因喷发引起的饥荒与疾病对人类造成的灾难巨大（表 7-6）。

表 7-5 火山喷发的环境效应

灾害效应		资源效应
原生灾害效应	次生灾害效应	
火山地震灾害	气候效应	内生矿产资源
熔岩流灾害	火山喷发物滑坡	景观资源
火山碎屑流灾害	次生碎屑流、火山泥流	地热
水汽爆炸	洪水、海啸、淹没村庄	矿泉水
有毒气体逸散	酸雨、有毒气体危害人体健康	宝玉石
火山喷发物降落	大气冲击波、火灾	农田矿物质肥料
侧翼定向爆炸	饥荒与疾病	
地面运动	地面变形	

（一）火山喷发灾害

火山喷发活动的威力是巨大的，其破坏性也是严重的。火山活动的危害表现为两个方面，一是破坏人类的生存环境，二是直接造成人类生命财产的损失。

表 7-6 公元 1800 年以来部分死亡千人以上的火山喷发灾害

火山	国家	年份	死亡的直接原因			
			碎屑物喷发	泥流	海啸	饥荒
马尤恩	菲律宾	1814	1200			
坦博拉	印度尼西亚	1815	12000			80000
伽伦甘哥	印度尼西亚	1822	1500	4000		
马尤恩	菲律宾	1825		1500		
阿乌	印度尼西亚	1826		3000		
科托帕希	厄瓜多尔	1877		1000		
喀拉喀托	印度尼西亚	1883			36417	
阿乌	印度尼西亚	1856		3000		
阿乌	印度尼西亚	1892		1532		
苏弗里埃尔	圣文森特和格林纳丁斯	1902	1565			
培雷山	法国	1902	29000			

续表

火山	国家	年份	死亡的直接原因			
			碎屑物喷发	泥流	海啸	饥荒
圣玛丽亚	危地马拉	1902	6000			
塔尔	菲律宾	1911	1332			
克卢特	印度尼西亚	1919		5510		
默拉皮	印度尼西亚	1930	1300			
拉明顿	巴布亚新几内亚	1951	2942			
阿贡	印度尼西亚	1963	1900			
埃尔希琼	墨西哥	1982	2000			
鲁伊斯	哥伦比亚	1985		23000		

（Barbara 等，1997；Verstappen 等，1989）

1. 火山熔岩流灾害

大规模熔岩流是宁静式喷发火山的特征，熔岩流对人类的危害程度主要取决于熔岩流的规模、流速，火山口外壁斜坡坡度和熔岩流的黏滞性。熔岩流的规模越大、流速越快，火山斜坡坡度越陡，熔岩流流体的黏滞性越小，危害就越严重。1783 年冰岛的拉基（Laki）火山喷发，沿 24 km 长的裂隙带同时喷出无数的"熔岩喷泉"，时间长达 5 个多月。熔岩覆盖面积达 565 km^2，涌出的熔岩体积估计在 123×10^8 m^3 左右。这是有史以来最大的一次熔岩流。它掩埋了 14 个农庄，使另外 30 多个农庄遭到了重创。熔岩流摧毁了房屋和农作物，烧死了牲畜，覆盖了田野，并使占当时人口总数 22% 的人在随后的饥荒中死亡。1944 年 6 月墨西哥帕里库廷火山毁灭了帕里库廷村和圣胡安·德帕兰格里库提诺市，500 余人葬身于熔岩流，昔日繁华的城市只剩下教堂的尖顶尚未被熔岩流淹没。

2. 火山碎屑流灾害

火山喷发期间沿火山侧面斜坡快速向下运动的炽热高速的火山碎屑物质流称为火山碎屑流，这是火山喷发最具毁灭性的灾害形式之一。火山碎屑流能量大、流速快，可从火山口流到 100 km 外或更远的地方，流动速度可达 700 km/h 以上。在相当短的时间内，火山碎屑流可摧毁火山口周围方圆几千米甚至上百千米范围内的森林、村庄、桥梁及建筑物等，使火山口附近居民的生命财产安全受到严重威胁。20 世纪最具破坏性（按死亡人数算）的火山碎屑物流是 1902 年发生在法国马提尼克岛的加勒比岛培雷火山（Mount Pelee）喷发。在这次喷发中，热火山灰崩塌沿培雷火山侧面以约 160 km/h 的速度向下冲去，瞬间掩埋了圣皮埃尔市（St. Pierre），造成 29000 余人死亡。

3. 火山喷发物降落造成的灾害

大规模的火山喷发将火山碎屑（火山集块、火山角砾、火山弹）及火山灰抛向空中，当这些物质降落时就会掩埋、破坏地面建筑、森林及动植物，甚至危害人的生命。在 1902 年危地马拉的圣玛丽亚火山喷发中，降落的火山灰堆积厚度达到 200 mm，致使许多房屋屋顶塌落，从而造成 6000 多人丧生。然而，火山碎屑喷发造成的灾害大多数是由火山灰的大范围降落造成的。1991 年 6

月菲律宾皮纳图博火山爆发后，由于火山周围方圆 30 km 范围内的农田都被火山灰所覆盖，约 100 万人的生活受到了影响。

4. 火山地震灾害

火山喷发往往伴随着地震。喷发之前常常出现局部地震，它们可能是由岩浆房膨胀造成裂隙张开和滑动而引起的。美国的圣海伦斯火山（1980）和菲律宾的皮纳图博火山（1991）大喷发前夕，每天都记录到几百次小地震。公元 79 年维苏威火山喷发的地震前奏持续了 16 年。有时地震活动与喷发同时进行，有时喷发开始后地震就停止了。地震活动可能持续几天或几周，长者可能持续几个月甚至几年。强烈的火山地震可导致房屋倒塌，危及人们的生命安全。

5. 有毒气体逸散

许多火山通过喷气孔或间歇喷泉在不同程度上连续喷发气体。虽然水蒸气是火山喷发的主要气体，但火山气体中也含有其他气体，其中大多数可能对人类、动物或植物有害。1986 年 8 月 21 日晚 9 :30 左右，大量的气体从喀麦隆的尼奥斯火山口湖中冒出，并迅速向邻近的山谷蔓延。这股高密度的气体“烟流”厚度约为 50 m，运动速度达到 72 km/h。贴近地面的气体烟云向外扩展了 25 km，四个村庄笼罩在烟云之下，当地的居民首先感到疲乏、头晕、闷热和精神错乱，然后便失去了知觉。这次事件使约 1740 人窒息而亡，另有 8300 头左右的牲畜死亡，鸟类、昆虫和其他任何动物都未能幸免一死。

6. 火山喷发对气候的影响

火山喷发对全球气候变化起着重要的作用。气候效应主要是由于火山喷发期间火山灰和颗粒非常细的悬浮物质进入平流层而产生的。火山碎屑物和富硫气体通过阻挡太阳光的入射能量使太阳直接辐射显著减少，或使太阳光在空中的散射辐射增加，或者吸收太阳光和热辐射，从总体上造成太阳总辐射减少，使大气透明度显著降低，致使地表温度在火山喷发后的相当一段时间（一般 1~3 年）内明显降低。这就是人们通常所说的“阳伞效应”或“火山冬天”效应。如果火山喷出的气体以 CO_2 为主，其温室效应可能与火山灰尘粒的“阳伞效应”相互抵消，或者使火山喷发后的一段时间内地表温度升高。1991 年 6 月 2 日菲律宾的皮纳图博火山爆发后，体积约 8 km^3 多的细粒火山碎屑物质和富硫气体冲入 35 km 高的大气层，火山灰覆盖面积达数千平方千米，引起长达两年多的全球气温明显变冷。

7. 火山泥流

火山喷发时熔岩流的逸出和火山碎屑物质的积聚使火山山体斜坡荷载加重、坡度变陡而形成不稳定因素，最终可能导致火山斜坡物质发生块体运动而成为灾害性事件。雨水或山顶冰雪融水能够疏松堆积在陡峭火山斜坡上的火山碎屑，从而引发可怕的泥流。

火山泥流流速快、能量大、成分复杂，是一种破坏力极大的流体，可毁坏其所流经地区的农作物、森林、桥梁及建筑物等，给人类社会造成极大的破坏。1919 年发生在爪哇的凯鲁特（Kelut）火山喷发，在不到一个小时的时间内摧毁了 130 km^2 的农田，同时使大约 5500 人丧生。

8. 洪水

在山谷外的低洼地区外，火山灰的堆积可导致河流洪水泛滥，尤其是在易遭受热带飓风和季雨的国家。火山碎屑物阻碍了降水的入渗，从而使地表水径流量剧增，同时火山碎屑物填充河谷又使河流降低了泄洪能力。洪水伴随火山喷发或先于火山喷发进而引发泥流的现象很常见。山顶火山口湖的破裂也可能引起洪水。埋在永久冰盖下面的火山使融化的水在地下积聚，最终以冰爆形式喷出而形成洪水。

9. 海啸

强烈的水下喷发可能产生巨大的海浪，就是海啸。1883 年 8 月 27 日的夜晚，印度尼西亚的喀拉喀托（Krakatau）火山喷发引起一系列巨大的海浪，淹没了附近的海岸地带。当 6 km^3 的岩浆喷出时，直径约 8 km 的破火山口发生坍塌并滑入水下 200 多米深处，由此而引发了至少三次大海啸和一系列较小的海啸，波浪高出正常海面 40 多米。重达十几吨的蒸汽轮船被海浪带到距离岸边 2.5 km、高出海平面 24 m 的内陆；船上水手有 28 人被淹死。这次火山灾害造成 36417 人死亡，其中绝大多数是被淹死的，沿岸 165 个村庄被毁。

10. 饥荒和疾病

火山喷发物降落地面后常常掩盖农田、摧毁庄稼并进而引起饥荒。1815 年坦博拉火山的大规模喷发不仅使 12000 多人当场死亡，降落的火山灰还毁坏了印度尼西亚大片的农田，造成另外 80000 多人死于火山喷发后的饥荒和疾病。

（二）火山喷发的益处

同大多数地质灾害不同的是，火山喷发还为人类提供了一定的可以开发利用的资源。火山活动在对人类造成种种危害的同时，也给地球环境和人类带来许多好处。从地球演化的角度看，各个地史时期火山活动所产生的效益远远超过它所造成的灾害。

第一，火山喷发活动产生了地球大气圈和水圈。现代大气圈和水圈是地球构造的最外部两个圈层。它们的形成要归功于地史时期的火山喷发活动。

第二，火山物质是地壳的基本组成成分，沉积岩和变质岩都是由岩浆岩经过内外力地质作用演变而来的。火山喷发后沉降下来的火山灰是有效的天然肥料，特别是当它们富含钾、磷和其他基本元素时更是这样。

第三，金矿、银矿、铜矿等内生矿产均与火山活动有关，许多重要的宝玉石资源基本上都与火山作用有着直接或间接的联系，如与火山期后热液作用有关的欧泊、紫晶、玛瑙、鸡血石、寿山石等。天然硫矿床、石棉、硅藻土等非金属矿床也是火山活动的产物，火山灰、浮岩等是很好的建筑材料，玄武质熔岩是用途广泛的石材。

第四，火山活动为人类提供了大量的地热资源，意大利能源需求的三分之一、新西兰能源需求的 10% 都是由地热资源提供的，冰岛雷克雅未克居民的热水供应，几乎都是由地下热水提供的。火山活动强烈地区通常也是温泉和矿泉密集分布的地区，中国的长白山、五大连池、内蒙古阿尔山、云南腾冲及台湾等地都是温泉集中地，五大连池药泉山一带矿泉水储量大、饮用和医疗价值很高。

第五，火山地貌常常可以形成重要的风景资源。许多国家公园都是以火山为中心的，如埃特纳、富士山等。中国的五大连池、天池、腾冲等地也是风景美丽、引人入胜的旅游地。

三、火山活动的监测与预报

（一）火山活动监测

火山活动常伴随着地下热过程、区域应力场变化和火山物质的迁移等，火山喷发之前必然在火山地区出现各种环境异常变化。火山喷发前可能观察到的各种物理和化学异常现象如图 7-6 所示。但是,并非所有这些现象在每一次火山喷发前都表现出来。

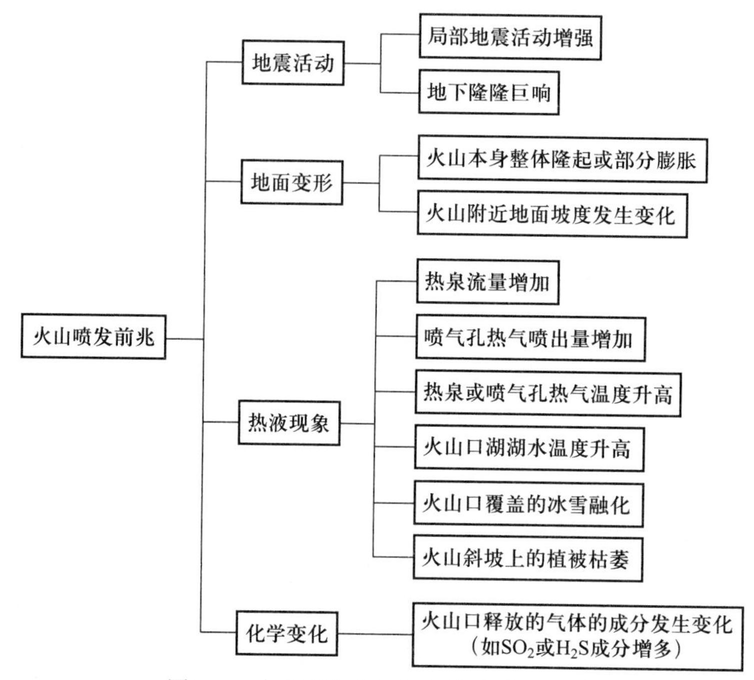

图 7-6 火山喷发前兆现象(潘懋等,2012)

系统的火山监测工作始于 20 世纪初,1912 年夏威夷火山观测台(VHO)在基拉韦厄破火山口北缘建立。目前,美国、日本、意大利、法国、英国等火山活动多的国家都建立了较为系统的火山监测站。

目前,在火山的地球物理和地球化学监测中,地震和地形变是最广泛使用的常规监测方法。地磁、地电、重力、遥感和热辐射等方法经常用于火山活动监测。多种手段的综合监测和系统分析对于预测火山喷发具有重要的意义。

(二)火山喷发预报

预报火山喷发,首先要辨别活火山、休眠火山和死火山,研究火山的活动历史,确定火山历史上的喷发样式。其次,要确定火山喷发的周期。最后,则是根据火山活动的监测结果对火山喷发的时间、规模和喷发样式进行预测、预报。

火山喷发预报的许多判别因素在火山监测过程中就已经被确定下来了。监测对预报有两方面的好处:一是使科学家们能够得知岩浆在火山"管道"中的分布和运动;二是能够及时探测前兆并确认异常现象。把多种物理的和化学的异常现象综合到一起就可能形成比较全面而清晰的指示标志来预报即将发生的喷发事件。

第四节　斜坡变形破坏地质灾害

斜坡包括天然斜坡和人工开挖而形成的边坡，其特点是具有一定的坡度和高度。在重力作用下，斜坡总是不断地降低其高度，并使其坡度变缓。有斜坡的地方便存在斜坡岩土体的运动，就可能造成灾害。斜坡变形破坏地质灾害是内、外动力地质作用下斜坡岩土体处于不稳定状态或失稳的一种现象。筑路、修建水库、露天采矿、开垦斜坡等人类活动是触发或加速斜坡岩土体运动的重要因素。

斜坡岩土体变形破坏的形式是多样的。变形的基本形式主要有拉裂松动和蠕动，破坏的基本形式有崩塌、滑坡和流动。

一、崩塌

（一）崩塌的特征

斜坡岩土体中被陡倾的张性破裂面分割的块体突然脱离母体并以垂直运动为主，翻滚跳跃而下并在坡脚堆积，这种现象和过程称为崩塌。崩塌表现为岩块（或土体）顺坡猛烈地翻滚、跳跃，并相互撞击，最后堆积于坡脚，形成倒石堆。其主要特征为：下落速度快、发生突然；崩塌体脱离母岩而运动；下落过程中崩塌体自身的整体性遭到破坏；崩塌物的垂直位移大于水平位移。具有崩塌前兆的不稳定岩土体称为危岩体。

根据崩塌物质的不同，可分为土崩和岩崩；按其规模大小不同，又可分山崩和坠落石；如这种现象发生在海湖、河岸边者则称为岸崩。

（二）崩塌的形成条件

崩塌是在特定自然条件下形成的。地形地貌、地层岩性和地质构造是崩塌的物质基础，降雨和地下水作用、振动力、风化作用和人类活动对崩塌的形成和发展起着重要的作用。

1. 地形地貌

从区域地貌条件看，崩塌形成于山地、高原地区；从局部地形看，崩塌多发生在高陡斜坡处，如峡谷陡坡、冲沟岸坡、深切河谷的凹岸等地带。崩塌的形成要有适宜的斜坡坡度、高度和形态，以及有利于岩土体崩落的临空面。崩塌多发生于坡度陡、高度大、坡面凹凸不平的陡峻斜坡上。

2. 地层岩性与岩体结构

岩性对岩质边坡的崩塌具有明显控制作用。块状、厚层状的坚硬脆性岩石常形成较陡峻的边坡，若构造节理发育且存在临空面，则极易形成崩塌。若软岩在下、硬岩在上，下部软岩风化剥蚀后，上部坚硬岩体常发生大规模的倾倒式崩塌；若软弱结构面的倾向与坡向相同，极易发生大规模的崩塌。

土质边坡主要表现为坍塌，包括溜塌、滑塌和堆塌。按土质类型，稳定性从好到差的顺序为

碎石土 > 黏砂土 > 砂黏土 > 结构面发育土；按土的密实程度，稳定性由大到小的顺序为密实土 > 中密土 > 松散土。

3. 地质构造

断裂和褶皱构造对崩塌具有明显的控制作用，与区域性断裂平行的陡峭斜坡、几组断裂线交汇的峡谷区、断层密集分布的陡坡地带、岩层变形强烈的褶皱核部均可产生规模较大的崩塌。在褶皱两翼，当岩层倾向与坡向相同时，易产生滑移式崩塌；特别是当岩层构造节理发育且有软弱夹层存在时，可能形成大型滑移式崩塌。

4. 地下水

地下水对崩塌的影响表现为：充满裂隙的地下水及其流动对潜在崩塌体产生静水压力和动水压力；裂隙充填物在水的浸泡下抗剪强度大大降低；充满裂隙的地下水对潜在崩落体产生向上的浮托力；地下水还降低了潜在崩塌体与稳定岩体之间的摩擦力。

5. 地振动

地震、人工爆破和列车行进时产生的振动可能诱发崩塌。地震时，地壳的强烈震动可使边坡岩体中各种结构面的强度降低，甚至改变整个边坡的稳定性，从而导致崩塌的产生。

6. 人类活动

修建铁路或公路、采石、露天开矿等人类大型工程活动常使自然边坡的坡度变陡，从而诱发崩塌。当勘测设计不合理或施工措施不当时更易产生崩塌。施工中采用大爆破的方法使边坡岩体受到震动而发生崩塌的事例屡见不鲜。

（三）崩塌的类型及其形成机制

崩塌是岩体长期蠕变并最终发生破坏的结果。崩塌体的大小、物质组成、结构构造、活动方式、运动途径、堆积情况、破坏能量等虽然千差万别，但崩塌的产生都是按照一定的模式孕育和发展的。按崩塌发生时受力状况和力学机制的不同，可将其分为倾倒式崩塌、滑移式崩塌、鼓胀式崩塌、拉裂式崩塌和错断式崩塌五种。不同类型的崩塌在岩性、结构面特征、地貌、崩塌体形状、岩体受力状态、起始运动形式和主要影响因素等方面都有各自的特点（表 7-7）。在一定条件下，可能出现一些过渡类型，如鼓胀—滑移式崩塌、鼓胀—倾倒式崩塌等。

表 7-7　崩塌的类型及其主要特征

类型	岩性	结构面	地貌形态	崩塌体形状	力学机制	失稳因素
滑移式崩塌	多为软硬相间的岩层	有倾向临空面的结构面	陡坡，通常大于 45°	板状、楔形、圆柱状及其组合形状	滑移	重力、水压力、地震力
倾倒式崩塌	黄土、灰岩等直立岩层	垂直节理、柱状节理、直立岩层面	峡谷、直立岸坡、悬崖等	板状、长柱状	倾倒	水压力、地震力、重力
坠落式崩塌	多见于软硬相间的岩层	多为风化裂隙和重力拉张裂隙	上部突出的悬崖	上部硬岩层以悬臂梁形式突出来	拉裂	重力

续表

类型	岩性	结构面	地貌形态	崩塌体形状	力学机制	失稳因素
鼓胀式崩塌	直立黄土、黏土或坚硬岩石下有厚层软岩	上部垂直节理、柱状节理，下部为近水平的结构面	陡坡	岩体高大	鼓胀	重力、水的软化
错断式崩塌	坚硬岩石、黄土	垂直裂隙发育，无倾向临空面的结构面	大于45°的陡坡	多为板状、长柱状	错断	重力

（蒋爵光，1991）

1. 滑移式崩塌

临近斜坡的岩体内存在软弱结构面时，若其倾向与坡向相同，则软弱结构面上覆的岩体在重力作用下具有向临空面滑移的趋势（图 7-7a）。一旦不稳定，岩体的重心滑出陡坡，就会产生崩塌。地下水静、动水压力及其对软弱面的润湿作用和地震是岩体发生滑移崩塌的主要诱因。

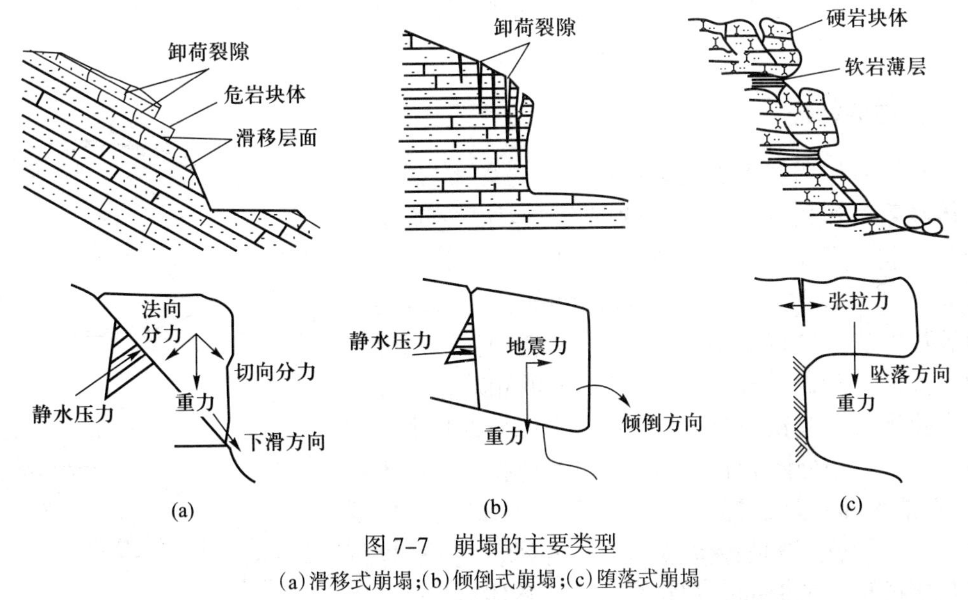

图 7-7　崩塌的主要类型

（a）滑移式崩塌；（b）倾倒式崩塌；（c）堕落式崩塌

2. 倾倒式崩塌

垂直节理或裂隙发育的岩石陡坡横向稳定性较差。如果坡脚遭受不断的冲刷掏蚀，在重力作用下或有较大水平力作用时，岩体因重心外移倾倒产生突然崩塌。其特点是崩塌体失稳时，以坡脚的某一点为支点发生倾倒（图 7-7b）。

3. 坠落式崩塌

当陡坡由软硬相间的岩层组成时，由于风化作用或河流的冲刷掏蚀作用，上部坚硬岩层在断面上常常突悬出来，当拉应力超过岩石的抗拉强度时，拉张裂缝就会迅速发展，最终导致突出的岩体突然崩落。重力、震动力、风化作用（特别是寒冷地区的冰劈作用）等都会促进拉裂崩塌的发生（图 7–7c）。

4. 鼓胀式崩塌

边坡附近若存在垂直节理发育的软弱岩层，当降雨或地下水使下部岩层软化时，上部岩体重力产生的压应力超过软岩的抗压强度后即被挤出，发生向外鼓胀，一旦重心移出坡外即产生崩塌。

5. 错断式崩塌

陡坡上长柱状或板状的不稳定岩体，当处于无倾向坡外的不连续面和软弱岩层时，一般不会发生滑移崩塌和鼓胀崩塌。但是，在某些因素作用下，可能使长柱或板状不稳定岩体的下部被剪断，从而发生错断崩塌。地壳上升、流水下切作用加强、临空面高差加大等都会导致长柱状或板状岩体在坡脚处产生较大的自重剪应力，从而发生错断崩塌。人工开挖的边坡过高过陡也会使下部岩体被剪断而产生崩塌。

二、滑坡

在斜坡变形破坏地质灾害中，滑坡分布最广、发生频率最高、危害最大，是山区主要的地质灾害。

（一）滑坡的特征

在自然地质作用和人类活动等因素的影响下，斜坡上的岩土体在重力作用下沿一定的软弱面“整体”或局部保持岩土体结构完整而向下滑动的过程和现象及其形成的地貌形态，称为滑坡（图 7–8）。滑坡的特征首先表现为发生变形破坏的岩土体以水平位移为主，除滑动体边缘存在较少的崩离碎块和翻转外，滑体上各部分的相对位置在滑动前后变化不大。其次，滑动体始终沿着一个或几个软弱面（带）滑动，岩土体中各种成因的结构面均有可能成为滑动面，如古地形面、岩层层面、不整合面、断层面、贯通的节理裂隙面等。再次，滑坡滑动过程可以在瞬间完成，也可能持续几年或更长的时间。规模较大的“整体”滑动一般为缓慢、长期或间歇的滑动。最后，在较平缓的斜坡中仍可发生滑坡。

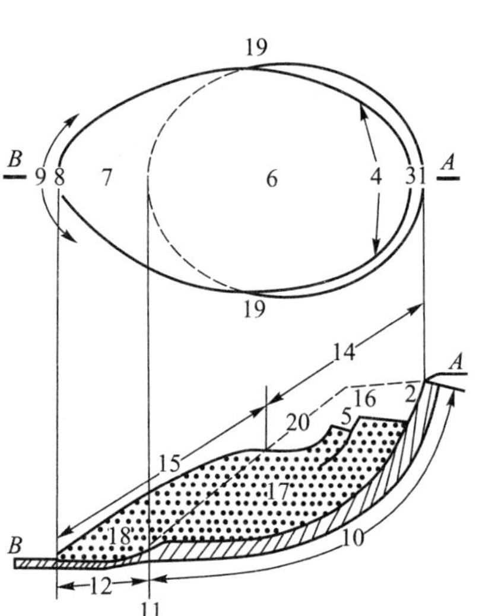

1. 滑坡顶部；2. 滑坡后壁；3. 滑坡后缘最高点；4. 滑坡后缘；5. 次级滑坡壁；6、17. 滑坡主体；7. 滑坡前缘；8. 滑坡体最远点；9. 滑坡前缘边界；10. 滑面；11. 剪出口；12. 滑坡覆盖段；13. 滑动体；14. 消减带；15、18. 增厚带；16. 消减体积；19. 滑坡体最宽点；20. 原斜坡地形面

图 7–8 滑坡要素示意图

（二）滑坡的形成条件

在各种自然因素和人为因素的影响下，斜坡一直处于不断的发展和变化之中。滑坡的形成条件主要有地形地貌、地层岩性、地质构造、水文地质条件和人为活动等因素。

1. 地形地貌

斜坡的高度、坡度、形态和成因与斜坡的稳定性有着密切的关系。高陡斜坡比低缓斜坡更容易失稳而发生滑坡。斜坡坡度大于 10°、小于 45°、下陡中缓上陡、上部形成环状坡形的地段是产生滑坡的有利地形。山地的缓坡地段,由于地表水流动缓慢,易于渗入地下,因而有利于滑坡的形成和发展。山区河流的凹岸易被流水冲刷和掏蚀,黄土地区高阶地前缘斜坡坡脚易被地表水和地下水浸润,前缘开阔的山坡,铁路、公路和矿山等工程的边坡等部位,极易发生滑坡。

2. 岩土体类型及性质

斜坡岩土体的性质是决定斜坡抗滑力的根本因素。虽然不同地质时代、不同岩性的地层中都可能形成滑坡,但滑坡产生的数量和规模与岩性有密切关系。坚硬完整的岩石能够形成很陡的高边坡而不失稳,而软弱岩石或土只能形成低缓的斜坡。沉积岩层中的软弱岩层,易构成滑动面(带),产生滑坡。岩浆岩组成的斜坡稳定性较好,但若原生节理发育,也常有崩塌发生。变质岩的斜坡稳定性一般比沉积岩更好,片岩类依其矿物成分不同,工程地质性质有着极大差异。石英片岩、角闪片岩的强度很高,能维持较高的陡坡;而由千枚岩、片岩组成的斜坡,滑坡十分发育。

3. 地质结构

斜坡中的各种结构面对斜坡稳定性有着重要影响,特别是软弱结构面与斜坡临空的关系,对斜坡稳定起着很大作用。

若软弱结构面走向与斜坡面走向近于平行且倾向一致,则当结构面倾角小于坡角时,斜坡稳定性最差,极易发生顺层滑坡;当倾角大于坡角时,斜坡稳定性较好。若软弱结构面倾向与斜坡倾向相反,即岩层面倾向坡内,斜坡较稳定;若软弱结构面走向与坡面走向成斜交关系,则交角越小稳定性越差;软弱结构面走向与坡面走向近于垂直时,斜坡稳定性好,很少发生大规模的滑坡。

4. 水文地质条件

地下水对滑坡的形成起着重要作用。如果山坡上方或侧方有丰富的地下水补给,则斜坡内的软弱结构面就可能成为滑动面而发生滑坡。地下水在滑坡的形成和发展过程中所起的作用表现为:地下水进入滑坡体增加了滑体的重量,滑带土在水的浸润下抗剪强度降低;地下水位上升产生的静水压力对上覆岩层产生浮托力,降低了有效正应力和摩擦阻力;地下水与周围岩体长期作用改变岩土的性质和强度,从而引发滑坡;地下水运动产生的动水压力对滑坡的形成和发展起促进作用。

5. 诱发因素

斜坡在具有上述某条或几条地质条件情况下,许多外力因素均可诱发滑坡。降水是诱发滑坡最重要因素之一,特别是大雨、暴雨和长时间的连续降雨、融雪,沿节理、裂缝和破碎带渗入斜坡土石体内,到达植被根系底界面时易形成浅表层滑坡,渗透性相对较差的基岩与相对透水的覆盖层之间界面,往往成为滑坡滑面而形成滑坡(图 7–9)。

地震引起坡体晃动,破坏坡体平衡,易诱发滑坡,许多大型滑坡的发生与地震密切相关。河流等地表水体不断地冲刷坡脚或浸泡坡脚,削弱坡体支撑或软化岩、土,降低坡体强度,也可能诱发滑坡、崩塌。此外,不合理的人类活动,如开挖坡脚、地下采空、水库蓄水、泄水等改变坡体原始平衡状态的人类活动,都可能诱发滑坡、崩塌。常见的可能诱发滑坡、崩塌的人类活动有采掘矿产资源、道路工程开挖边坡、水库蓄水与渠道渗漏、堆(弃)渣填土、强烈的机械振动等。

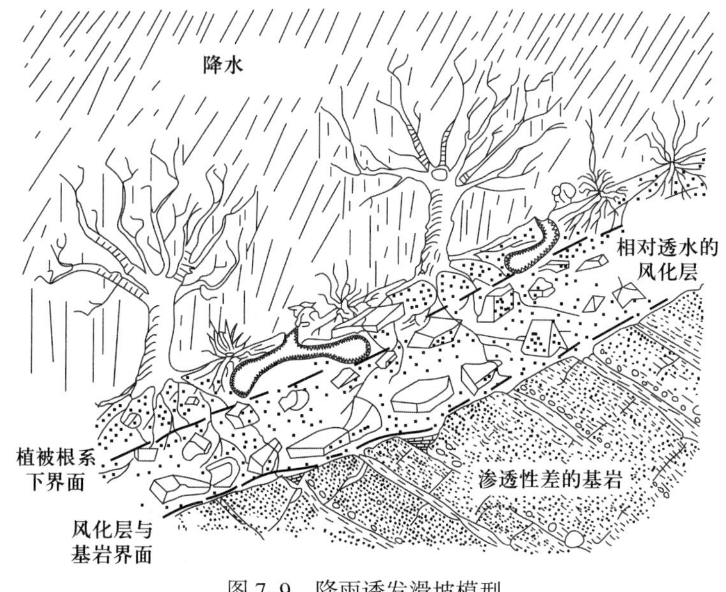

图 7-9 降雨诱发滑坡模型

(三) 滑坡的类型

滑坡形成于不同的地质环境,并表现为各种不同的形式和特征。合理的滑坡分类对于认识和防治滑坡是必要的。目前,人们从不同的观点和应用目的出发提出了多种分类方案(表 7-8),但尚未形成统一的认识。

表 7-8 滑坡的类型及其主要特征

分类指标	滑坡类型		特征描述
	类	亚类	
滑坡体组成物质	土质滑坡	堆积体滑坡	由前期滑坡、崩塌等形成的块碎石堆积体,沿下伏基岩或体内滑动
		黄土滑坡	由黄土构成,大多发生在黄土体中,或沿下伏基岩面滑动
		黏土滑坡	由具有特殊性质的黏土构成。如昔格达组、成都黏土等
		残坡积层滑坡	由基岩风化壳、残坡积土等构成,通常为浅表层滑动
		人工填土滑坡	由人工开挖堆填弃渣构成,次生滑坡
	岩质滑坡	近水平层滑坡	由基岩构成,沿缓倾岩层或裂隙滑动,滑动面倾角 ≤ 10°
		顺层滑坡	由基岩构成,沿顺坡岩层滑动
		切层滑坡	由基岩构成,常沿倾向山外的软弱面滑动。滑动面与岩层层面相切,且滑动面倾角大于岩层倾角

续表

分类指标	滑坡类型		特征描述
	类	亚类	
滑坡体组成物质	岩质滑坡	逆层滑坡	由基岩构成，沿倾向坡外的软弱面滑动，岩层倾向山内，滑动面与岩层层面相反
		楔体滑坡	在花岗岩、厚层灰岩等整体结构岩体中，沿多组弱面切割成的楔形体滑动
滑坡体厚度	浅层滑坡		滑坡体厚度在 10 m 以内
	中层滑坡		滑坡体厚度在 10 m~25 m
	深层滑坡		滑坡体厚度在 26 m~50 m
	超深层滑坡		滑坡体厚度超过 50 m
运动形式	推移式滑坡		上部岩层滑动，挤压下部产生变形，滑动速度较快，滑体表面波状起伏，多见于有堆积物分布的斜坡地段
	牵引式滑坡		下部先滑，使上部失去支撑而变形滑动。一般速度较慢，多具上小下大的塔式外貌，横向张性裂隙发育，表面多呈阶梯状或陡坎状
	混合式滑坡		属于牵引式滑坡和推动式滑坡的混合形式
发生原因	工程滑坡		由于工程施工或加载等人类工程活动引起滑坡
	自然滑坡		由于自然地质作用产生的滑坡。按发生时代可分为古滑坡、老滑坡、新滑坡
现今稳定程度	活动滑坡		发生后仍继续活动的滑坡。后壁及两侧有新鲜擦痕，滑体内有开裂、鼓起或前缘有挤出等变形迹象
	不活动滑坡		发生后已停止发展，一般情况下不可能重新活动，坡体上植被较盛，常有老建筑
发生年代	新滑坡		现今正在发生滑动的滑坡
	老滑坡		全新世以来发生滑动，现今整体稳定的滑坡
	古滑坡		全新世以前发生滑动的滑坡，现今整体稳定的滑坡
滑体体积	小型滑坡		$<10\times10^4\ m^3$
	中型滑坡		$10\times10^4\ m^3$~$100\times10^4\ m^3$
	大型滑坡		$100\times10^4\ m^3$~$1000\times10^4\ m^3$
	特大型滑坡		$1000\times10^4\ m^3$~$10000\times10^4\ m^3$
	巨型滑坡		$>10000\times10^4\ m^3$

（四）滑坡与崩塌的关系

滑坡和崩塌产生于相似的地质构造和地层条件下，具有大致相同的触发因素。在长期频繁发生崩塌的地点，累积大量的崩塌堆积体，构成滑坡体的物质基础，在一定条件下可发生滑坡。

有时崩塌在运动过程中直接转化为滑坡,有时岩土体的重力运动形式介于崩塌运动和滑坡运动之间,令人无法区别此运动是崩塌还是滑坡,因此称为滑坡式崩塌,或崩塌型滑坡。崩塌体击落在老滑坡体或松散不稳定堆积体上部,在崩塌的重力冲击下,可使老滑坡复活;滑坡向下滑动过程中突遇地形变陡,滑坡体就会由滑动转化为坠落(崩塌);有时滑坡发生后,其后缘的高陡岩壁会因断裂而发生崩塌。

但崩塌与滑坡又有明显的区别。首先,与母体关系不同,崩塌体完全脱离母体(山体),而滑坡体则有部分滑体残留在滑床上;其次,崩塌体和滑坡体位移量不同,崩塌体的垂直位移量远大于水平位移量,而滑坡体的水平位移量大于垂直位移量,同时崩塌位移的速度比滑坡快;再次,崩塌与滑坡堆积物的形态各异,崩塌堆积物呈锥形体,结构零乱,毫无层序,而滑坡堆积物整体性较好,有一定层序和结构特征;最后,崩塌堆积物表面基本无裂缝,而滑坡体表面分布许多具一定规律性的纵横裂缝,如滑坡体上部的弧形裂缝,中部两侧的剪切裂缝,前部的横张裂缝,滑坡舌部位的扇形张裂缝等。

(五) 中国崩塌、滑坡灾害的分布状况

崩塌、滑坡的分布受地质构造、气候等因素的控制。中国大致有 5 个不同的斜坡岩土体变形破坏多发区。

(1) 西南地区:包括四川、西藏、云南、贵州四省区。该区为高山、高原、盆地分布区。山陡、谷深,地质构造复杂,断裂发育,新构造运动强烈,降雨较多,所以,崩塌、滑坡分布广泛,类型多样,频率高、规模大、危害严重,甚至成为经济发展的制约因素。

(2) 秦岭 – 大巴山地区:该区主要分布高山、中山和盆地,地质构造和岩性错综复杂,沟谷纵横,降水较充沛,是崩塌、滑坡灾害的频发区。区内的宝成铁路沿线经常发生崩塌和滑坡,给交通运输造成严重的危害。

(3) 西北黄土高原区:包括山西、陕西、宁夏、甘肃等省区。其特点是土层深厚松散、气候干燥、植被稀少,水土流失严重。黄土崩塌、滑坡广泛分布,但规模较小,频率较低。

(4) 东南、中南等省区:主要为中低山和丘陵区,地质构造和岩性较复杂,沟谷较浅,风化侵蚀强烈,降雨丰沛,人口密度大,崩塌、滑坡频繁发生,但规模较小,而且多数崩塌与滑坡是由人类的工程 – 经济活动诱发生成的。

(5) 青海、西藏与黑龙江北部的冻土地带:主要发育冻融堆积层崩塌和滑坡,规模较小,频率也较低。

三、泥石流

(一) 泥石流的特征

泥石流是山区特有的一种突发性的地质灾害现象。它常发生于山区小流域,是一种饱含大量泥沙石块和巨砾的固液两相流体,呈黏性层流或稀性紊流等运动状态,泥石流流体容重一般在 1.2~2.3 t/m^3。泥石流爆发过程中,有时山谷雷鸣、地面震动,有时浓烟腾空、巨石翻滚,混浊的泥石流沿着陡峻的山涧峡谷冲出山外,堆积在山口。泥石流含有大量泥沙块石,具有发生突然、来

势凶猛、历时短暂、大范围冲淤、破坏力极强的特点，常给人民生命财产造成巨大损失。

泥石流具有如下三个基本特征，并以此与挟沙水流和滑坡相区分。① 泥石流具有土体的结构性，即具有一定的抗剪强度（τ_0），而挟沙水流的抗剪强度等于零或接近于零；② 泥石流具有水体的流动性，即泥石流与沟床面之间没有截然的破裂面，只有泥浆润滑面，从润滑面向上有一层流速逐渐增加的梯度层，而滑坡体与滑床之间有一破裂面，流速梯度等于零或趋近于零；③ 泥石流一般发生在山地沟谷区，具有较大的流动坡降。

（二）泥石流的形成条件

泥石流的形成条件概括起来主要表现为三个方面，即大量失稳的松散固体物质、充足的水源条件和特定的地貌条件。

1. 物源条件

泥石流形成的物源条件系指物源区土石体的分布、类型、结构、性状、储备方量和补给的方式、距离、速度等。而土石体的来源又决定于地层岩性、地质构造和气候条件等因素。

从岩性看，第四系各种成因的松散堆积物最容易受到侵蚀、冲刷。因而山坡上的残坡积物、沟床内的冲洪积物，以及崩塌、滑坡所形成的堆积物等都是泥石流固体物质的主要来源。厚层的冰碛物和冰水堆积物则是冰川型、融雪型泥石流的固体物质来源。

泥石流强烈发育的山区，都是地质构造复杂、岩石风化破碎、新构造运动活跃、地震频发、崩滑灾害多发的地段。这样的地段，既为泥石流准备了丰富的固体物质来源；又因地形高耸陡峻，高差对比大，为泥石流活动提供了强大的动能优势。节理裂隙发育的岩石及板岩、千枚岩、片麻岩等变质岩属于易风化岩石，其风化物质为泥石流提供了丰富的松散固体物质来源。

2. 水源条件

水不仅是泥石流的组成部分，也是松散固体物质的搬运介质，地表径流是爆发泥石流的动力条件。形成泥石流的水源主要有大气降水、冰雪融水、水库溃决水、地下水等，由此可将泥石流分为暴雨型、冰雪融化型和水体溃决型等类型。暴雨型泥石流是中国最主要的泥石流类型。

3. 地形地貌条件

地形地貌对泥石流的发生、发展主要有两个方面的作用，一是通过沟床地势条件为泥石流提供位能，赋予泥石流一定的侵蚀、搬运和堆积的能量；二是在坡地或沟槽的一定演变阶段内，提供足够数量的水体和土石体。沟谷的流域面积、沟床平均比降、流域内山坡平均坡度、植被覆盖情况等都对泥石流的形成和发展起着重要的作用。

泥石流地貌一般可划分为形成区（包括汇水动力区和固体物质补给区）、流通区和堆积区三部分（图 7-10）。泥石流形成区位于流域的上游沟谷斜坡段，山坡坡度 30°~60°，地形呈树冠状或羽毛状沟谷，有利于地表径流和固体物质的聚集。泥石流流通区一般位于泥石流沟谷的中下游，沟槽地形较为顺直、稳定，沟槽坡度较大，多峡谷地形。泥石流堆积区是泥石流固体物质停积的场所，位于冲沟的下游或沟口处，堆积体多呈扇形、锥形或带形。

除上述三种主要因素外，地震、火山喷发和人类活动都有可能成为泥石流发生的触发因素，而引发破坏性极强的泥石流灾害。人类活动导致地质和生态环境的破坏，往往诱发泥石流或加重其危害程度。山区滥伐森林，不合理开垦土地，破坏植被和生态平衡，造成水土流失，并产生大面积山体崩塌和滑坡，为泥石流提供了固体物质来源。

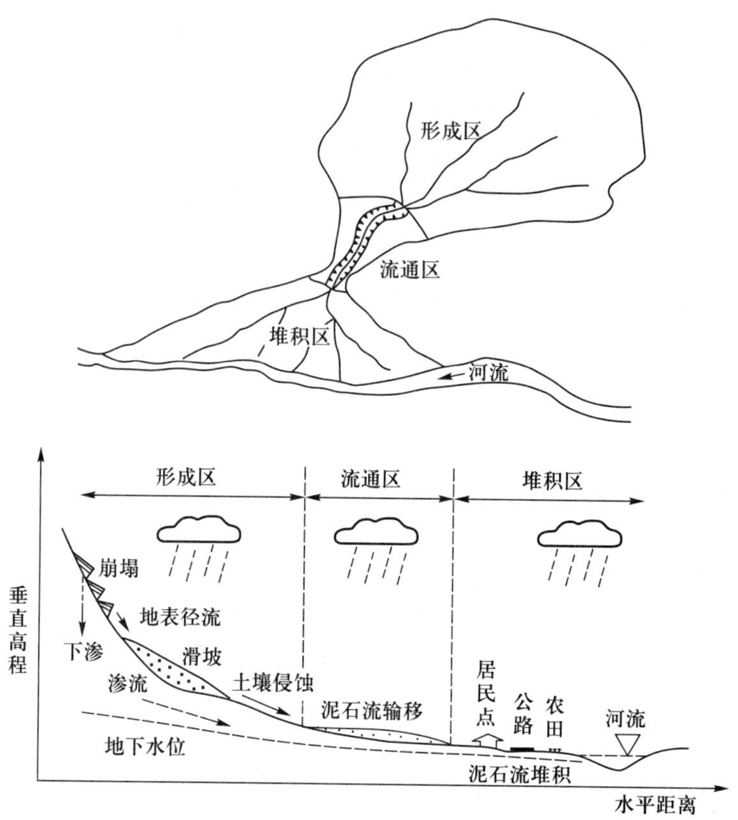

图 7-10　泥石流地貌分区

（三）泥石流的类型

泥石流的分类方法很多，依据主要是泥石流的形成环境、流域特征和流体性质等。各种分类都从不同的侧面反映了泥石流的某些特征（表 7-9）。尽管分类原则、指标和命名等各不相同，但每一个分类方案均具有一定的科学性和实用性。

（四）泥石流的运动特征与机理

1. 泥石流的运动学特征

从运动角度来看，泥石流是水和泥沙、石块组成的特殊流体，属于一种块体滑动与携沙水流运动之间的颗粒剪切流。细颗粒物质少的稀性泥石流，流体重度低、黏度小、浮托力弱，石块呈翻滚、跃移状运动。含细颗粒多的黏性泥石流，流体重度高、黏度大、浮托力强，颗粒间黏聚力大，整体性强，惯性作用大，各种大小颗粒均处于悬浮状态，石块呈悬浮状态或滚动状态运动。泥石流流路集中，停积时堆积物无分选性，并保持流动时的整体结构特征。与洪水相比，泥石流具有强烈的直进性和冲击力。泥石流黏稠度越大，运动惯性也越大，直进性就越强；颗粒越粗大，冲击力就越强。泥石流在急转弯的沟岸或遇到阻碍物时，常出现冲击爬高现象，越过沟岸摧毁障碍物。

2. 泥石流的运动机理

泥石流的运动机理主要取决于其物质组成。黏粒的性质与含量决定着泥浆的结构、浓度、强度、黏性和运动状态。按黏粒含量变化，将泥石流运动模式划分为塑性蠕动流、黏性阵流、阵性连续流和稀性连续流，它们的运动机理各不相同。

表 7-9 泥石流的分类及其特征

分类指标	类型	特征描述
水源类型	暴雨型泥石流	由暴雨因素激发形成的泥石流
	溃决型泥石流	由水库、湖泊等溃决因素激发形成的泥石流
	冰雪融水型泥石流	由冰、雪消融水流激发形成的泥石流
	泉水型泥石流	由泉水因素激发形成的泥石流
流域形态	沟谷型泥石流	流域呈扇形或狭长条形，沟谷地形，沟长坡缓，规模大，一般能划分出泥石流的形成区、流通区和堆积区
	坡面型泥石流	流域呈斗状，无明显流通区，形成区与堆积区直接相连，沟短坡陡，规模小
物质组成	泥流	由细粒径土组成，偶夹砂砾，黏度大，颗粒均匀
	泥石流	由土、砂、石混杂组成，颗粒差异较大
	水石流	由砂、石组成，粒径大，堆积物分选性强
固体物质提供方式	滑坡泥石流	固体物质主要由滑坡堆积物组成
	崩塌泥石流	固体物质主要由崩塌堆积物组成
	沟床侵蚀泥石流	固体物质主要由沟床堆积物侵蚀提供
	坡面侵蚀泥石流	固体物质主要由坡面或冲沟侵蚀提供
流体性质	黏性泥石流	层流，有阵流，突发性强，持续时间短，破坏力强；水不是搬运介质，而是其组成部分；固体物质含量 960~2000 kg/m^3，分选差，石块呈悬浮状态
	稀性泥石流	紊流，散流，固体物质含量 300~1300 kg/m^3，水为搬运介质，石块呈滚动或跳跃方式运动，破坏力较弱，堆积扇呈散状“石海”
发育阶段	发育期泥石流	山体破碎不稳，日益发展，淤积速度递增，规模小
	旺盛期泥石流	沟坡极不稳定，淤积速度稳定，规模大
	衰败期泥石流	沟坡趋于稳定，以河床侵蚀为主，有淤有冲，由淤转冲
	停歇期泥石流	沟坡稳定，植被恢复，冲刷为主，沟槽稳定
暴发频率(n)	极高频泥石流	$n \geqslant 10$ 次 / 年
	高频泥石流	1 次 / 年 $\leqslant n<10$ 次 / 年
	中频泥石流	0.1 次 / 年 $\leqslant n<1$ 次 / 年
	低频泥石流	0.01 次 / 年 $\leqslant n<0.1$ 次 / 年
	间歇性泥石流	0.001 次 / 年 $\leqslant n<0.01$ 次 / 年
堆积物体积(v)	巨型泥石流	$v>50\times10^4\ m^3$
	大型泥石流	$20\times10^4\ m^3 \leqslant v \leqslant 50\times10^4\ m^3$
	中型泥石流	$2\times10^4\ m^3 \leqslant v<20\times10^4\ m^3$
	小型泥石流	$v<2\times10^4\ m^3$

(1) 塑性蠕动流泥石流：流体中具有极高的黏滞力，在运动中石块之间泥浆变形所产生的阻力相当大，泥石流运动速度缓慢，流体中石块大体可保持相对稳定的状态，所有的石块被“冻结”在粗粒浆体内，运动过程中石块与浆体互不分离，等速前进。许多塑性泥石流是直接由滑坡体演变而来的。

(2) 黏性阵流泥石流：流速很快，泥石流携带的石块数量不如黏性泥石流多，泥浆体的黏滞度小，运动能耗小。沙粒被束缚在结构体中，石块与浆体构成较紧密的格式结构，绝大部分石块悬浮在结构体内。

(3) 阵性连续流泥石流：泥浆更接近于流体性质，属过渡性泥浆体，具有一定的紊动特性，石块多呈推移质。起动条件低，搬运力下降；流体中石块的自由度增大，相互间容易发生碰撞。

(4) 稀性连续流泥石流：泥浆体的黏滞作用很小，接近水流特征，流态紊乱，石块翻滚并相互撞击。

四、斜坡变形破坏地质灾害对人类的影响

斜坡变形破坏对人类的危害十分严重，它可破坏地表、毁坏农田，掩埋和阻断公路、铁路和航运交通，摧毁村庄房屋和其他地面建筑物，破坏矿山建设等；最大的危害是造成人员伤亡。

1. 对居民点和人民生命财产安全的危害

规模较大的崩塌、滑坡、泥石流(崩滑流)能摧毁村镇，淹埋或砸毁房屋，造成人畜伤亡。如1987年9月17日四川巫溪县城龙头山发生岩崩，摧毁1栋宿舍、2家旅馆、29户民房，死亡122人。1989年7月，重庆、万州、南充、达县、涪陵等地连降暴雨，爆发滑坡、崩塌、泥石流12.9万处，毁房13.8万间，死亡和失踪759人，伤2318人，经济损失15亿元以上。

2002年8月上旬，云南省玉溪市新平县境内连续降雨，导致山体斜坡松散堆积物饱水，14日凌晨暴发大面积的山体滑坡和泥石流，洪水夹杂着淤泥、石块、树枝，向村庄和田野蔓延，致使者竜、水塘、戛洒3个乡的10个村庄受灾，611户房屋倒塌，受灾人口达到21782人，毁坏农田9100 hm^2，近30 km长的公路和22座桥涵被冲毁，死亡60多人，直接经济损失达1.6亿元。

2. 对工厂、矿山的危害

几乎所有矿山都不同程度地遭受到滑坡、崩塌、泥石流灾害的危害或威胁。这些山地地质灾害在某种程度上已经成为影响矿山建设和矿产开发的“公害”。在露天矿山，崩塌、滑坡、泥石流灾害几乎影响着矿山生产的整个过程。崩滑流可摧毁厂房、矿山设施和其他地面建筑等，同时造成人员伤亡。湖北十堰第二汽车制造厂一直处于滑坡、崩塌、泥石流灾害的不断侵扰之中，在厂区18 km^2范围内，共有滑坡、崩塌270处，总方量达750×10^4 m^3，严重威胁着厂区的安全和工厂生产。1982年7月底，在突降暴雨的诱发下，多处发生滑坡、崩塌、泥石流，崩滑流物质冲入2个专业厂的7个车间，工厂被迫停产数天。云南省威信县墨黑煤矿区曾在1948年、1984年、1987年和1988年多次受到崩塌的破坏，被摧毁煤矿通信井2处、回风巷800 m、运输巷450 m，毁坏10万伏高压输电线800 m，导致煤矿停产，经济损失113万元。

3. 对工程设施的危害

崩塌、滑坡、泥石流对水利工程的危害主要表现为破坏大坝、水电站、变电站，冲毁水渠管道、淤积水库、河道和农田。崩滑流灾害常常使水利工程不能正常运转，经济损失严重。1963年发生在意大利瓦依昂(Vaiont)大坝南侧的大规模堆积物滑移给大坝及其下游的居民带来了毁灭

性的灾难。由于连降大雨，1963 年 10 月 9 日晚，瓦依昂水库南侧发生快速的大规模坍塌滑动，滑体长 1.8 km，宽 1.6 km，体积超过 2.4×10^8 m^3；滑动物质持续时间不足 30 秒钟，运动速率达 30 m/s；高出坝顶 100 m 的波浪冲出水库，并沿瓦依昂河谷向下游的村镇冲去，3000 多名居民被洪水淹死。这一事件被看作是世界上最大的水库大坝灾难。

4. 对道路交通的危害

对铁路、公路的危害主要表现为掩埋线路、破坏路基和路桥、错断隧道，摧毁棚洞，砸坏站房，造成翻车事故，导致人员伤亡。中国西南地区的宝成线、成昆线和陇海线是崩塌、滑坡灾害最严重的路段，铁路运输经常受到崩塌、滑坡的破坏。全国遭受泥石流危害的铁路路段近千处，铁路跨越泥石流的桥涵达 1386 处。1949—1985 年遭受较重的泥石流灾害 29 次，一般灾害 1173 次。其中，列车颠覆事件 9 起，死亡 100 人以上的重大事故 2 次，19 个火车站被淤埋 23 次。1981 年 7 月 9 日四川甘洛利子依达沟泥石流冲毁跨沟铁路大桥，颠覆一列火车，致使 2 个车头、3 节车厢坠入沟中，死亡 300 余人，中断行车 16 昼夜，损失 2×10^7 元。云南东川支线仓房以北线段，平均每 1.5 km 长线路上就有一条泥石流沟。该线自 1958 年动工后，因遭滑坡、泥石流灾害破坏后维修线路所耗的费用为原设计预算的 4 倍。

5. 对河道、航运的影响

由于特殊的地形地貌，河流沿岸特别是峡谷地段多为滑坡、崩塌的密集发生段，对河流航运的危害和影响很大。号称黄金水道的长江是遭受滑坡、崩塌灾害最严重的河运航道。数十年来，因滑坡、崩塌造成的断航事故时有发生。1982 年 7 月 18 日云阳鸡扒子老滑坡复活，180×10^4 m^3 土石滑入长江，河床填高 30 余米，江岸外移 50 m，在鸡扒子航段 600 m 范围内形成三道“水坝”，严重阻碍了长江航运，仅清航整治费就达 8000 多万元。崩塌、滑坡经常堵塞河流，形成天然坝和水库，导致上游回水，或水库溃决，形成洪水和泥石流灾害。2000 年 4 月 9 日，位于中国西藏林芝地区波密县境内的易贡藏布河扎木弄沟发生大规模的山体滑坡，体积约 $(2.8\sim3.0)\times10^8$ m^3。滑坡体堵塞了易贡藏布河 7 km 长的主河道，形成汇水面积达 1 万多平方千米的“湖泊”。至 6 月 10 日晚，“易贡藏布湖”累计水位涨幅达 35.94 m，6 月 11 日凌晨“大坝”溃决，使下游通麦大桥和两座吊桥被冲垮，通麦大桥至易贡茶场及排龙乡的公路全部被冲毁。此次山体滑坡为世界罕见，也是迄今为止中国发生的最大规模的山体崩滑灾害。

6. 滑坡对农田的危害

滑坡、崩塌还对农田造成危害，使耕地面积减少。大量耕地的毁坏，严重地阻碍了受灾地区农业生产的发展和农民生活水平的提高。1983 年 3 月 7 日，甘肃省东乡族自治县发生的洒勒山滑坡，覆盖范围南北长达 1600 m，东西宽 1700 m，面积约 1.4 km^2，毁坏耕地 1.67 km^2；滑坡还造成 2 座小型水库部分被淤埋、阻塞，破坏灌溉设施 4 处、公路及高压电线 1.3 km 长，使洒勒、新庄、若顺 3 个村庄被摧毁，死亡 237 人，重伤 27 人，400 余头牲口被埋没。

五、斜坡岩土体变形破坏的监测与预报

（一）斜坡岩土体变形破坏的监测

斜坡岩土体变形破坏监测的主要目的是了解和掌握斜坡岩土体变形破坏的演变过程，及时

捕捉崩滑流灾害的特征信息，为崩塌、滑坡、泥石流及其他类型斜坡岩土体变形破坏的分析评价、预测预报及治理工程提供可靠资料和科学依据。同时，监测结果也是检验斜坡岩土体变形破坏分析评价及防治工程效果的标尺。

1. 监测内容

斜坡岩土体变形破坏监测的内容主要涉及斜坡岩土体变形破坏的成灾条件、演变过程和地质灾害防治效果等。具体内容有斜坡岩土表面及地下变形的二维或三维位移、倾斜变化监测，应力、应变、地声等特征参数的监测，地震、降水量、气温、地表水和地下水动态及水质变化，以及水温、孔隙水压力等环境因素的监测。

2. 监测方法

在监测技术方法方面，已由过去的人工皮尺监测过渡到仪器监测，现在正向自动化、高精度的遥控监测方向发展。目前国内外常用的崩塌滑坡监测方法主要有宏观地质观测法、简易观测法、设站观测法、自动遥测法及仪表观测法等，用以监测崩滑体的三维位移、倾斜变化及有关物理参数和环境影响因素的改变。由于斜坡岩土体变形破坏的类型较多，特征各异，变形机理和所处的变形阶段不同，监测的技术方法也不尽相同。

(1) 宏观地质观测法：利用常规地质调查方法通过对地表裂缝、地面鼓胀、沉降、坍塌、建筑物变形特征及地下水变异等宏观变形迹象及其发展趋势进行调查、观测，结合仪器监测资料进行综合分析，可初步判定崩塌、滑坡体所处的变形阶段及中短期变形趋势，作为临崩、临滑的宏观地质预报判据。

(2) 设站观测法：在斜坡岩土体变形破坏调查与勘探的基础上，在可能造成严重灾害的危岩体、滑坡变形区及容易爆发泥石流的沟谷设立线状或网状分布的变形观测站点，在变形区影响范围以外的稳定地区设置固定观测站，利用经纬仪、水准仪、测距仪、摄影仪及全站型电子速测仪、GNSS 接收机等定期监测变形区内网点的三维位移变化，是一种行之有效的监测方法。

(3) 全球导航卫星系统（GNSS）测量法：GNSS 用于斜坡变形监测的优点是选点限制小；观测不受天气状况影响，可进行全天候观测；观测点的三维坐标可以同时测定，对运动的观测点还能精确测出它的速度；观测精度比较高。此方法特别适合地形条件复杂、建筑物密集、通视条件差的滑坡的三维位移监测。目前，中国已将 GNSS 技术应用于三峡库区重大危岩体、滑坡变形体，以及铜川市川口滑坡治理效果监测。

(4) 仪器仪表观测法：仪器仪表观测法主要有测缝法、测斜法、重锤法、沉降观测法、电感电阻位移法、电桥测量法、应力应变测量法、地声法、声波法等，用以监测危岩体、滑坡变形体的变形位移、应力应变、地声变化等。

（二）斜坡变形破坏地质灾害的预测预报

斜坡岩土体变形破坏预报包括两方面内容，即空间预测和时间预报。

1. 斜坡变形破坏的空间预测

空间预测内容包括：可能发生变形破坏的区域、地段和地点；斜坡岩土体变形破坏的基本类型；变形破坏可能发生的规模；斜坡岩土体变形破坏的运动方式、速度和距离。依据预测范围的大小可以大致划分为区域性预测、地区性预测和场地预测。

2. 斜坡变形破坏的时间预报

崩滑流发生时间预报主要依据斜坡岩土体变形破坏的演化规律来确定，预测预报大多采用如下三种方式：一是通过仪器监测，自动报警预报；二是采用实验数据，通过公式计算进行预报；三是采用监测数据进行预报。

按照所预报的时间长短关系，可以把斜坡岩土体变形破坏预报分为中长期预报和短期临灾预报。就目前研究水平而言，斜坡破坏时间预报的方法主要有两类，即根据宏观征兆预报和根据观测资料预报。

泥石流的时间预报，实际上是泥石流可能爆发条件的定量表示。泥石流的爆发，是在一定的地形、地质条件下，由于强烈的地表径流激发所致。因此，有可能用临界降水量或临界径流量这一指标来预报泥石流。

崩塌、滑坡的各种预测预报方法及其适用条件如表 7–10 所示。

表 7–10　各种预报方法适用性表

崩塌、滑坡预报方法		适用条件
确定性预报模型	斋滕迪孝法	属加速蠕变经验方程，精度较低，适用于滑坡的中、短期预报和临滑预报
	K·KAWAWURA	
	HOCK 法	
	极限分析法	适于滑坡的长期预报
非确定性预报模型	灰色预报	多属趋势预报或跟踪预报，适于各类崩塌、滑坡的中、短期预报。当崩塌、滑坡到达变形加速阶段时，可以较准确地预报剧（崩）滑时间
	生长曲线预报	
	马尔柯夫法	
	趋势迭加法	
	指数平滑法	
	非线性相关分析法	
	卡尔曼滤波法	
	动态跟踪法	
	泊松旋回法	
	AB 模型	
类比分析法	多参数预报模型	可识别崩塌、滑坡的变形阶段，适于临滑预报
	力学图解分析法	用于崩塌滑坡判据，以及判定破坏型式
	黄金分割法	可用于中长期预报

（钟荫乾，1998）

六、斜坡岩土体变形破坏的防治

斜坡岩土体变形破坏防治工程是针对自然或人为作用产生的崩塌、滑坡、泥石流进行防护与治理的工程或措施。它不同于其他建筑工程，一般不产生直接经济效益。因此，在实现整治目标的基础上，应尽可能降低治理费用。斜坡岩土体变形破坏防治工程必须根据地质体的破坏机制对症施治，以改善斜坡岩土体自身及周围的生态环境为原则，把崩塌、滑坡、泥石流灾害作为一个系统工程来对待。

（一）崩塌的防治

崩塌防治，必须遵循标本兼治、分清主次、综合治理、生物措施与工程措施相结合、治理危岩与保护自然生态环境相结合的原则。通过治理，最大限度降低危岩失稳的诱发因素，达到治标又治本的目的。

崩塌落石防治措施可分为防止崩塌发生的主动防护和避免造成危害的被动防护两种类型。具体方法的选择取决于崩塌落石历史、潜在崩塌落石特征及其风险水平、地形地貌及场地条件、防治工程投资和维护费用等。图 7-11 列出了主要的崩塌防治措施。

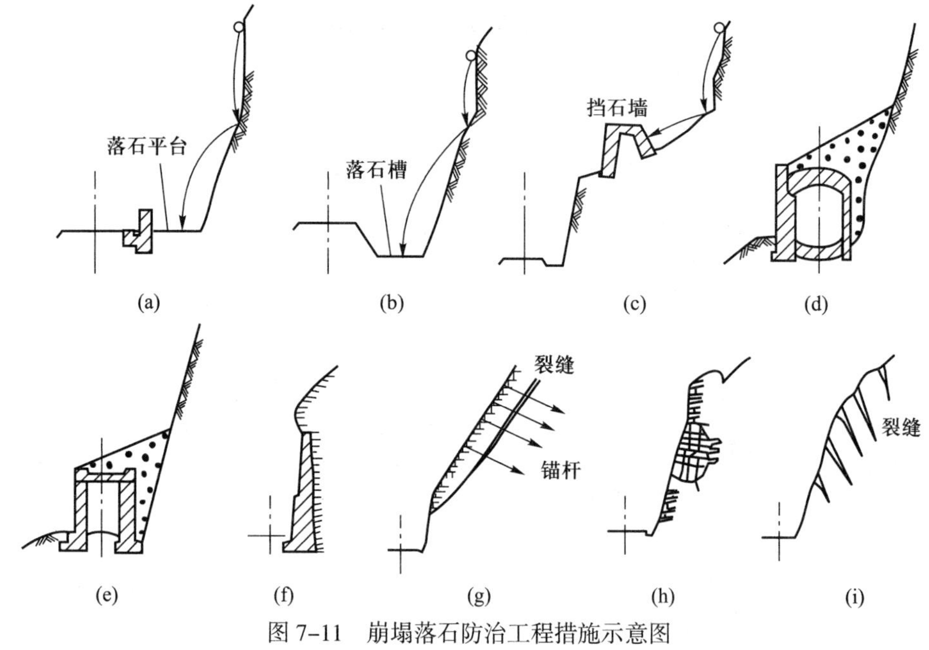

图 7-11 崩塌落石防治工程措施示意图

(a) 落石平台；(b) 落石槽；(c) 挡石墙；(d) 明洞；(e) 棚洞；(f) 支护墙；(g) 锚固；(h) 嵌补；(i) 灌浆勾缝

对中、小型崩塌可修筑明洞、棚洞等遮挡建筑物或落石平台、落石槽、拦石堤或拦石墙等拦截堆积物。对危险块体连片分布，并存在软弱夹层或软弱结构面的危岩区，首先应清除部分松动块体，再修建支护墙保护斜坡坡面。

根据危岩体的实际情况，还可采用灌浆加固、锚杆、疏干岸坡与排水防渗等措施，对可能发生大规模崩塌的地段，即使是采用坚固的建筑物，也经受不了大型崩塌的破坏，故铁路或公路必须设法绕避。

（二）滑坡的防治

滑坡的防治较之危岩更加复杂，必须在查明其工程地质条件的基础上，深入分析其稳定性和危害性，找出影响滑坡的因素及相互关系，综合考虑，全面规划，因地制宜，以长期防御为主，防御工程与应急抢险工程相结合，生物措施与工程措施相结合，治标与治本相结合，治理与开发相结合。

一般来讲，治理滑坡的方法主要有“砍头”、“压脚”和“捆腰”三项措施。“砍头”就是用爆破、开挖等手段削减滑坡上部的重量；“压脚”是对滑坡体下部或前缘填方反压，加大坡脚的抗滑阻力；“捆腰”则是利用锚固、灌浆等手段锁定下滑山体。

滑坡的防治措施可归纳为“排、稳、固、挡”四个字。“排”即排水，包括拦截和旁引可能流入滑坡体内的地表水和地下水，排出滑坡体内的地表水和地下水，对穿过滑坡区的引水或排水工程做防渗漏处理，避免在滑坡区内修建蓄水工程，对滑坡区地表做防渗处理，防止地表水对坡脚的冲刷等。“稳”即稳坡，包括降低斜坡坡度，滑坡后部削方减重及滑坡前缘回填压脚；以生物工程和护坡工程来保护边坡等。“固”即加固，包括采用各种形式的抗滑桩、预应力锚索和预应力抗滑桩、抗滑明硐等工程，或采用灌浆、电化学加固、焙烧等方法以改变滑带岩土的性质来进行加固，增大滑面的抗滑力。“拦”即拦挡、拦截，如挡土墙等拦挡工程，图 7–12 为滑坡治理措施的综合示意图。

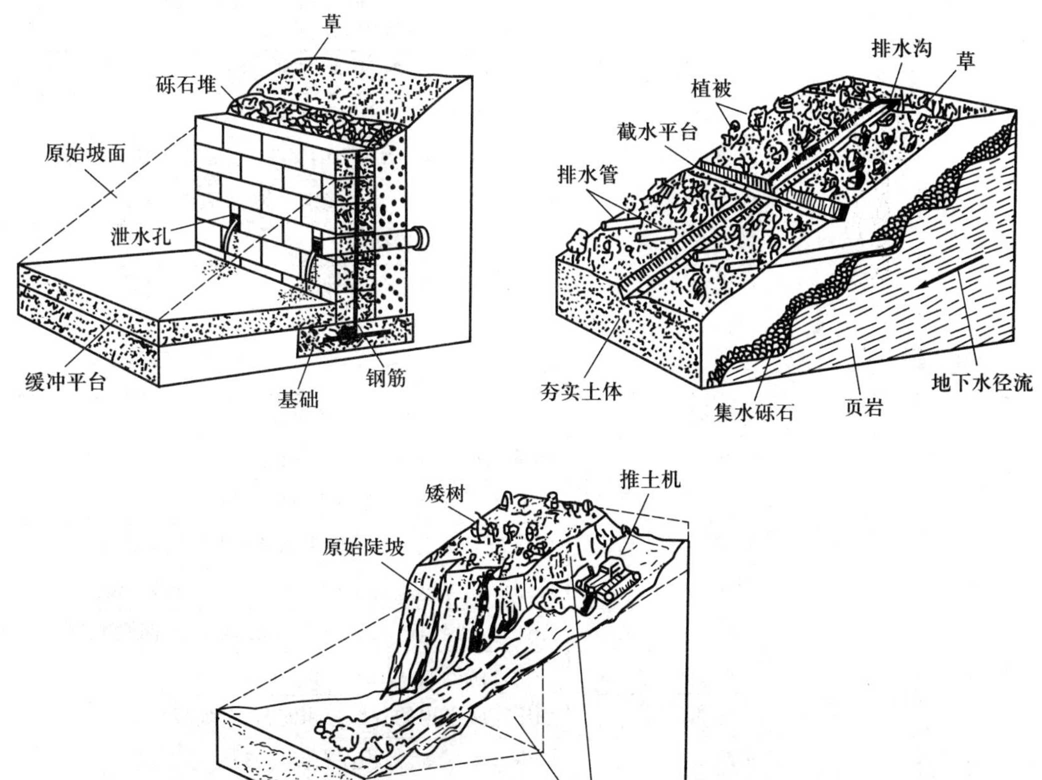

图 7–12　滑坡治理工程措施示意图（Barbara 等，1997）

按滑坡治理措施的施工方式、适用条件和主要作用,可将其分为防御避让、护坡护岸、削坡卸载、排水防渗、排引地下水、拦挡抗滑、固结加固和生物工程等类型。

(三) 泥石流的防治

泥石流的防治必须遵循全面规划、分清类别、重点突出、因害设防、合理设计、工程措施与生物措施相结合的原则。

泥石流防治措施可归为工程措施和生物措施两大类(表 7-11)。工程措施几乎适用于各种类型的泥石流防治,尤其是对急需治理的泥石流可有立竿见影之功效。目前所采用的主要工程措施有排导工程、拦挡工程和综合整治工程。泥石流治理的生物措施主要是指保护与营造森林、灌丛和草本植被,采用先进的农牧业技术、科学的山区土地资源开发措施等。生物措施既可减少水土流失、削减地表径流和松散固体物质补给量,又可恢复流域生态平衡,增加生物资源产量和产值。生物措施是治理泥石流的根本性措施。

表 7-11 泥石流综合治理措施一览表

总目	分目	细目	主要作用
工程措施	治水工程	蓄水工程	调蓄洪水、消除或削减洪峰
		引水、排水沟	引、排洪水,削减或控制下泄水量
		截水沟	拦截滑坡或水土流失严重地段的上方径流
		防御冰雪融化	提前融化冰雪,防止集中融化;加固或清除冰碛堤
		拦沙坝、谷坊	拦蓄泥沙、固定沟床、稳定滑坡、抬高侵蚀基准
	治土工程	挡土墙	稳定滑坡或崩塌体
		护坡、护岸	加固边坡、岸坡,免遭冲刷
		变坡	防止坡面冲刷
		潜坝	固定沟床,防止下切
	排导工程	导流堤	排导泥石流,防止泥石流冲淤危害
		顺水坝	调整泥石流流向,畅排泥石流
		排导沟	排泄泥石流,防止泥石流漫溢成灾
		渡槽、急流槽	在道路上方或下方排泄泥石流,保障线路安全
		明硐	道路以明硐形式从泥石流下通过,保证线路畅通
		改沟	把泥石流出口改到邻沟,保护该沟下游建筑物安全
	停淤工程	停淤场	利用开阔的低洼地区停积泥石流体
		拦泥库	利用宽阔平坦的谷地停积泥石流,削减下泄量
	农田工程	水改旱	减少入渗水量,停积泥石流体,减少地下水
		水渠防渗	防止渠水渗漏,稳定边坡
		坡改梯	防止坡面侵蚀,控制水土流失
		田间排、截水	引、排坡面径流,拦泥沙,稳定边坡,减少侵蚀
		填缝筑埂	防止博渗,拦泥沙,稳定边坡,减少侵蚀

续表

总目	分目	细目	主要作用
生物措施	林业措施	水源涵养林	涵养水源,减少地表径流,削减洪峰
		水土保持林	控制侵蚀,减少水土流失
		护床防冲林	保护沟床,防止冲刷、下切
		护堤固滩林	加固河堤,保护滩地,控制泥石流危害
	农业措施	等高耕作	减少水土流失
		立体种植	增加复种指数,护大覆盖面积,减少地表径流
		免耕种植	改善土壤结构,减少土壤侵蚀
		选择作物	选择水保效应好的作物,减少水土流失
	牧业措施	适度放牧	控制牧草覆盖率,减少水土流失
		圈养	保护草场,减轻水土流失
		分区轮牧	防止草场退化,控制水土流失
		改良牧草	提高产草率、覆盖率,减轻水土流失

(吴积善等,1993)

第五节　岩溶地面塌陷

一、地面塌陷的概念和类型

地面塌陷是地面垂直变形破坏的另一种形式。它的出现是由于地下地质环境中存在着天然洞穴或人工采掘活动所留下的矿洞、巷道或采空区而引起的,其地面表现形式是局部范围内地表岩土体的开裂、不均匀下沉和突然陷落。地面塌陷的平面范围与地下采空区的面积、有效闭合量或洞穴容量等量值有关,一般可由几平方米到几平方千米或更大一些。

按成因,地面塌陷可分为天然地面塌陷和人为地面塌陷两类。如果地面塌陷发生在岩溶地区,则称为岩溶地面塌陷,否则,为非岩溶地面塌陷,后者主要有黄土塌陷、火山熔岩塌陷和冻土塌陷等类型。人为地面塌陷主要是由于地下采矿、过量抽取地下水、地面加载或振动而诱发形成的。

岩溶地面塌陷是一种常见的自然动力地质现象,多发生于碳酸盐岩、钙质碎屑岩和蒸发岩等可溶性岩石分布地区。因此,本节主要叙述岩溶地面塌陷的影响因素、形成机制、危害方式和防治措施。

二、岩溶地面塌陷的影响因素

岩溶地面塌陷指覆盖在溶蚀洞穴发育的可溶性岩层之上的松散土石体,在外动力因素作用下发生的地面变形破坏。其表现形式以塌陷为主,并多呈圆锥形塌陷坑。激发塌陷的直接诱因有降雨、洪水、干旱、地震,以及抽水、排水、蓄水等人为因素,因抽水而引发人为塌陷的概率最大。

自然条件下产生的岩溶塌陷一般规模小,发展速度慢,不会给人类生活带来较大的影响。但在人类工程活动中产生的岩溶塌陷规模较大,突发性强,且常出现在人口聚集地区,给地面建筑物和人身安全带来严重威胁,造成地区性的环境地质灾害。

三、岩溶地面塌陷的形成

岩溶洞穴或溶蚀裂隙的存在、上覆土层的不稳定性是塌陷产生的物质基础,地下水对土层的侵蚀搬运作用是引起塌陷的动力条件。自然条件下,地下水对岩溶洞隙充填物质和上覆土层的侵蚀作用也是存在的,不过这种作用很慢,规模一般不大;人为抽采地下水,对岩溶洞隙充填物和上覆土层的侵蚀搬运作用大大加强,促进了地面塌陷的发生和发展。此类塌陷的形成过程大体可分如下四个阶段:

① 在抽水、排水过程中,地下水位降低,水对上覆土层的浮托力减小,水力坡度增大,水流速度加快,水的侵蚀作用加强。溶洞充填物在地下水的侵蚀、搬运作用下被带走,松散层底部土体下落、流失而出现拱形崩落,形成隐伏土洞。

② 隐伏土洞在地下水持续的动水压力及上覆土体的自重作用下,土体崩落、迁移,洞体不断向上扩展,引起地面沉降。

③ 地下水不断侵蚀、搬运崩落体,隐伏土洞继续向上扩展。当上覆土体的自重压力逐渐接近洞体的极限抗压抗剪强度时,地面沉降加剧,在张性压力作用下,地面产生开裂。

④ 当上覆土体自重压力超过了洞体的极限抗压、抗剪强度时,地面产生塌陷(图 7-13)。同时,在其周围伴生有开裂现象。这是因为土体在向下塌落的过程中,不但在垂直方向产生剪切应力,还在水平方向产生张力所致。

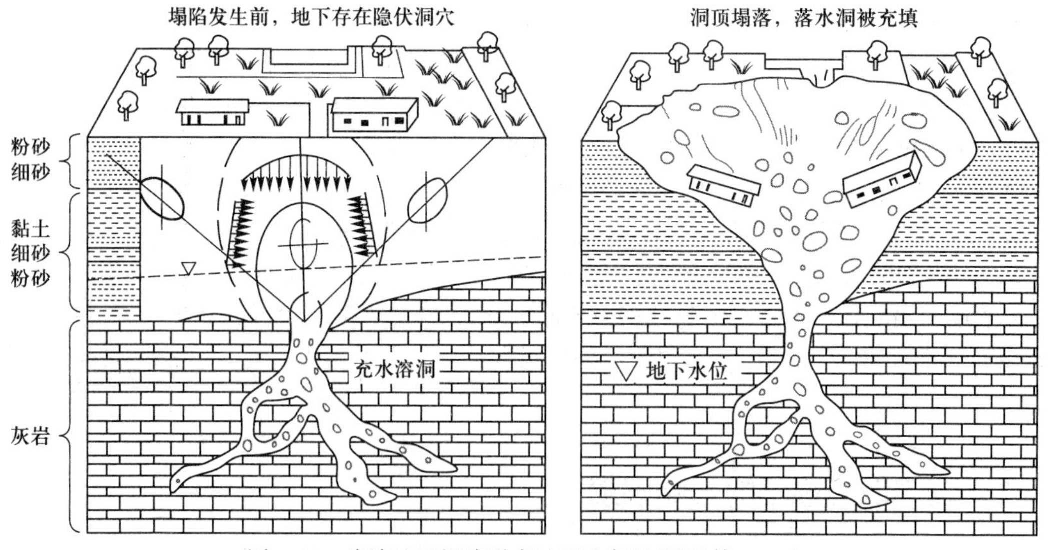

图 7-13 岩溶地面塌陷形成过程示意图(潘懋等,2012)

四、岩溶地面塌陷的分布规律

1. 塌陷多产生在岩溶强烈发育区

中国南方许多岩溶矿区的资料说明,浅部岩溶愈发育,富水性愈强,地面塌陷愈多,规模愈大。

2. 塌陷主要分布在第四系松散盖层较薄地段

地面塌陷的分布,受第四系厚度和岩性控制。在其他条件相同的情况下,盖层愈厚,成岩程度愈高,塌陷愈不易产生。相反,盖层薄且结构松散的地区,则易形成地面塌陷。如广东沙洋矿区疏干漏斗中心部位,盖层厚度为40~130 m,地面塌陷少而稀。而在漏斗中心的东南部和东部边缘地段,因盖层厚度较小(8~23 m),地面塌陷多而密。

3. 塌陷多分布在河床两侧及地形低洼地段

这些地区的地表水和地下水容易汇集并进行强烈交替,在自然条件下就可能发生潜蚀作用,形成土洞,进而产生地面塌陷。

4. 塌陷常分布在降落漏斗中心附近

由采、排地下水而引起的大量的地面塌陷,绝大部分产生在地下水降落漏斗影响半径范围以内,尤其分布在近降落漏斗中心及地下水的主要径流方向上。

五、岩溶地面塌陷的危害

岩溶塌陷的产生,一方面使岩溶区的工程设施,如工业与民用建筑、城镇设施、道路路基、矿山及水利水电设施等遭到破坏,另一方面造成岩溶区严重的水土流失、自然环境恶化,同时影响各种资源的开发利用(图 7–14)。

1. 对矿山的危害

地面塌陷可成为矿坑充水的诱发型通道,严重威胁矿山开采。如淮南谢家集矿区,因矿井疏干排水,在 1978 年 7 月,河底岩溶盖层很快产生塌陷,河水被瞬时吸入地下,岸边的房屋也遭受破坏。湖北大门铁矿,1978 年平巷突水引起柯家沟河谷地面塌陷,出现 70 多个陷坑,河水沿塌陷坑漏入地下而断流,岸边有 4000 m^2 建筑物被毁,矿山专用铁路损坏,高压输电线遭破坏,造成经济损失近百万元。

2. 对城市建筑的危害

在城市地区,地面塌陷常常造成建筑物破坏、市政设施损毁、交通线路中断等危害。如湖北武汉中南轧钢厂,因附近开采岩溶地下水,于 1977 年在该厂区内发生地面塌陷,形成 5 个陷坑,大者直径 16~22 m,深 8~10 m,共造成 1500 t 生产用煤和 600 t 钢坯陷入地下。1996 年发生于桂林市市中心的体育场塌陷,虽然塌陷坑直径只有 9.5 m,深度也只有 5 m,但由于塌陷紧靠“小香港”商业街,造成整个商业街关闭 15 天,营业额损失近千万元。1997 年 11 月 11 日,桂林市雁山区柘木镇岩溶塌陷共形成塌陷坑 51 个,影响面积达 0.2 km^2,使近 100 间民房受到破坏,直接损失达 300 多万元。

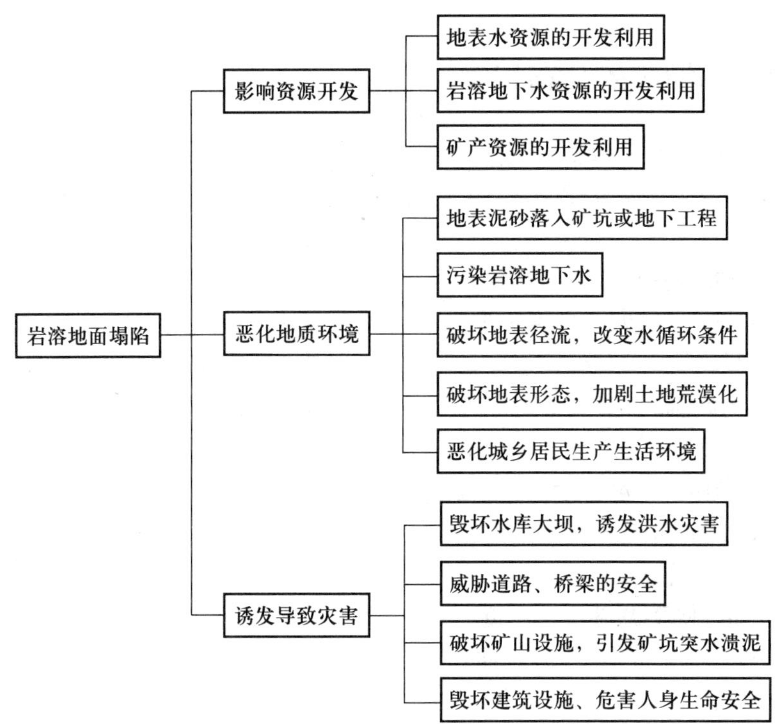

图 7-14　岩溶地面塌陷的危害形式

3. 对道路交通的影响

1987 年 8 月 8 日，辽宁省瓦房店三家子发生岩溶塌陷，范围 1.2 km^2，共有大小陷坑 25 个。塌陷使长春—大连铁路约 20 m 长路基遭到破坏，累计停运 8 小时 5 分钟。

4. 对坝体的影响

1962 年 9 月 29 日晚，云南省个旧市云锡公司新冠选矿厂火谷都尾矿坝因岩溶塌陷突然发生垮塌，坝内 150×10^4 m^3 泥浆水奔腾而出，冲毁下游农田 530 hm^2 和部分村庄、公路、桥梁等，造成 174 人死亡，89 人受伤。

六、岩溶地面塌陷的防治

1. 岩溶地面塌陷的预防

要避免或减少地面塌陷的产生，根本的办法是减少岩溶充填物和第四系松散土层被地下水侵蚀、搬运。

① 采、排水井设置合理的过滤器装置，避免或减少土粒进入井内被水带走。

② 采、排地下水时，避免采用大降深，以降低地下水流速和侵蚀搬运能力。

③ 调整开采层位，封堵岩溶发育并与覆盖层相连通的浅层水，开采深层地下水。

④ 矿山疏干排水时，对地下岩溶通道进行局部注浆或帷幕灌浆处理，减小矿井外围地段地下水位下降幅度。

⑤ 加强地下水动态观测，合理开采地下水。

2. 岩溶地面塌陷的治理措施

治理岩溶地面塌陷的措施主要有回填、改道、拦截、灌浆、加固等。

① 回填塌陷坑。当坑底未见基岩出露时,宜采用黏土回填、夯实,并使其高出地面 0.2~0.5 m。如塌陷坑底基岩出露时,先用块石封闭洞口,然后用黏土回填、夯实。

② 局部改河道。为防止河水直接灌入矿区坑道,对河床地段的塌陷坑,除进行清基封洞口外,还可考虑用局部改河道的方法,使河道绕过危险区,减少塌陷发生的可能。

③ 拦截河水。对于河床边的塌陷,在河床与塌陷之间修筑拦水坝,将河水与塌陷隔开。

④ 灌浆堵洞。这种方法可以制止因矿坑突水引起的地面塌陷。

⑤ 加固处理。建筑物地基发生塌陷时,应做加固处理。加固方法有木桩加固和钢筋混凝土桩加固两种。在预测可能产生塌陷的地区进行建设时,也可采用加固地基的方法,防止地面塌陷对建筑物的破坏。

第六节 地 裂 缝

在自然因素和人为因素作用下,地表岩土体产生开裂并在地面形成一定长度和宽度裂缝的现象,称为地裂缝。地裂缝一般产生在第四系松散沉积物中,与地面沉降不同,地裂缝的分布没有很强的区域性规律,成因也比较多。如果地裂缝产生在人类活动区,特别是人口集中、经济发达的城市,则会造成严重的危害。

一、地裂缝的特征

地裂缝的特征主要表现为发育的方向性、延展性和灾害的不均一性与渐进性。

(一) 地裂缝发育的方向性与延展性

地裂缝常沿一定方向延伸,在同一地区发育的多条地裂缝延伸方向大致相同,在平面上一般呈直线状、雁行状或锯齿状条带状分布。据统计,河北平原的地裂缝以 NE 5° 和 NW 85° 最为发育。

(二) 地裂缝灾害的不均一性

地裂缝以相对差异沉降为主,其次为水平拉张和错动。地裂缝的灾害效应在横向上由主裂缝向两侧致灾强度逐渐减弱,且地裂缝两侧的影响宽度和对建筑物的破坏程度具有明显的非对称性。同一条地裂缝的不同部位,地裂缝活动强度及破坏程度也有差别,在转折和错列部位相对较重,显示出不均一性。如西安大雁塔地裂缝东段的活动强度最大,灾害最严重,中段灾害次之,西段的破坏效应很不明显。在剖面上,危害程度自下而上逐渐加强,累计破坏效应集中于地基基础与上部结构交接部位的地表浅部十几米深的范围内。

(三) 地裂缝灾害的渐进性

地裂缝灾害是因地裂缝的缓慢蠕动扩展而逐渐加剧的。因此,随着时间的推移,其影响和破坏程度日益加重,最后可能导致房屋及建筑物的破坏和倒塌。

(四) 地裂缝灾害的周期性

地裂缝活动受区域构造运动及人类活动的影响,因此,在时间序列上往往表现出一定的周期性。当区域构造运动强烈或人类过量抽取地下水时,地裂缝活动加剧,致灾作用增强,反之则减弱。

二、地裂缝的成因类型

地裂缝是累进性发展的渐进性灾害。按其成因可分为两大类:一种是内动力形成的构造地裂缝,如地震裂缝、基底断裂活动地裂缝、隐伏裂隙开启裂缝等;另一种是非构造型,即外动力作用形成的地裂缝,如松散土体潜蚀地裂缝、黄土湿陷地裂缝、膨胀土胀缩地裂缝、滑坡地裂缝等。

构造地裂缝的延伸稳定,不受地表地形、岩土性质和其他地质条件影响,可切错山脊、陡坎、河流阶地等线状地貌。构造地裂缝的活动,具有明显的继承性和周期性。

构造地裂缝在平面上常呈断续的折线状、锯齿状或雁行状排列;在剖面上近于直立,呈阶梯状、地堑状、地垒状排列。

三、地裂缝的规模及分布

地裂缝的分布没有很强的区域性规律。从规模上看,多数地裂缝的长度在数十米至数百米,宽度在数厘米至数十厘米,垂直落差在数厘米至数十厘米,有些没有垂向变形。最长者可达几千米,最宽者可达 1 m 以上,垂直落差最大者也可达 1 m。

中国地裂缝类型复杂,除伴随地震、滑坡、冻融以及特殊土的胀缩或湿陷活动产生的地裂缝外,主要是断裂构造蠕变活动而产生的构造地裂缝。断裂蠕变地裂缝的分布十分广泛,在华北和长江中下游地区尤为发育。汾渭盆地、太行山东麓平原和大别山东北麓平原形成了三个规模巨大的地裂缝发育地带。此外,在豫东、苏北、鲁中南等地区,还有一些规模较小的地裂缝发育带。目前,中国地裂缝在陕西、河北、山东、广东、河南等 17 个省(区、市)共有 430 多处,1073 条以上,总长超过 346.78 km。

四、地裂缝的危害

地裂缝活动使其周围一定范围内的地质体内产生形变场和应力场,进而通过地基作用于建筑物。地裂缝两侧出现的相对沉降差及水平方向的拉张和错动,可使地表设施发生结构性破坏或造成建筑物地基的失稳。

各种地裂缝对人类的影响主要表现为破坏地表建筑物和其他人工设施,危害居民生命财产安全。西安地裂缝灾害已闻名中外,影响范围超过 150 km^2,给城市建设和人民生活造成了严重的危害。地裂缝所经之处道路变形、交通不畅,地下输排水管道断裂、供水中断、污水横溢;楼房、车间、校舍、民房错裂,围墙倒塌;文物古迹受损。该市主要地裂缝有 10 条,其中最长的一条达 10 km，合计长度约 40 km。地裂缝均呈北东偏东方向平行伸展。各年平均位错率 1.33 mm/a。由于地裂缝活动，多所大专院校和中小学、91 家工厂、97 个企事业单位和 41 个村庄受害；有 132 幢楼房遭受破坏，1057 间房屋受损；有 60 处主干道、10 处地下管道、3 眼深水井和 427 堵围墙等遭受不同程度的破坏。仅房屋毁坏造成的经济损失就达 2165 万元。

五、地裂缝灾害防治措施

地裂缝灾害多发生在由主要地裂缝所组成的地裂缝带内，所有横跨主裂缝的工程和建筑都可能受到破坏。对自然成因地裂缝应加强调查研究，开展地裂缝易发区的区域评价，以避让为主，从而避免或减轻灾害损失。对人为成因地裂缝关键在于预防，合理规划、严格禁止地裂缝附近的不合理工程活动。

（一）避让措施

在构造成因地裂缝发育区进行开发建设时，首先应进行详细的工程地质勘察，调查研究区域构造和断层活动历史，对拟建场地查明地裂缝发育带及潜在危害区，做好城镇发展规划、合理规划建筑物布局，使工程设施尽可能避开地裂缝危险带，特别要严格限制永久性建筑设施横跨地裂缝。

对已在地裂缝危害带内修建的工程设施，应根据具体情况采取加固措施进行加固。如跨越地裂缝的地下管道工程，可采用外廊隔离、内悬支座式管道并配以活动软接头连结措施等预防地裂缝的破坏。对已遭受地裂缝严重破坏的工程设施，需进行局部拆除或全部拆除，防止对整体建筑或相邻建筑造成更大规模破坏。

（二）控制人为因素的诱发作用

对于非构造地裂缝，可针对其发生原因，采取措施防止或减少地裂缝的发生。例如，采取工程措施防止发生崩塌、滑坡，通过控制抽取地下水防止和减轻地面沉降塌陷等；对于黄土湿陷裂缝，主要应防止降水和工业、生活用水的下渗和冲刷；在矿区井下开采时，根据实际情况，控制开采范围，增多、增大预留保护柱，防止矿井坍塌诱发地裂缝。

（三）监测预测措施

通过地面勘查、地形变测量、断层位移测量、音频大地电场测量、高分辨率纵波反射测量等方法监测地裂缝活动情况，预测、预报地裂缝发展方向、速率及可能的危害范围。

第八章　地质环境与人体健康

第一节　表生环境地球化学特征

一、地壳中的元素

岩石圈是地球的固体外壳，它是由岩浆岩、沉积岩和变质岩三大类岩石构成的。地表环境中由于裸露的岩石类型不同，因此构成了不同地带环境中的元素背景的差异性。在整个地球演化过程中，上述三大类岩石类型在各种动力地质作用下，不断地形成和转化。它们的化学成分是构成岩石圈的基本岩石成分，也是自然环境中岩石化学成分的本底含量。

地壳中的元素含量是指在地壳形成和演化过程中，不同地壳部位和地质体中元素的平均含量。它是地球圈层分异演化的结果。通常将地壳中元素的平均含量称为丰度值，即"克拉克值"。地壳中含量最高的元素是氧，占约 48.6%（质量百分比），其次是硅占约 26.4%，其他超过百分之一的元素，含量排列依序为铝、铁、钙、钠、钾、镁。

地壳中的元素尤其在地表环境条件下的元素绝大多数以化合物形式存在，只有极少数以原子结合成单质形式存在。元素之间相互结合成化合物，除了受外界环境中的物理化学条件影响外，还取决于原子本身的结构和性质。

自然环境中元素的存在形式主要有独立矿物、类质同象混入物、胶体吸附、有机化合物和络合物等。它们都是元素的共生组合形式。

人类在地球上出现以后，人类活动对地表环境化学演化产生越来越明显的影响。人类活动的大量废弃物排放到岩石圈表面，进入水、生物和大气系统，参与环境中的各种化学反应，可能改变局部的或全球的环境化学性质。

二、表生环境中元素的迁移转化

在宇宙中，一切物质均处于不停的运动之中。地壳中的元素在某种物理化学条件下互相结合组成各种矿物、岩石等，处于相对稳定、相对静止的一个暂时状态。随着地壳物质的不断运动和物理化学环境的改变，这种稳定性遭到破坏，为了与环境达到新的平衡，元素则以各种方式发生活化转移，从一种赋存状态转变为另一种赋存状态，并伴随着元素组合与分布上的变化及空间上的位移，以一种新的形式再次相对稳定下来。也就是说，组成地壳物质的化学元素在不断地进行着地球化学循环并表现为元素的迁移转化，形成元素的分散或聚集，由此而产生元素的“缺乏”或“过剩”。

(一) 表生环境中元素迁移的特点

地表条件以岩石圈与水圈直接接触、互相作用为特征，地表环境与地壳内部的条件明显不同，元素在地表环境中的迁移与其在地壳内部的迁移存在着很大差异。元素的迁移特点除受自然地理条件影响外，还明显地受人类地球化学活动的影响。

① 地表环境是地球内部能量释放与太阳辐射能量作用的交织带。由于太阳辐射能量占优势，控制着地表环境呈明显的周期性、地带性和地区性变化，因而地表环境中元素的迁移过程亦具有周期性、地带性和地区性变化特点。

② 地表环境中水是较强的天然溶解剂，水在大气圈和岩石圈上部进行着不断的溶解循环，出现以淋滤与淀积为主的化学元素的水迁移过程，水溶液相对地壳表生环境中元素的迁移具有极其重要的作用。人类活动对水资源的开发利用，更加剧了元素在地表环境中的迁移作用。

③ 地球表面是生物的生存环境，各种生命体活动对元素的吸收（或摄入）与分解（排泄）造成元素的生物小循环。

④ 由于地球表面地质与地貌条件不同，使地表环境的物理化学条件如氧化还原、酸碱度、氧化还原电位等也有所不同，元素在迁移过程中发生再分配和重新组合的地质地理迁移循环。

⑤ 地表环境是人类生存与活动的地方，人类活动影响元素的迁移过程，在局部地区可能改变元素的迁移环境，引起某些元素和化合物的浓集。

(二) 地表环境中元素的迁移类型

地表环境中的元素迁移需要借助某种介质进行。介质不同，其迁移类型亦不同。按介质类型，可将元素的迁移分为空气迁移、水迁移和生物迁移三种形式。

1. 按介质类型划分

(1) 气相迁移：气相迁移是指元素以气态分子、挥发性化合物和气溶胶等形式在空气中进行的迁移。属于空气迁移的化学元素有 O、H、N、C、I 等。以气溶胶形式迁移只是在近代工业发展以来，因工业废物的大量排放才出现的一种形式。

(2) 水溶液相迁移：水溶液相迁移是指元素在水溶液中以简单的或复杂的离子、络合离子、分子、胶体等状态进行的迁移。元素可以胶体溶液或真溶液的形态随地表水、地下水、土壤水、裂隙水和岩石孔隙水等发生迁移运动。水溶液相迁移是地表环境中元素迁移的最主要类型，大多数元素都是通过这种形式进行迁移转化的。

(3) 生物相迁移：土壤、水、肥料或农药中的元素通过生物体的吸收、代谢和生物本身的生长发育以至死亡等过程实现的迁移，属于生物迁移。这是一种非常复杂的元素迁移形式，不同的生物种或同一生物种不同的生长期对元素的吸收、迁移均有差异或不同。

通常，环境中元素的迁移方式并不是决然分开的，有时同一种元素既可呈气相迁移，又可呈离子态随水迁移。如硫（S）在自然界既有游离态、又有化合态，游离态的硫存在于火山口附近或地壳岩层中，以化合态存在的硫分布广泛，主要是硫化物和硫酸盐。在自然状态下大气中的 SO_2 呈气态，一部分被绿色植物吸收，一部分与大气中的水结合形成 H_2SO_4，随降水落入土壤或水体中，以硫酸盐的形式被植物根系吸收，转变成蛋白质等有机物，进而被各级消费者所利用，人体内平均含有 0.2% 的硫。动植物遗体被微生物分解后，又能将硫元素释放到土壤或大气中（图 8-1）。

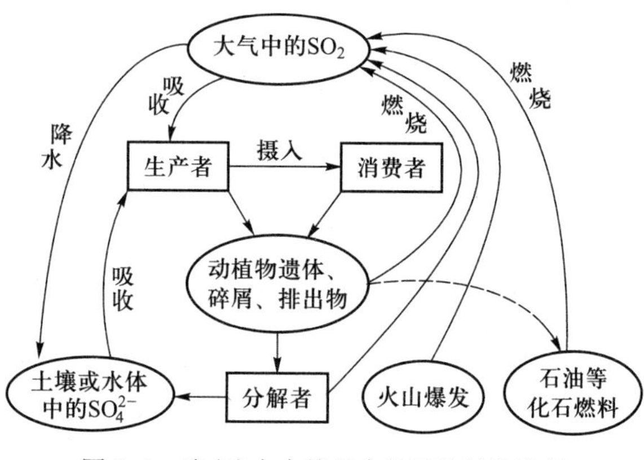

图 8-1　硫（S）在自然界中的迁移转化途径

此外，组成原生质的 O、H、C、N 等元素，在某些情况下呈气态分子（O_2、CO_2、NH_3、CH_4）形式进行迁移，在另外情况下则呈离子态（如 SO_4^{2-}、CO_3^{2-}、NH_4^+ 和 NO_3^- 等）随水进行迁移。

2. 按物质运动的基本形态划分

按物质运动的基本形态还可将元素迁移划分为物理迁移、物理化学迁移与生物迁移三种类型。

（1）物理迁移：指元素及其化合物被外力机械的搬运而进行的迁移。如水流的机械迁移、气体的机械迁移和重力机械迁移等。

（2）物理化学迁移：指元素以简单的离子、络离子或可溶性分子的形式，在地表环境中通过物理化学作用所进行的迁移。

（3）生物迁移：通过生物体而发生的元素迁移。

地表环境中元素的迁移包含元素空间位置的移动和存在形态的转化两层意思，前者指元素从一地迁移到另一地，后者则指元素在空间迁移过程中从一种形态转化为另一种形态。

（三）元素的性质及其迁移强度

地壳中绝大多数元素呈化合物状态，化合物的化学键是影响元素及化合物溶解的重要因素。化学键分为离子键和共价键两种基本类型。一般来说，具有离子键的化合物，虽然其熔点和沸点较高，但多数化合物易溶于水，并在水中解离为离子；具有共价键的化合物，因其键性很强，所以化合物的熔点和沸点均较高，物理硬度也较大，故此类化合物一般难以溶解。电负性差别大的元素键合时，多形成离子键型化合物，易溶于水，迁移性好，如 NaCl。电负性相近的元素键合时，多形成共价键型化合物，如 CuS、FeS_2 等，它们不易溶于水，迁移性不好。

元素的化合价愈高，就形成愈难溶解的化合物。一价碱金属的化合物通常是易溶的，如 NaCl、Na_2SO_4 等；二价碱土金属则形成较难溶解的化合物，如 $CaCO_3$、$CaSO_4$ 等；三价金属，如 Al、Fe 的化合物更难溶。阴离子也有同样的规律性，如氯化物（Cl^-）较硫酸盐（SO_4^{2-}）易溶解，硫酸盐较磷酸盐（PO_4^{3-}）易溶解。

同一元素其化合价不同，具有不同的溶解能力，迁移能力也不同。一般低价元素的化合物比高价元素的化合物更易溶和迁移。例如 Fe^{2+} 的溶解性和迁移性强于 Fe^{3+}，Cr^{3+} 的溶解性和迁移性强于 Cr^{6+}，Mn^{2+} 的溶解性和迁移性强于 Mn^{4+}，S^{2+} 的溶解性和迁移性强于 S^{6+} 等。

原子半径或离子半径是元素重要的地球化学特性。它影响土壤对阳离子的吸附能力。土壤对同价阳离子的吸附能力随离子半径增大而增大。就化合物而言，相互化合的离子其半径差别愈小，溶解度也愈小，如 $BaSO_4$、$PbSO_4$ 的溶解度都较小。离子半径的差别愈大，则溶解度愈大，如 $MgSO_4$。

总之，自然界中元素的迁移强度有很大的差异。A.И.彼列尔曼采用“水迁移系数”（*Kx*）来表示元素迁移的强度，并测得了风化壳中元素的水迁移序列。他将这些元素分为强烈淋出的（Cl、Br、I、S），易淋出的（Ca、Mg、Na、F等），活动的（Cu、Ni、Co等），惰性的和实际上不活动的（Fe、Al、Ti等）五个等级。

（四）影响地表环境中元素迁移的外在因素

同一种元素在不同自然景观中的迁移能力是极不相同的。影响元素迁移的最大外力是活的有机体和天然水。主要的外在因素有环境的pH、氧化还原电位（*Eh*）、胶体、腐殖质、气候和地质地貌条件等。

1. 环境中的pH

表生环境中的pH主要指土壤和天然水的pH。土壤酸度可分为活性酸度与潜性酸度两类。前者为土壤溶液中游离的氢离子形成的酸度，用pH来表示；后者为吸附于土壤胶体上的氢离子所形成的酸度，包括代换性酸（用pH表示）和水解性酸（用cmol/kg表示）。活性酸度和潜性酸度是一个平衡系统的两个方面，二者处于动态平衡之中。一般情况下，潜性酸度远远大于活性酸度。土壤的酸度主要来源于土壤溶液中各种有机酸类（如草酸、丁酸、柠檬酸、乙酸等）和无机酸类（如碳酸、磷酸、硅酸等）。

天然水的pH主要受风化壳土壤酸碱度的影响。腐殖酸和植物根系分泌出的有机酸，无疑是影响天然水pH的另一个重要方面。天然水的pH大致与土壤带的pH相吻合。

在地表环境中，pH可影响元素或化合物的溶解与沉淀，决定着元素迁移能力的大小。大多数元素在强酸性环境中形成易溶性化合物，有利于元素的迁移；在酸性和弱酸性水中，有利于Ca^{2+}、Sr^{2+}、Ba^{2+}、Ra^{2+}、Cu^{2+}、Zn^{2+}、Cd^{2+}、Cr^{3+}、Fe^{2+}、Mn^{2+}、Ni^{2+}的迁移；在碱性水中（pH>8）Fe^{2+}、Mn^{2+}、Ni^{2+}等元素很少迁移，而Cr^{6+}、Se^{4+}、Mo^{2+}、V^{5+}、As^{5+}等则易于迁移。在地下水的pH为6~9时，碱金属和碱土金属易于迁移，而在强酸性及强碱性条件下，可能生成氢氧化物沉淀，不利于迁移，Hg、Cd、Pb、Zn等金属具有很强的亲硫性和亲氧性，在低pH条件下发生水解，形成金属的羟基络合物，能促进这些元素在环境中的迁移。

2. 氧化还原电位（*Eh*）

氧化还原反应所引起的元素化合价的变化，改变了元素及其化合物的溶解度。环境中的氧化还原条件对元素的迁移具有一定的影响。一些元素在氧化环境中可进行强烈迁移，如硫、铬、钒等元素在氧化作用强烈的干旱草原和荒漠环境中形成易溶性的硫酸盐、铬酸盐和钒酸盐而富集于土壤和水中。在以还原作用占优势的腐殖酸环境中（如沼泽），上述元素便形成难溶的化合物而不能迁移。

相反，另一些元素如Fe、Mn等，在氧化环境下形成溶解度很小的高价化合物，难于迁移；而在还原环境下，则形成易溶的低价化合物，发生强烈迁移。

3. 络合作用

在自然界中，具有环状结构的有机络合物一般比较稳定，在地表环境中，重金属元素的简单化合物通常很难溶解，但在它们形成络离子后，则易于溶解发生迁移，表生作用下有机络合物是部分重金属元素发生迁移的主要形式。据有关研究，羟基络合作用与氯离子络合作用能促进大量重金属在地表环境中的迁移。羟基对重金属的络合作用实际上是重金属离子的水解反应，重金属能在低 pH 下水解，从而提高重金属氢氧化物的溶解度。氯离子作用对重金属迁移的影响主要表现在两个方面，一是显著提高难溶重金属化合物的溶解度，二是减弱胶体对重金属的吸附作用。

络合物的稳定性对重金属的迁移能力也有影响。络合物越稳定，越有利于重金属迁移；反之，络合物易于分解或沉淀，不利于重金属迁移。

4. 腐殖质

腐殖质对元素的迁移作用主要表现为有机胶体对金属离子的表面吸附和离子交换吸附作用，以及腐殖酸对元素的螯合作用与络合作用。在腐殖质丰富的环境中，Cu、Pb、Zn、Fe、Mn、Ti、Ni、Co、Mo、Cr、V、Se、Ca、Mg、Ba、Sr、Br、I、F 等元素可被有机胶体吸附，并随水大量迁移。腐殖质与 Fe、Al、Ti、U、V 等重金属形成络合物，较易溶于中性、弱酸性和弱碱性介质中，并以络合物形式迁移；在腐殖质缺乏时，它们便形成难溶物而沉淀。

5. 胶体吸附与元素迁移

胶体的形成可增强元素的迁移能力，如 Si、Al、Fe 和 Mn 等元素在真溶液中的溶解度较小，其迁移能力有限，但当它们形成胶体后，迁移能力显著提高，可进行较长时间和长距离的迁移。胶体的吸附和解吸可以使部分元素发生沉淀和富集。如在河流的入海口，由于海洋中的 NaCl 等电解质促使 Fe、Mn 胶体的解吸，从而使其发生沉淀和富集。

胶体使元素迁移的作用主要发生在气候湿润地区，这里的天然水呈酸性，且有机质丰富，有利于胶体的形成。元素常以胶体状态发生迁移。在湿润地区，胶体最易吸附的元素有 Mn、As、Zr、Mo、Ti、V、Cr 和 Th 等，其次有 Cu、Pb、Zn、Ni、Co、Sn 等元素。而在气候干旱地区，天然水呈碱性，有机质很少，不利于胶体的形成，因而由胶体使元素迁移的可能性极小。

各种胶体对元素的吸附具有选择性。例如，褐铁矿胶体易吸附 V、P、As、U、In、Be、Co、Ni 等元素，锰土胶体易吸附 Li、Cu、Ni、Co、Zn、Ra、U、Ba、W、Ag、Au、Tl 等，腐殖质胶体易吸附 Ca、Mg、Al、Cu、Ni、Co、Zn、Ag、Be 等，黏土矿物胶体则常吸附 Cu、Ni、Co、Ba、Zn、Pb、U、Tl 等元素。

6. 气候条件

气候条件对地表环境中元素迁移的影响主要表现在直接影响和间接影响两个方面。

(1) 直接影响：地表环境中化学元素的迁移形式主要是水迁移和物理化学迁移，而气候变化的主要因素是降水量和热量。降水量的多少和干燥程度及温度的高低，对化学元素的迁移有重大影响。在炎热的湿润地区，各种地球化学作用反应剧烈，原生矿物多高度分解，淋溶作用十分强烈，风化壳和土壤中的元素被淋失殆尽，结果使水土均呈酸性反应，元素较贫乏，腐殖质富集，为还原环境。在干旱草原、荒漠气候带，降水量少，阳光充足，蒸发作用十分强烈，水的淋溶作用微弱，各种地球化学作用的强度较弱，速度也十分缓慢。地表环境中富集大量氯化物、硫酸盐等盐类。许多微量元素也大量富集，尤以 Ba、Sr、Mo、Ph、Zn、As、Se、B 等元素为最显著。

(2) 间接影响：主要表现在生物迁移作用方面，气候愈温暖湿润，生物种类和数量愈多，地表环境中的有机质或腐殖质愈多，生物吸收、代谢各种元素的过程愈强烈。地表环境中的许多元素可通过大量生物的吸收、代谢作用进行迁移。而在干旱气候条件下，生物种类和数量很少，地表有机质和腐殖质缺乏，元素的生物迁移微弱，地表环境中的元素多发生富集。

7. 地质与地貌

地质构造、岩性等地质条件均对元素的迁移产生影响。岩层褶皱剧烈、断裂构造发育、节理错综复杂地区，侵蚀作用、地球化学作用和元素的迁移比较强烈，元素随水流或其他介质大量迁移。坚硬的岩石难以侵蚀风化；质地软弱的岩石易于风化侵蚀，其中元素随淋失作用、搬运作用而迁移。此外，与地质构造密切相关的火山作用给地表环境带来某些元素，如 B、F、Se、S、As 和 Si 等；与岩浆活动有关的多金属矿床可使地表环境中富含 Hg、As、Cu、Pb、Zn、Cr、Ni、V、W、Mo 等元素，从而对元素的迁移、聚集产生一定影响。

地形地貌条件对元素的迁移影响十分明显，一般山区为元素的淋失区，低平地区为元素的堆积富集区。对内陆河流而言，坡降较大的中上游为元素的淋失地段，坡降较平缓的下游则为元素的堆积地段。研究表明，因某些元素“缺乏”引起的地方病常常分布在元素淋失区，因某些元素“过剩”而引起的地方病常发生在元素堆积区。

三、表生环境地球化学的地带性特征

地球上的气候、水文、生物、土壤等，都与温度的变化密切相关。伴随地表热能的纬度分布规律，气候、水文、植物、土壤等呈现明显的地带性分布规律，表现为纬度地带性、经度地带性和垂直地带性。

元素的化学活动与水、温度、生物、土壤等因素密切相关。因此，表生地球化学环境也具有地带性规律，它与气候、植被、土壤的地带性基本一致（表 8-1）。

表 8-1　中国的自然地带与地球化学环境地带

位置	气候带	植被带	土壤带	地球化学环境带
东部地区	寒温带	落叶针叶林	棕色针叶林土	酸性，弱酸性还原和中性氧化的地球化学环境
	温带	落叶阔叶林	暗棕壤，棕壤褐土	
	亚热带	常绿阔叶林	黄棕壤，黄红壤，砖红壤性红壤，砖红壤	
	热带	季雨林		
西、北部地区	温带	森林草原	黑钙土，黑垆土	中性氧化和碱性、弱碱性氧化的地球化学环境
		草原	栗钙土，灰钙土	
		荒漠，半荒漠	灰棕漠土，风沙土	
		荒漠，裸露荒漠	棕漠土，风沙土，盐土	
	高寒带	森林草甸	高草甸土	中性，碱性，弱碱性还原的地球化学环境
		草原	高山草原土	
		荒漠	高山寒漠土	

各种自然带与地球化学环境之间关系十分密切，它们互相联系、互相影响、互相制约。地球化学环境按地理纬度从北向南可分为：酸性、弱酸性还原的地球化学环境；中性氧化的地球化学环境；碱性、弱碱性氧化地球化学环境；酸性氧化的地球化学环境。

（一）酸性、弱酸性还原的地球化学环境带

本带气候较为寒冷、湿润，年降水量约为600~1000 mm，蒸发微弱，水分相对充裕，植被茂盛，土壤湿度大，腐殖质大量堆积，透气性不良，多属于还原环境。在地表水、潜水中含有大量腐殖酸，土壤呈酸性，pH多为3.5~4.5。植物残体得不到彻底分解，长期处于半分解状态，多数元素被禁锢在植物残体中，环境中的化学元素缺乏。

富含腐殖质的酸性还原环境决定了本带的地球化学作用的性质和强度。本带的分解淋溶作用较强，在酸性条件下，Ca、Mg、K、Na、Sr、B、I、Cu、Co、Ni、Cr^{3+}、Mn^{2+}、Fe^{2+}、Al、Si等易从矿物中淋溶和迁移。尤其是Fe^{2+}、Mn^{2+}具有较高的迁移能力。这些元素或离子大多被有机胶体所吸附，或形成金属有机络合物、螯合物，被水迁移。由于生物必需元素缺乏，常出现许多地方病或地方性疾病。

（二）中性氧化的地球化学环境带

本带热量较充分，年降水量为600~1200 mm，蒸发作用不强，地表水通畅，潜水位较低，土壤湿度适中，透水性较好，多为氧化环境。植被不十分发育，而且植物残体分解较彻底，很少有腐殖质堆积。本区元素的淋溶作用不强，富集作用亦不显著，无明显的过剩或不足的现象。天然水多为中性，pH在7左右；矿化度为500 mg/L左右，水质一般较好。

本带所属范围较广，包括森林草原景观、与其相邻的草原景观和森林景观。在中国，本带的特点是天然植被几乎砍伐殆尽，取而代之的是大面积的农田和局部的次生林。

（三）碱性、弱碱性氧化的地球化学环境带

本带气候干旱，年降水量为250~400 mm，或更少；热量充分，蒸发强烈，水分不足，地表水系不发育，潜水位很低，土壤的透气性良好，为氧化环境。本带属于干旱、半干旱草原，包括部分沙漠区，植被稀少，且残体被彻底分解，腐殖质贫乏。地表水、潜水多属碱性，pH为8~10，矿化度500~1000 mg/L，甚至更高，在碱性介质中，V^{5+}、Cr^{6+}、As^{5+}、Se^{6+}等元素活性较大，易迁移。但由于淋溶作用微弱，蒸发强烈，上述元素仍富集于该环境中的水土和生物体中。此外，Ca、Na、Mg、SO_4^{2-}、Cl^-、F、B、Zn、Ni等也在土壤中大量富集。

在本环境中的大部分地区，生物元素是过剩的。因而，流行某些地方病。如氟斑牙、氟中毒，有时还出现砷中毒、硒中毒，或因环境中As过剩而产生皮肤癌。

（四）酸性氧化的地球化学环境带

本带热量丰富，水分充沛，年降水量一般为1000~3000 mm，植被发育，元素的生物地球化学循环强烈，风化、淋溶作用也十分强烈。风化壳中的Ca、Na、Mg、K、Se、Mo、Cu、S、Li、Rb、Cs、Sr、B、I等元素大量地淋溶流失，而残留的Fe_2O_3、Al_2O_3和SiO_2形成红色的风化壳。

在本区发育着典型的砖红壤和广泛分布的红壤，局部为黄壤。由于碱土元素缺乏，土壤呈酸

性，pH 为 3.5~5，地表水和潜水多为酸性软水，pH 小于 6。

本区属于热带、亚热带雨林景观，大致分布于赤道南北纬 30° 以内的范围内。水土和食物中碘异常缺乏，地方性甲状腺肿的分布十分广泛。因钠不足影响人体发育，而出现矮小症。

（五）非地带性的地球化学环境

在自然界中，某些局部地球化学环境不受地理纬度分带的影响。例如，在湿润的森林景观带可以出现高氟区、高硒区；而在干旱的荒漠景观中可以出现沼泽，造成局部腐殖质堆积的环境。

非地带性的地球化学环境主要可分为两种类型，即元素富集的氧化的地球化学环境和腐殖质富集的还原的地球化学环境。例如，在某些火山、温泉分布区可造成局部环境水和土中 S、F、Si、Se、As 等元素的富集。在某些煤系地层、凝灰岩分布区和硫化矿床的氧化带，Se 高度富集。在某些多金属矿区或金属矿床的氧化带，水土中富集 Cu、Pb、Zn、Mo、Cd、Hg 等元素。在上述环境中因某些元素的过剩，可导致人类和牲畜的许多地方性中毒性疾病。

非地带性的腐殖质富集的地球化学环境以沙漠中的沼泽最为典型。例如，在毛乌素沙漠、昭乌达盟等地的沙漠区，有许多小范围的沙丘间的沼泽，有的沼泽底部堆积有薄层草炭，有机质含量高。

四、人类活动对原生地球化学环境的影响

大气圈、水圈和生物圈参与地表化学环境的演化。人类是生物圈的重要组成部分，人类活动对地表化学环境产生越来越明显的影响。二十世纪以来，伴随人口的增加和社会经济的发展，各种生产和生活活动向地表环境中排放大量化学元素或化合物，与原生地球化学环境叠加，并参与环境中的各种化学反应，使地表地球化学环境演化更加复杂。

人类活动对地球化学环境最明显的影响是环境污染。其中最重要的是工业、农药和化肥对水、大气、土壤等环境和生物的污染。多种化学元素或化合物通过食物链作用，在人体中产生积累，严重影响人体健康。

目前，人类活动对地球化学环境产生的最主要最常见的污染是有毒化学元素和农药污染。这两种污染通过食物链，对人体健康产生严重危害。

第二节　原生环境地球化学异常与人体健康

地质环境是由地壳、空气、水等所组成的，也称原生环境。人类在其长期进化中，利用和改造自然环境的同时受到环境的制约，并最终适应了环境。原生地球化学环境对人体有良性和恶性两个方面的作用。温泉水中含有的矿物质对人体皮肤、关节等疾病的治疗作用就属于良性作用；特定地球化学环境条件下形成的“矿泉水”含有钙、镁、锶等元素，是人体健康所需的有用元素，因而被大量开发饮用。然而，由于地球化学元素的地带性分布规律，某些人体组织不可缺少的微量元素在一定的环境中却非常缺乏或含量过高，结果导致生活在这些环境中的人群因对某些微

量元素的摄入量不足或摄入过多而发病。

在人类活动影响下,特别是当人类向环境中排放有毒有害废弃物时,会改变原生地球化学环境,形成环境污染。环境污染物反过来又作用于人体,使人类健康受到危害。

一、地球化学元素与人体健康

1. 人体中元素含量与地质环境中元素的相关性

人体中各种元素组成的平均丰度与地壳岩石中的平均丰度具有一定的相关性。20 世纪 70 年代初,英国地球化学家汉密尔顿做了一个科学实验,他调查了 220 名英国人血液中 60 种化学元素的含量。同时测定了地壳中各相应元素含量,用含量均值的对数绘制了元素相关图(图 8-2)。

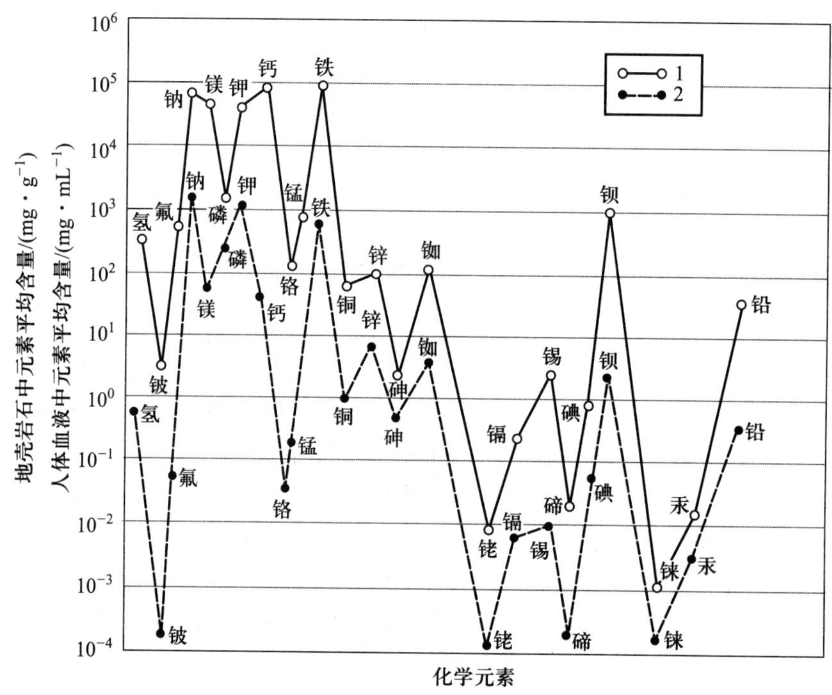

1. 地壳岩石中元素含量平均值;2. 人体血液中元素含量平均值

图 8-2 人体血液与地壳中元素含量的相关性(杨忠芳等,1999)

从图 8-2 可见,除了人体原生质中的主要成分碳、氢、氧、氮和地壳中的主要成分硅以外,其他化学元素在人体血液中的含量和地壳中这些元素的含量分布规律具有惊人的相似性,由此可以说明人体化学组成与地壳演化具有亲缘关系。现代人体的化学成分是人类长期在自然环境中吸收交换元素并不断进化、遗传、变异的结果。摄入过量或不足,使人体中某种元素的含量与地壳元素标准丰度曲线发生偏离,则可能对人体健康产生不良影响,造成某种类型的疾病(表 8-2)。

表 8-2 主要地方病类型与人体摄入元素多寡的关联关系

疾病类型	疾病名称	致病原因
心血管系统疾病	心血管病	Ca、Mg、Se 摄入不足
脑血管系统疾病	脑出血、高血压	SiO_2 摄入过量
内分泌系统疾病	地方性甲状腺肿	碘缺乏或摄入过量
消化系统疾病	地方性肠胃炎	$MgSO_4$ 摄入过量
神经系统疾病	汞中毒(水病)、砷中毒	Hg、As 摄入过量
骨齿系统疾病	氟中毒、骨痛病	F、Cd 摄入过量
	龋齿	F 缺乏
细胞	肝癌、胃癌、食道癌	饮水有机污染、饮用高 As 水
结缔组织疾病	脱毛症、毛发和皮肤异常	Tl、Se、As 摄入过量

(中国地质调查局,2012)

2. 微量元素的生理功能

摄入人体中的各种微量元素,有属于人体必需的,没有它们人就无法生存或不能保持健康状况,如氟、锌、钴、溴、铜、钒、硒、锰、碘、镍、钼、铬等;有些元素对人体不起生理功能作用,如锆、铷、铌、铝、硼、金、银、钛等;有些元素对人体则具有毒害作用,如砷、镉、汞、铅、锑、铊及稀土金属等。人体对各种微量元素的需求量取决于年龄、生理条件、环境条件及遗传因素等。据联合国世界卫生组织和文献公布,成年人对一些必需微量元素的需求量如表 8-3 所示。

表 8-3 人体必需微量元素对成人的供给

微量元素	成人一日需要量
铁	12 mg
锌	10~15 mg
氟	1.5 mg
铜	30 μg/kg 体重
碘	140 μg
锰	5~10 μg
硒	20~50 μg
铬	2~2.5 μg
钼	2 μg/kg 体重
钴	0.1~0.3 mg
钒	0.1~0.3 mg

(胡汉升,1986)

人体内的微量元素虽然甚少，但在生物化学过程中却起关键性的作用，它们作为酶、激素、维生素、核酸的成分，维持生命的代谢过程。微量元素的重要生理功能表现在：① 在酶系统中起特异的活化中心作用。酶是一种大而复杂的蛋白质结构，它的作用在于强化生化作用。几千种已知的酶中，大多数含有一个或几个金属原子。失去金属元素，酶的活力就丧失或下降；获得金属元素，酶的活力就恢复。② 在激素和维生素中起特异生理作用。如甲状腺激素中缺少碘原子，就失去效用，人体就会得甲状腺肿大病。③ 输送宏量元素的作用，如血红素中的铁是氧的携带者，它把氧带到每个组织、器官的细胞中去，供应代谢的需要。④ 微量元素在体液内，与钾、钠、钙、镁等离子协同，可调节渗透压、离子平衡和体液酸碱度，以保持人体的正常生理功能。

3. 元素的协同和颉颃作用

当某些共存的微量元素一同摄入人体内时，彼此之间往往发生错综复杂的颉颃或协同的作用，影响体内的生理平衡。一些非必需的元素置换或取代必需的元素，如金或银取代铜、砷取代磷、钨取代钼等都能危害人体健康；不论人或动物，当铁充足而缺少铜时，一样可发生贫血症，说明铜与铁在人体内显示生理协同作用；而另一些元素则具有颉颃作用，如硒与汞、铜与锌、铊与硒、铜与镉等，它们在人体内共存时，常表现为一种元素对另一种元素的生理功能产生干扰作用。正因为微量元素之间存在着如此复杂的相互颉颃和协同的关系，所以，在评定某微量元素对人体影响时，除了注意该元素的特异性质外，还必须注意和它有相关性的元素是否存在。

二、人体对环境致病因素的反应和地方病

环境的任何异常变化，都会不同程度地影响到人体的正常生理功能，但是，人类具有调节自己的生理功能来适应不断变化着的环境的能力。这种适应环境变化的正常生理调节功能，是人类长期发展过程中形成的。如果环境的异常变化超出人类正常生理调节的限度，则可能引起人体某些功能和结构发生异常，甚至造成病理性的变化。这种能使人体发生病理变化的环境因素，称为环境致病因素。人类的疾病多数是由生物的、物理的、化学的致病因素所引起。有毒气体、重金属、农药、化肥，以及其他有机及无机化合物属于化学性因素；细菌、病菌、虫卵等属于生物性因素；噪声、振动、放射性物质的辐射作用、冷却水造成的热污染等则为物理性因素。这些因素和反应达到一定程度，都可以成为致病因素。在环境致病因素中环境污染又占最重要的位置。

疾病是机体在致病因素作用下，功能、代谢及形态上发生病理变化的一个过程。人体对致病因素引起的损害有一定的代谢能力。当代偿过程相对较强时，机体还能保持相对的稳定，暂不出现疾病的临床症状，如果致病因素停止作用，机体便向恢复健康的方向发展；如果致病因素继续作用，代偿功能发生障碍，机体则以病理变化的形式反应，表现出各种疾病所特有的临床症状和体征。

疾病的发生、发展与地球化学环境之间有着不可分割的联系。许多疾病往往反映出强烈的区域性特征，而不同时期、不同区域都表现出一定的疾病类型（表 8-4）。区域生态环境中元素异常造成特定环境的特有的地方病，即原生性地方病。“地方病”与各地的地理位置、地形、地质、水文、气候及居民生活习性等条件的不同有关。在地质环境影响人体健康的各种因素中，最重要的一种是不同地区水、土、大气所含的化学元素种类和数量不同。一般的规律是：在元素受到强烈淋溶的寒温带地区、元素缺乏的沙土地区或元素难以释放的沼泽地区，容易发生元素缺乏症，

相反，在元素浓集的干旱地区和火山喷发区，又容易发生元素中毒性疾病。最常见的地球化学性地方病主要有：甲状腺肿、氟中毒、克山病、大骨节病等。

表 8-4 某些地方病类型与地形地貌的关系

疾病种类	地貌类型		地形特征	
	山区	平原	高、开阔、畅流区	低洼、闭流区
大骨节病	重	轻、无	轻	重
地甲病	重	轻、无	重	轻
食管癌	重	轻、无	轻	重
龋齿	重	轻、无	重	轻
肝癌	轻、无	重	轻、无	重
胃癌	轻、无	重	轻	重
氟中毒	轻、无	重	轻	重

（中国地质调查局，2012）

三、地方性甲状腺肿

甲状腺肿，又称地甲病、地甲肿，是一种因环境缺碘或富碘所引起的地方病。由于缺碘或碘过量，导致甲状腺激素生成障碍或需求增加，使甲状腺激素相对不足，导致甲状腺代偿性肿大，肿大甲状腺组织继而不规则增生和再生。

1. 地质地理分布

甲状腺肿是一种流行较广泛的地方病。高碘地方性甲状腺肿迄今已有 50 多年历史。食源高碘地甲病由日本首先发现，中国是首先发现水源性高碘地甲肿的国家。地理特征上，甲状腺肿集中分布于世界几大著名的山脉，如亚洲尼泊尔境内的喜马拉雅山区为最重的病区，患病率高达 90%~100%；欧洲的阿尔卑斯山、高加索山，南美的安第斯山，该病广泛分布；澳大利亚的新西兰岛、新几内亚岛，非洲马达加斯加岛是该病较重的流行地；中国是世界甲状腺肿流行较严重的国家之一，广泛分布于山区和内陆，如长白山、大兴安岭、小兴安岭、燕山、太行山、吕梁山、秦岭、川东和川西山区、云贵高原、青藏高原、天山山脉、昆仑山山脉。

甲状腺肿的分布受地质因素影响比较明显。地层中有机质层不发育或缺失，饮水和土壤中碘不足都会引起甲状腺肿。碘过量也可引起此种疾病发生。据有关调查资料，缺碘地区的人群，若饮用外来含碘丰富的食物和食盐，可减少或消除地方性甲状腺肿流行。施用富含碘的农肥可提高植物性碘含量，从而消除此种疾病的流行。

2. 碘的地球化学环境来源

原生碘存在于地壳岩石中或通过火山直接喷出地表。碘是一种极活跃的组分，在地表环境极易氧化，常以分子状态或化合物形式存在。在地球化学演化过程中，碘单向集中在地表大气圈、水圈和生物圈中。

但碘也有相对富集和贫乏的环境。在极地、高山地少，洼地、滨海多；在湿润淋溶地区少，在干旱地区多；在花岗岩、石英岩中少，在玄武岩、海相页岩中多；在灰化土、沙土中少，在沼泽土、腐殖土、黑钙土、盐渍土中多。

在天然水中碘的含量变化幅度也很大。在大气降水中，沿海地区为 2 μg/L，内陆为 0.2 μg/L，如在日本，雨水中的碘为 1.3~2.6 μg/L。山区的地表水、浅层地下水含碘低，为 0.0~2.0 μg/L；而在平原地区则较高，为 5~10 μg/L；在盐碱地区为 10~30 μg/L。海水的含碘量为 50 μg/L。油田水一般为 5~100 μg/L，最高可达 500 μg/L。

由于碘的生物富集作用，使生物中含碘量较高，海生生物含碘量比地壳中碘丰度的克拉克值高 100~1000 倍，陆生植物含碘量比地壳中碘丰度的克拉克值高 10 倍，所以有机质中含碘量较高，因而有机质含量高的土壤中碘也相应较多。生物富碘作用可使石油和沥青质沉积物中富集碘，并成为碘资源的主要来源。

3. 碘的生物化学作用

碘是人体的必需微量元素，它在人体内含量甚微，但功能却很大。人体的含碘量约为 30~50 mg，但是在 30 g 重的甲状腺内就聚集了 10 mg。碘在甲状腺内合成为甲状腺素，每个甲状腺素分子内必定有 4 个碘原子。因此，人体内缺碘就不能合成甲状腺素，就会导致甲状腺组织代偿性增生，颈部显现结节状隆起，即甲状腺肿大。

4. 甲状腺肿流行的影响因素

甲状腺肿的致病原因比较复杂。引发该病的因素有地质地理、土壤、水、食品和生活卫生条件等（表 8–5）。缺碘地甲病的流行趋势是，山区重于丘陵，丘陵重于平原，平原重于沿海。中国沿海地甲病的患病率为 1.6%~2.0%，属于散发性地方病。高碘地甲肿首先发现于河北和山东等省的沿海，以后见于平原，内陆的一些省、市、自治区。

表 8–5 影响地方性甲状腺肿流行的因素

影响因素	利于流行	不利于流行
土壤侵蚀程度	侵蚀、冲刷程度严重	侵蚀、冲刷程度轻
土壤类型和有机质含量	砂土、灰化土、泥炭土，土层薄、有机质少	黑土、栗色土、红色土，土层厚、有机质多
地貌部位	内陆山区	平原、沿海、盆地
降水与蒸发	降雨集中，降水大于蒸发	降雨量分散，蒸发占优势
食物类型	当地产植物性食品为主	饮食多样化，海产品、动物性食品多
饮用水	地表软化或石灰化水	矿化度高的井水或泉水
致甲状腺肿物质	有	无
生活卫生条件	不良	良
防治措施	无	有

绝大多数甲状腺肿是因缺碘而引起的。成年人每天应摄入碘 100~300 μg，甲状腺肿流行区人体摄入量一般都低于 50 μg。而长期摄入过多的碘也可引起甲状腺肿病。在环境中，存在着干扰人体吸收碘的因素，如饮水中有较多的 Ca、F、Mg、Zn、Cu、Li 等元素，或富含腐植酸、微生物等，都能影响人体对碘的吸收。此外，食用牛奶（牧草中有过多的十字花科植物）、芸薹属植物、大豆等也会影响对碘的利用，诱发甲状腺肿。这些食物中含有较多的过氯酸盐、硫氰酸盐、亚硝酸盐等。它们被称为致甲（甲状腺肿）物质。由此可见，只要选用适宜的饮水和食物，食用碘盐和海菜就可以有效地防治甲状腺肿的发生。

四、地方性氟中毒

地方性氟中毒，亦称“地方性氟病”。它是因长期饮用高氟水或食用高氟食物而引起的一种慢性中毒性地方病。地方性氟中毒在世界范围流行很广，危害极大。氟中毒是一种慢性全身性疾病，早期表现为疲乏无力、食欲不振、头晕、头痛、记忆力减退等症状。过量的氟进入人体后，主要沉积在牙齿和骨骼上，形成氟斑牙和氟骨症。氟斑牙在牙齿表面出现不透明斑点，严重者牙面出现浅窝或花样缺损，牙齿外形不完整，甚至脱落。氟骨症表现为腰腿痛、关节僵硬、骨骼变形、下肢弯曲、驼背，甚至瘫痪。

1. 地质地理分布

氟中毒病在世界的分布与地球化学环境密切相关，主要受岩石、地形、水文地球化学变化、土壤、气候等因素的影响。

(1) 火山活动区发病带：火山爆发喷出的火山灰、火山气体等喷发物中含有大量氟，这些喷出物在火山口周围呈环状分布。生活在火山周围的居民多患氟斑牙病和氟中毒症。世界上一些著名的火山如意大利的维苏威火山、那不勒斯火山，冰岛的火山区等，均有地方性氟中毒病发生。但也有例外，如中国东北地区的长白山天池、牡丹江镜泊湖、五大连池，以及云南的腾冲地区等，历史上均发生过火山喷发，但现在并未发现氟中毒病人。

(2) 高氟岩石出露区和氟矿区发病带：某些岩石如萤石、冰晶石、白云岩、石灰岩，以及氟磷酸盐矿中含有丰富的氟，经过物理化学风化作用、淋溶作用和迁移转化等地球化学变化，使地表水和地下水中的氟含量增高。生活在该区的居民长期饮用高氟水，发生氟中毒。

(3) 富氟温泉区发病带：温度超过 20 ℃的泉水能溶解多种矿物质，温泉水中含氟量一般比地表水高，而且随泉水温度增高氟含量不断增加。许多温泉区有氟中毒病发生。如西藏谢通门县卡嘎村温泉，水温 60 ℃，水中氟含量达 9.6~15 mg/L，泉水周围三个村的居民患严重的氟中毒病。

(4) 沿海富氟区发病带：海陆交替地带，长期受海水浸润，形成富盐的地理化学环境，海水中含量较高的氟也易于在此带富集；沿海地区由于大量开采地下水，导致海水入侵，不仅使土壤盐渍化、水井报废，也使地下水中氟含量增高，从而引起氟中毒病的发生。如中国的天津、沧州、潍坊等地区，均有一定数量的氟斑牙和氟中毒病出现。

(5) 干旱、半干旱富氟地区发病带：干旱、半干旱地区气候干燥，降水量少，地表蒸发强烈，地下水流不畅，氟化物高度浓缩，形成富氟地带，是氟中毒病高发区。如在印度的许多地区，地面氟化物大量蓄积，总量达 12×10^6 t（全球约为 85×10^6 t），地方性氟骨症患者高达 100 万人以上，称为世界“氟病大国”。

由此可见，全球地方性氟中毒发病区分布相当广泛，约有30多个国家高发氟中毒病。中国各地均有程度不同的氟病流行，全国有762个县（旗）有氟病发生，约占全国县（旗）的三分之一。主要分布在黑龙江、吉林、宁夏、内蒙古、陕西、河南、山东等省区。

2. 氟的地球化学环境分布

氟的天然来源有两个：一是风化的矿物和岩石，二是火山喷发。因自然地理条件不同，土壤的含氟量差异较大。湿润气候区的灰化土带，属于酸性的淋溶环境，有利于氟的迁移，土壤中氟含量较低。干旱和半干旱草原的黑钙土、栗钙土含氟量较高，在盐渍土和碱土中其含量更高。

氟在天然水中广泛分布，但极不均一。在海水中约为0.1 mg/L，河水中为0.03~7 mg/L，温泉水中为1.5~18 mg/L，盐湖水中最高为20~40 mg/L。

氟在酸性环境中以络合物的形式迁移，在碱性环境中多呈离子状态。地表水和潜水中氟的含量与气候带密切相关，在湿润气候带约为0.05~0.20 mg/L，在干旱草原气候带为2~12 mg/L。天然水的氟含量还受地貌和微地貌的控制，一般是山区低，平原高；岗地低，洼地高。

3. 氟病与饮水

氟是一种重要的生物必需元素。在人体的各部位都有它的踪迹。但是，80%~85%的氟都集中于骨、齿中。氟是构成骨、齿的重要元素。

正常人体内含氟约2.6 g，其中90%集中在骨骼与牙齿中。每人每天的正常需氟量为1 mg左右，如果每天进入体内的氟超过4 mg，氟就在体内蓄积，时间长了就发生氟中毒。轻者为“斑釉病”，重者为“氟骨症”。严重的氟病患者肌肉萎缩，脊柱弯曲，四肢变形甚至瘫痪。人体中的氟有65%来自饮水，35%来自食物。饮水中氟含量高于0.5 mg/L，龋齿率逐渐升高；大于1.0 mg/L，氟斑牙病率逐渐升高；大于4.0 mg/L出现氟骨症。中国西南地区的云南、贵州等省，饮水中氟含量不高（低于1 mg/L），氟主要来源于食物，食物中的氟来源于煤。当地燃烧含氟量很高的煤，并用煤烘烤粮食和蔬菜，大量氟进入粮食和蔬菜中，如烘烤玉米含氟量高达40.96 mg/L，辣椒平均含氟量高达466.73 mg/L，当地人又特别喜欢吃辣椒，该地区每人每天摄取氟总量约为17.9 mg/L。因而成为中国严重的氟病分布区。

在氟病区寻找低氟水是水文地质工作者的一项重要任务；对饮水降氟也是一个有效途径，通常采用的降氟剂是硫酸铝或氯化铝等。在低氟区预防龋齿的方法是对饮水进行“氟化”，将水的含氟量提高到0.6~0.8 mg/L。通常利用的氟化剂是NaF、$NaSiF_2$和KF等。此外，减少食物中的含氟量，限制高氟煤的燃烧和工矿企业含氟“三废”向环境中的排放，是预防食物型氟病和高氟煤烟污染型氟病应采取的措施。

五、大骨节病

大骨节病是一种地方性畸形骨关节病，主要发生在儿童和少年中，其症状为关节疼痛、弓状指、关节增粗变形、关节活动障碍和肌肉萎缩、短肢畸形和身材矮小，严重影响劳动和生活。

1. 地质地理分布

大骨节病的分布与地势、地形有密切关系。在中国，大骨节病多分布于山区、半山区，海拔500~1800 m之间。如中国东北地区，大骨节病多分布于山区、丘陵地带，以山谷低洼潮湿地区发病最重。在西北黄土高原地区，以沟壑地带发病较重。此外，大骨节病分布与气候有关，病区多属于陆地性气候，暑期短，霜期长，昼夜温差大。

中国的大骨节病，从东北到西藏呈条带状分布，包括黑龙江、吉林、辽宁、内蒙古、山西、北京、山东、河北、河南、陕西、甘肃、四川、青海、西藏、台湾等15个省(市、自治区)、296个(县、市、旗)，患者达200万人。其中发病最多的是黑龙江省(66个县市)。中国是该病最多发的国家。在俄罗斯的西伯利亚、朝鲜北部、瑞典、日本、越南等地也有发生。

2. 大骨节病的环境地质类型

大骨节病分布广泛，横跨寒、温、热三大气候带，自然环境复杂多变。病区地质环境可划分为四种类型：

(1) 表生天然腐殖环境病区：沼泽发育，腐殖质丰富，土壤多为棕色、暗棕色森林土，草甸沼泽土和沼泽土等。在本区，饮用沼泽甸子、沟水、渗泉水者大骨节病较重，而饮大河水、泉水、深井水者病情较轻或无病。大骨节病病村多分布于分水岭两侧河流中上游的谷地、山间盆地、碟形洼地，或分布于高原盆地、谷地。

(2) 沼泽相沉积环境病区：主要分布于松辽平原、松嫩平原和三江平原的部分地区，主要为半干旱草原、稀树草原。本区地势低平，水流不畅，沼泽湖泊星罗棋布，有的已被疏干开垦。发病与否主要决定于水井穿过的地层。凡水井穿过湖沼相地层，多发病重。

(3) 黄土高原残塬沟壑病区：黄土广布，因侵蚀作用强烈，水土流失严重，形成残塬、沟壑、梁峁地形。群众多饮用窖水、沟水、渗泉水和渗井水。由于水质不良，大骨节病很重。而饮用基岩裂隙水、冲积或冲洪层潜水者病轻或无病。

(4) 沙漠沼泽沉积环境病区：属干旱、半干旱沙漠自然景观，固定、半固定沙丘呈浑圆状或垄岗状。多数干燥无水；少数为芦苇沼泽，底部有薄层草炭，沼泽呈茶色并且有铁锈的絮状胶体。群众多就地掘井，凡饮用此水者多患大骨节病。

3. 大骨节病的病因及防治

大骨节病至今病因未明，多年来国内外学者提出很多学说，如生物地球化学说、食物性真菌中毒说、综合生态效应说等，其中以生物地球化学说研究最多。

生物地球化学说认为，大骨节病是矿物质代谢障碍性疾病，是由于病区的土壤、水及植物中某些元素缺少、过多或比例失调所致。有人认为环境中缺乏Ca、S、Se等元素或金属元素Cu、Pb、Zn、Ni、Mo等过多可致病；另有人认为，环境中化学成分比例失调，如Sr多Ca少、Se多SO_4^{2-}少或Si多Mg少等也可致病。此外还有人认为，大骨节病与环境中腐植酸含量高有关。

食物性真菌中毒说认为：大骨节病是因病区粮食(玉米、小麦)被毒性镰刀菌污染，而形成耐热毒素，居民长期食用这种粮食引起中毒而发病。用镰刀菌毒性菌株给动物接种，可使动物骨骼产生类似大骨节病的病变。

综合生态效应说认为：致病生态因子的多样性，如环境元素分布异常，食物霉变，蛋白质与蔬菜缺乏，以及生活方式等多种因素形成的综合生态效应，导致“膜缺陷”，是大骨节病的原因。

防治大骨节病的根本原则是设法消除致病因子，积极调节和改善条件因子。实践证明，改水防病是一种行之有效的措施，如将病区饮水中的腐植酸含量控制在0.05 mg/L以下，就可以收到明显的效果。此外，提倡杂食、增强营养，适量服用Na_2SeO_3片剂，对大骨节病也有一定的防治效果。

六、克山病

克山病于1935年在中国黑龙江省克山县发现而得名。克山病患者主要表现为急性和慢性心功能不全、心脏扩大、心律失常,并发脑、肺和肾等脏器的栓塞。克山病是一种分布较广的地方病,国内外都有发生,并具有地理地带性分布特点。据统计,中国有15个省、自治区的303个县(旗)有克山病的分布。

1. 克山病病区的环境地质类型

中国克山病发病区的分布与巨厚的中新生代陆相沉积岩系有关,同时与地形地貌密切相关。在地理分布上表现为一条从东北到西南的斜长条带。中国克山病病区可分为:东北型、西北型和西南型三种类型。

(1) 东北型:其特点是克山病与大骨节病的分布和病情轻重基本平行。克山病患者又是大骨节病患者。它包括了大骨节病的表生天然腐殖环境和湖沼相沉积环境两种病区类型。病区多饮用富含腐植酸的潜水和地表水。

(2) 西北型:以陕西渭北黄土高原,陇东黄土高原病区为代表。病村多饮用受有机污染的窑水、渗泉水和沟水。

(3) 西南型:属此类型的有云南高原病区、川东山地丘陵平坝病区。病村多饮用水田渗井水、沟水、坑塘水和涝池水。水质不良,有机污染严重。

这三种类型病区的共同特点是富含腐殖质。

2. 克山病的病因及防治

克山病的生物地球化学研究最多,并取得了较大进展。据林年丰等对腐植酸进行的系统化验研究表明,克山病与饮水中腐植酸过量有关。腐植酸可能通过两种途径引起克山病,一种是腐植酸可与多种元素形成络合物或螯合物,它们影响人体对Se、Mn、Mg等元素的吸收,导致人体缺乏这些微量元素而致病;也可能因某种低分子腐植酸的毒性直接损害心肌而致病。环境中亚硝酸盐、Ba含量高,也可引起中毒,导致克山病的发生。有机质对微量元素具有较强的螯合与络合能力,因而使水体中缺乏某些微量元素。中国克山病多处在深洞或较湿润的含有机质较高的偏酸性水区。据调查研究,水中有机物耗氧量与克山病发病率对数正相关。饮水中Ca、Mg含量低或环境中Se、Mo等微量元素缺乏与克山病有较密切关系。

克山病的病因还有营养缺乏说和生物病因说。营养缺乏说认为,病区食物缺乏维生素A、维生素B、维生素C、氨基酸等。生物病因说认为,克山病是一种病毒引起的自然疫源性疾病,有人认为是某些心脏肌肉病毒感染而引起的心肌炎,也有人认为是传染后过敏引起的心肌炎或食物中某些真菌中毒引起的心肌病,等等。还有一些病毒学家认为,克山病区存在的某种或某几种病毒,因水土条件适宜发生相互作用,直接或间接地作用了心脏肌肉而发病。

克山病的防治主要是通过改水(或换水)阻截致病因子进入人体;同时,注意加强营养,控制各种条件因子。在Se含量低的环境中,增加人体对Se的摄入量可起到防病治病的作用。

七、癌症

癌是一种顽症，对人类生命的威胁很大，占所有疾病死因的第二位，仅次于心脑血管疾病。据全球肿瘤权威统计报告，从 2006 年到 2016 年，癌症患者数量增加了 28%，癌症死亡人数增加了 17.8%；2018 年，全球新增癌症新发病例约 1810 万人、癌症死亡病例 960 万人。在中国，每天有约 1 万人被确诊癌症，每分钟有 5 人死于癌症。研究表明，约有 80% 的癌症是由环境因素引起的，其分布具明显的地区性和地带性，有集中高发的现象，其中消化系统癌症的地区性分布最为明显。

1. 癌症的分布特征

癌症在世界各地均有分布，但它有明显集中高发的现象。在一些国家或地区集中高发，而在另一些国家或地区则很少发生，死亡率相差十倍，乃至百倍。

食管癌的高发区主要位于东南非和中亚地区，如莫桑比克、南非、乌干达、伊朗、阿塞拜疆、乌兹别克斯坦和土库曼斯坦食管癌发病率很高。中国食管癌的平均死亡率约为 11/10 万，但分布不均，总趋势是北方高于南方、内地高于沿海，主要集中于河南、河北等中原地区；食管癌的高发区环境特征是：气候干旱、水源缺乏、土壤盐渍化程度较高；地表及地下水的矿化度均较高，水质属于硫酸盐－重碳酸盐水或硫酸盐－氯化物水，水中 As、Se、Mo、V、Cr、B、Ni、I、F 等元素富集。

肝癌主要流行于低纬度地带，如东南非和东南亚地区。在欧洲、北美洲、大洋洲很少发生肝癌。非洲莫桑比克的洛伦索马贵斯肝癌死亡率最高，为 146.6/10 万；挪威、芬兰等北欧国家最低，死亡率仅(1.0~1.2)/10 万。中国肝癌平均死亡率约为 10/10 万，高发区位于广西、广东、福建、浙江等沿海地区，以及东北吉林等地区。肝癌高发区多为水源缺乏的干旱、半干旱的环境，或者是饮水水质不良的沿海湿热气候地带。

胃癌主要分布在中、高纬度地带，如芬兰、荷兰、瑞典、英国、俄罗斯、日本、美国、加拿大等国的部分地区，低纬度带和赤道附近胃癌则较少发生。中国胃癌的平均死亡率约为 15/10 万，总的分布趋势是西北黄土高原和东部沿海各省较高，甘肃、青海、上海、江苏等省市较为突出。胃癌高发带的主要自然特征是气候寒冷湿润、植被繁茂、土壤多富含腐殖质；地表水、潜水为富含腐殖质的重碳酸盐－硅质软水，矿化度一般为 100~200 mg/L，甚至小于 100 mg/L，Ca、Mg、Se、Mo、Cu、Zn 等元素缺乏。

2. 地球化学环境与癌症

除遗传、免疫、内分泌等内源因素外，癌症病例的分布往往与某些类型的岩石或土壤有关。如南非的食管癌高发区多为玄武岩层分布区；中国山西某地的食管癌可能与无烟煤的分布有关；河南的食管癌主要分布于安山岩和中更新统的洪积层分布区；广西南宁的肝癌高发区主要为石灰岩分布区，而在砂、页岩地区肝癌发病率显著降低。此外，人类活动排放废弃物造成的环境污染也是癌症的重要病因。

除了岩石和土壤成分与癌症有着较密切的关系外，地貌可影响水文条件和水的化学成分。如太行山中南段，食管癌高发地多为风化物堆积的负地形，低发点多为剥蚀的正地形，在两个相邻的地质单元内，人群的死亡率差异明显，通常山区高于宽谷、盆地高于沟谷、缓坡高于陡坡。

大量的调查资料表明：肝癌、食管癌高发区，饮用池塘水、沟渠水的居民为多，而饮用深井水的居民发病率明显较低。从水质上看，池塘水、沟渠水的有机污染严重，直观指标表现为浑浊、着色（黄、绿、灰等色）、异味、异嗅、微生物繁盛，水缸底有胶体絮状沉淀物。化学指标是硝酸根离子、腐植酸含量高，化学耗氧量高，Se、Mo、Mg 和 Ca 含量低。

第三节 环境污染对人体健康的影响

环境的任何污染，都会直接或间接地影响人体健康。影响的大小取决于环境污染的程度，污染持续时间和人体的耐受限度。有的环境污染在很短时间便可造成较严重的急性危害，有的需经过很长时间才显露出对人体的慢性危害，甚至可通过遗传而影响到子孙后代的健康。因此，根据中毒的程度和病症显示的时间，可将环境污染对人体健康的影响分为：急性影响、慢性影响和远期影响三种类型。

急性影响主要表现为急性或亚急性中毒事件。如 1983 年 4 月，中国湖北省江陵县农药厂排放含砷废水，严重污染附近的饮用水源，致使 1046 名工人和农民患急性砷中毒，中毒者恶心、呕吐、四肢无力、眼睑浮肿，许多人还出现咳血、吐血和便血等症状。此种影响往往后果严重，很容易引起人们的注意。震惊世界的 1952 年伦敦烟雾事件及 1984 年 12 月印度博帕尔毒气泄漏事故，均造成数千人死亡。

当污染物浓度较低，长期作用于人体时，可以产生慢性中毒。由于慢性中毒潜伏期长，病情进展不明显，很容易被人忽视，而一旦出现症状时，往往产生不可挽救的后果。环境污染对人体健康的远期影响只是慢性影响的一种特殊情况，它的危害结果显示时间可能更长。大多数远期影响具有致癌、致畸胎的性质，故危害较大。

一、环境污染物的迁移转化规律

环境污染物根据其物质属性可分为三类：一是化学性污染物，它是环境中的主要污染物，对人体健康威胁最大、影响最广，常见的有各种有害气体、有毒重金属及各种农药、石油化工厂污染物；二是生物污染物，为各种病原微生物及寄生虫卵等；三是物理性污染物，常指噪声、电磁辐射等。

1. 污染物在环境中的迁移转化

污染物在环境中的迁移转化是指污染物排放到环境后，在环境中经过物理、化学和生物学的作用，在生物圈内发生的迁移转化过程。这种迁移、转化、循环、富集具有一定的规律性，取决于污染物本身的理化和具体的环境条件。在非生物环境介质中，污染物总是由浓度高的地方向浓度低的地方迁移；在生物体中，由于某些物质的理化特性，对那些具有蓄积性的化学污染物，很容易在生物体中富集，而使污染物逐级浓缩，生物死亡后，经过腐败分解，这些污染物最终又回到环境中去。污染物在环境中转化，既有降解过程，又有合成过程；既有有机物的无机化，又有无机物的有机化。污染物在环境中一般是由不稳定转向稳定，也可由稳定转向不稳定。

污染物在环境中的迁移转化机理是错综复杂的，可归纳为三个方面：物理性迁移转化（稀释作用、沉淀作用）、化学性迁移转化（中和作用、氧化还原作用、光化学反应）、生物性迁移转化（生物降解作用，生物转化作用，生物积累、浓缩、放大作用）。

2. 污染物在人体中的迁移转化规律

环境污染物（毒物）作用于人体后，是否能对人体健康产生危害，首先取决于污染物的浓度大小和污染物在人体内的代谢速度。污染物在人体内的代谢过程包括吸收、迁移、分布转化和代谢等。污染物进入人体后，一方面干扰和破坏人体的正常生理功能，使人体中毒或产生潜在性危害，另一方面人体通过各种防御机制与代谢活动使污染物降解并排出体外。因此，了解环境污染物在人体中的代谢过程对研究污染物与人体相互作用的规律是十分重要的。

环境污染物通过人体细胞膜进入血液的过程称为吸收。吸收途径主要是呼吸道、消化道和皮肤。血液是污染物在人体内得以迁移运转的主要介质。污染物与血液中何种成分结合将影响其在血液中的迁移速度。

污染物的分布与侵入途径和污染物的毒性溶解性、存在状态、代谢特点，以及器官的特殊条件均有密切关系。如经肺部吸入的汞蒸气，则随血液流向脑组织的侵入率大，这一特点是汞蒸气主要造成脑组织损伤的重要原因之一；可溶性的铍盐吸入后主要沉积于骨内，而不溶性铍盐则以存留在肺内为主。

环境污染物在体内转变成其他衍生物的过程称为生物转化。生物转化的结果常常是使污染物的极性增强，成为水溶性更强的化合物。代谢产物或污染物易于排出体外，其毒性也相对减弱或消失。但有少数污染物经生物转化后其毒性更强。

排泄是污染物以其代谢产物排出体外的过程，是人体物质代谢全过程的最后一个环节。排泄的主要途径是通过肾脏进入尿液和经过肝脏的胆汁进入粪便。此外，人体的呼吸、汗液、乳汁、唾液、泪液、毛发脱落也都是排泄途径。肾脏是最重要的排泄途径，其排出的污染物数量超过其他各种途径所排之和。

二、化学污染对人体健康的危害

当今世界上已有的化学物质达 500 万种之多，而且每年还不断地有数以千计的化学物质合成。据估计，进入人类环境的约有 96000 种。化学污染问题已日趋严重，致使人类疾病的构成也发生了变化。过去以传染病为主的疾病谱，现在已被非传染性疾病，如心血管病、公害病、职业病等所代替。

化学污染物按其形态可分为气体污染物、液体污染物和固体污染物；根据化学组成，又可将其分为无机污染物和有机污染物。化学污染物对人体危害的特点表现为：低浓度长期效应、多因素联合作用、远期和潜在性的影响。影响化学污染物侵入机体的因素一是污染物的溶解性，二是污染物的渗透性。

有毒有害化合物的生物效应可分为五个阶段。通常在第一阶段有毒污染物（元素）负荷增加，未出现生物学反应；第二阶段出现生理学反应，但不明显，而且是可逆的，即减少污染物负荷量便可复原；第三阶段出现疾病前驱明显生理变化，且是不可逆的；第四阶段人体内有毒元素积累过量产生疾病；第五阶段疾病在体内发展，最终导致死亡。表 8-6 列出了几种主要的有毒有害化合物的来源、分布及对人类健康的影响。

表 8-6 环境中有毒有害化合物对人体健康影响

污染物名称	来源	分布	对人体的主要影响
硫氧化合物	含硫燃料	大气和水	心肺疾病，呼吸系统疾病
氮氧化合物	燃烧过程	局部空气	急性呼吸道病症
臭氧	汽车尾气光化学反应	局部空气	刺激眼睛、哮喘病
一氧化碳	燃烧不完全	局部空气	血红蛋白降低，缺氧，煤气中毒
硫化氢	工业过程燃料燃烧	局部空气	影响呼吸中枢、烦恼、疲劳
粉尘（飘尘）	燃料、工业过程灰化、运输等	空气	影响肺部组织、支气管炎等
氟化物	炼铝、炼钢、制磷肥、氟化烃等	空气、水	过量使骨骼造血、神经系统、牙齿等受损，易患肺气肿
汞及其化合物	氯碱工业、造纸工业、汞催化剂等	食物，水域土	损害人体内酶和中枢神经系统功能，使人患水俣病、肝炎和血尿等病
铅及其化合物	汽车尾气、铅冶炼化工、农药等	空气、水、食物	损害肝和心脏，使发育迟缓，使头、肌肉、关节、脾、骨髓和神经系统患病
镉及其化合物	有色冶炼、化工电镀等	空气、水、土壤、食物	骨痛病、心血管病等
砷及化合物	土法炼砷，制革、颜料、化肥工业，烧煤	空气、水、土壤	破坏酶的功能，使神经系统和毛细血管病变，皮肤病变，致癌
酚类化合物	炼焦、炼油煤气工业	水	影响神经中枢、刺激骨髓，头痛、贫血，高浓度致人死亡
硝酸盐	污水、石棉燃料、硝酸盐肥工业	水、食物	可在体内合成亚硝胺
有机氯	农药、自来水消毒剂、工业废弃等	土壤、水、大气、食物	影响皮肤组织、肝等
多氯联苯	电力工业、塑料工业、润滑剂等污水	水	使皮肤及肝损害
石棉	采矿、石棉水泥工业、汽车制动系统	空气、水	慢性硅肺病、肺癌
真菌毒素	食物及动物饲料	染有黄曲霉素的食物	损害肝脏，是肝的致癌物
有机磷类	农药	土壤、水	引起神经功能紊乱，致癌，致畸

三、生物性污染对人体健康的危害

所谓生物性污染主要是指寄生虫卵、细菌立克次体、病毒等病原体，随着粪便、痰、飞沫等排泄物排入环境后，污染空气、土壤、水源等。其危害是造成寄生虫病和某些传染病的流行。

寄生虫有很多种，如蛔虫、钩虫、血吸虫等。它们均在肠道排卵，一条雌蛔虫可排出 20 万个虫卵。虫卵随粪排出体外，如不经无害化处理就用作肥料施用，就会造成土壤污染和水体污染。

寄生虫卵侵入人体的途径一般分两类。一类是经口侵入，例如，当环境条件适宜时，在湿润的土壤中，当温度达到 25 ℃左右时，蛔虫卵便孵化成为具有感染性虫卵。这种虫卵黏附在瓜果、蔬菜或手上，当生吃没洗干净的瓜果蔬菜或饭前不洗手就吃食物时，虫卵便经口侵入体内。另一类是经皮肤侵入体内的。例如钩虫卵，在适宜温度下，在土壤中发育成具有感染性的钩蚴卵，当赤脚下田时，感染性虫卵中的钩蚴，就会钻进皮肤而侵入体内。血吸虫卵也是在人和牲畜下水耕地、过河或游泳时，尾蚴就钻入皮肤，侵入体内。

四、土壤重金属污染

土壤是人类赖以生存的物质基础，是人类最基本的生产资料和劳动对象，也是人类世代相传的生存和生产条件。土壤重金属污染是指土壤中的各种重金属元素超标，超过土壤能够承受的极限值。重金属具有生物不可降解性和相对稳定性，使得重金属易在土壤中积累，甚至可转化为毒性更大的甲基化合物，有的通过食物链不断地在生物体内富集，对某些生物产生毒害，最终在人体内蓄积而危害人体健康。土壤重金属污染持续时间长、隐蔽性强、危害周期长。

1. 土壤中重金属的来源

重金属是构成地壳的元素，土壤中微量重金属元素主要来自原生母岩风化，而且由于原岩、母质、成土过程等因素的差异，重金属元素在土壤环境中的天然背景值存在着空间分异的特征。土壤重金属的污染源主要来自人类生产、生活活动。

工业生产是重金属的主要污染源，能源、运输、冶金和建筑材料生产产生的气体和粉尘沉降是土壤环境中重金属的主要污染源之一，如煤中含有 Ce、Cr、Pb、Hg、Ti 等，石油中含有相当量的 Hg。汽车运输对土壤造成严重污染，主要以 Pb、Zn、Cd、Cr、Cu 等的污染为主，它们来自含铅汽油的燃烧和汽车轮胎磨损产生的粉尘。工矿企业污水未经处理而排入下水道和污水灌溉是土壤重金属污染的另一个途径。固体废弃物在日晒、雨淋条件下极易使其中的重金属发生淋滤迁移到土壤中，污泥中 Cr、Pb、Cu、Zn、As 等极易超出控制标准，进而造成土壤重金属污染。

农业生产活动中，尤其是农药、化肥的过量使用，不可避免地将一些有毒有害重金属元素带到土壤中，这些有害物质积累到一定程度，超出土壤自净能力，就会影响植物的生长，进而影响农作物的产量和品质。农用塑料薄膜的热稳定剂中含有 Cd、Pb 等，塑料大棚和地膜的过量使用也会造成土壤重金属污染。

2. 重金属污染的化学特性和生态效应

大多数重金属是过渡性元素，而过渡性元素的原子有其特殊的电子层结构，使其在土壤环境中的化学行为和生态效应具有一系列特点。

重金属在土壤中的化学作用主要包括吸附－解吸、溶解－沉淀、配合作用等，重金属在土壤中发生的化学反应大部分具有可逆性，这种循环模式在很大程度上加大了重金属在土壤中的滞留量，提高了重金属的污染能力和毒性。重金属在土壤环境中易发生水解反应生成氢氧化物，也可以与土壤中的无机酸反应生成硫化物、碳酸盐、磷酸盐等，这些化合物的溶度积都比较小，易生成沉淀物累积于土壤中，使重金属在土壤中不易迁移。另一方面，重金属作为中心离子能够接受多种阴离子和简单分子的独对电子，生成配位络合物；还可以与一些大分子有机物如腐殖质、蛋白质等生成螯合物。难溶性的重金属形成络合物、螯合物之后，其在水中的溶解度可能增大，并在土壤环境中发生迁移。

土壤中重金属的生物作用是指植物通过根系从土壤中吸取一定的重金属污染物，特别是水溶态、交换态重金属含量高的土壤中，植物根系的吸收能力会增强，对植物自身的危害也更大。不同重金属元素对生物体产生毒性的浓度范围变化较大，对农作物产生的危害情况也有所不同。同一种重金属，由于其在土壤中存在的形态不同，其迁移转化特点和污染性质、危害程度也不相同。微生物不能降解重金属，相反地，重金属对土壤微生物也有一定毒性，可对土壤酶活性产生抑制作用；而且，在土壤微生物作用下，某些重金属可转化为毒性更强的金属有机化合物，如甲基汞等。

3. 重金属在土壤中迁移转化的影响因素

重金属进入土壤后，可被土壤胶体吸附，与土壤无机物、有机物形成配合物，或与土壤中其他物质形成难溶盐沉淀，或被氧化还原，或被植物及其他生物吸收。

（1）氧化还原条件与重金属的迁移转化

土壤系统是一个由众多无机和有机的单项氧化 - 还原体系组成的复杂体系。重金属按其性质分为氧化难溶性元素（如 Fe、Mn 等）和还原难溶性元素（如 Cd、Cu、Zn、Cr 等），在不同的氧化还原条件下，它们溶解迁移的能力存在很大差异。某些重金属元素，在不同的氧化还原条件下发生价位转变后，其毒性也发生很大变化，如，Cr^{3+} 在氧化条件下成为 Cr^{6+}，As 在还原条件下生成亚砷酸，毒性都变强。

（2）土壤酸碱度与重金属的迁移转化

土壤 pH 是影响重金属元素行为的又一个关键因素，对重金属化合物在土壤溶液中的溶解度有密切关系（图 8-3）。一般情况下，随着土壤 pH 的升高，重金属离子的浓度下降，易形成沉淀物从土壤溶液中析出（沉积），也就是说，pH 从中性升高到碱性，重金属元素的溶解度迅速降低，重金属 Cu、Zn、Cd、Mn、Fe 等呈难溶态的氢氧化物沉淀或以碳酸盐、磷酸盐形态存在，重金属难以被作物吸收，作物受污染的可能性减轻。反之亦然。

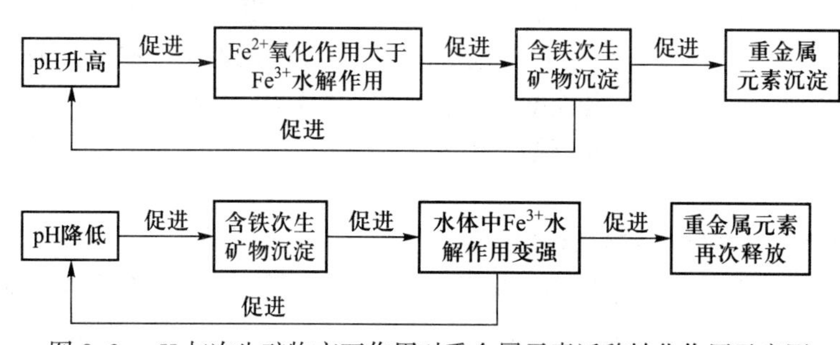

图 8-3 pH 与次生矿物交互作用对重金属元素迁移转化作用示意图

（3）土壤胶体的吸附作用与重金属的迁移转化

吸附是重金属在土壤中所发生的迁移转化的重要控制过程，是许多重金属离子从溶液转入固相沉淀的主要途径；重金属在土壤中的活性、分布和富集，在很大程度上取决于是否被土壤胶体所吸附和吸附的牢固程度。土壤中无机和有机胶体对重金属元素有明显的吸附作用，土壤胶体微粒所带电荷的符号、数量不同,对重金属离子吸附的种类和吸附交换容量也不同。黏土矿物带负电荷,可吸附阳离子,蒙脱石的吸附顺序为:Pb^{2+}、Cu^{2+}、Ca^{2+}、Ba^{2+}、Mg^{2+}、Hg^{2+},腐殖质胶体的吸附顺序为:Pb^{2+}、Cu^{2+}、Cd^{2+}、Zn^{2+}、Ca^{2+}、Mg^{2+}。

4. 重金属污染对人体健康的影响

植物从土壤中摄取的重金属,可经过食物链进入人体,并在人体中成百上千倍地富集起来,严重影响人类健康。例如铅含量过高会导致人的生殖功能下降,机体免疫力降低,会出现头晕、头疼、记忆力减退等一系列症状;汞含量过高会与人体内酶或蛋白质中许多带负电的基团结合,影响蛋白质的形成,从而影响细胞的功能;铬含量过高可能会造成遗传性缺陷、恶心、腹痛,经皮肤侵入可能会造成皮炎等。

第九章　环境地质调查评价与制图

第一节　环境地质调查

一、环境地质调查的任务与内容

环境地质调查的目的是通过对区域地质环境条件和由自然地质作用及人类活动引起的环境地质问题的调查研究，分析区域资源环境禀赋条件，研判国土空间开发利用问题和风险，评价预测资源开发与国土整治的环境地质条件，论证重大区域性环境地质问题和有关地质灾害的地质环境背景，识别生态系统服务功能极重要和生态极敏感空间，优化国土空间开发保护格局，拟定地质环境保护对策，完善主体功能定位，划定生态保护红线、永久基本农田、城镇开发边界，为区域经济与社会可持续发展、生态环境建设与地质环境保护提供科学依据。

环境地质调查的具体任务是：① 查明区域地质环境条件；② 调查主要环境地质问题和地质灾害的类型与特征、成因机制、分布规律及其危害；③ 分析地质环境系统演变规律、国土空间开发利用制约因素及风险，评价预测其对人类生存环境的影响；④ 评价人类活动和国土空间开发利用对地质环境的影响，预测其发展趋势；⑤ 评价资源环境承载能力和国土空间开发适宜性；⑥ 进行地质环境质量、地质环境承载力、地质环境功能、地质环境风险等区划，编制环境地质图件；⑦ 从地学角度提出山水林田湖草保护与系统修复、地质环境保护、地质资源可持续利用等的对策建议。

环境地质研究的对象和目的千差万别，涉及的内容十分广泛，环境地质调查的基本内容应包括以下几个方面：

(1) 区域地质环境条件：包括气象、水文、地形地貌、地层岩性、地质构造及水文地质条件等。

(2) 区域地壳稳定性：区域性大陆地壳或岩石圈的活动性，特别是活动断裂的运动特征与地震活动等。

(3) 岩土体的类型、物质组成与结构特征：岩土体的粒度成分与矿物成分、成因类型，岩体结构类型，工程地质岩组类型等。

(4) 地表水、地下水特征：地表水的径流特征与水质状况，地下水含水层空间结构，地下水系统边界条件，地下水补给、径流、排泄特征，地下水水化学特征，含水层的物理力学性质等。

(5) 资源开发与利用：水资源（地下水和地表水）、土地资源、矿产资源、地热及浅层地温能、矿泉水资源、地质景观资源、城市地下空间资源、天然建筑材料资源等的分布状况和开发利用程度，资源开发利用过程中引发的环境地质问题。

(6) 物理地质现象(地质灾害):内、外动力地质作用下发生的各种地质灾害的稳定状态、发育规律、危害方式和发展趋势。

(7) 环境地质问题:地下水污染、地下水位变化、城市垃圾场、矿山固体废弃物、土壤污染、放射性异常、地方病等环境地质问题的特征、分布危害及其发展趋势,重要环境地质问题专项调查与示范研究。

(8) 人类工程活动:人类工程活动的类型、强度、范围、历史、已造成的危害和未来趋势,地质环境对人类工程活动的敏感性与反馈作用。

(9) 环境污染源:污染源的类型、特征及分布,污染物种类与危害性,污染物质的迁移、转化途径等。

(10) 地质环境综合整治措施:针对现有环境地质问题采取的防治措施及其效果等。

二、环境地质调查的基本程序

环境地质调查大致遵循区域地质调查的基本工作程序,虽然目前还没有专门的环境地质调查规范规程,但可参照国家有关部门发布的相关的规范规程,如《工程地质调查规范(1∶2.5 万 ~1∶5 万)》(DZ/T 0097–1994)、《区域水文地质工程地质环境地质综合勘查规范(比例尺 1∶50000)》(GB/T 14158–1993)、《滑坡崩塌泥石流灾害调查规范(1∶50000)》(DZ/T 0261–2014)、《城市环境地质调查评价规范》(DD2008–03)等,根据具体的研究目的和对象,拟采取的技术方法,确定工作程序。

环境地质调查应采用综合手段,对基础地质、工程地质、水文地质、环境地质问题与灾害地质、地质资源等调查内容集成应用地质、钻探、物探、化探、遥感、测试、计算机信息等多技术方法,按不同调查对象与需要解决的问题,选择最有效方法开展工作。

(1) 充分收集已有的水文、气象、地质、“水工环”地质、遥感、物探、化探和主要环境地质问题与地质灾害的资料,以及大江大河流域整治规划、生态环境建设规划、防灾减灾规划等,在此基础上编制项目设计。

(2) 整理分析已有的前人研究成果,提取有用的资料信息,建立研究区地质环境要素的空间数据库和图形数据库。

(3) 开展航空和卫星遥感资料信息处理,确定调查路线和重点调查区及具体的调查方法。

(4) 开展地面调查、物探、钻探、实验测试等项工作,建立地质环境动态监测网点。

(5) 建立环境地质信息系统。

(6) 开展环境地质专题研究。

(7) 全面分析研究,开展环境地质评价、预测、论证,评价资源环境承载能力和国土空间开发适宜性,提出综合整治对策。

(8) 编制环境地质图系,撰写研究成果报告。

三、环境地质调查方法

环境地质调查的方法包括地质调查、物探、钻探、现场试验、室内测试和长期动态观测等。

1. 遥感解译

利用调查区的航空或卫星遥感影像资料，通过对比分析，解译、提取不同时期的环境地质信息与演变趋势。

2. 地面调查

在已有地质资料和前人成果分析、挖掘的基础上，补充必要的野外调查。重点调查工作区地质环境条件及其演化规律、主要环境地质问题、人类工程活动的类型及其环境地质效应等，同时验证遥感影像资料的解译成果。

3. 地球物理勘探

根据工作区地质环境条件、调查对象和有待查明的环境地质问题，采用电法、地震法、重力法、磁法和 CT 成像等适用方法开展地球物理勘探（表 9–1）。

4. 探槽和浅井

主要用于探测浅部地层结构、活动断裂、地质灾害体、垃圾场等调查对象的规模、边界、物质组成、形成条件。探槽和浅井一般与野外调查同时进行，其规格和施工等有关技术要求按山地工程的有关规范规程执行。

表 9–1　环境地质调查地球物理勘探方法

调查对象	地球地理勘探方法
地层结构	电阻率测深法、音频大地电磁测深、地震法
覆盖层厚度	高密度电阻率、电阻率测深法
基岩埋藏深度、基岩面起伏形态	电阻率测深法、音频大地电磁测深、地震法
含水层埋藏深度及厚度	电阻率测深法、音频大地电磁测深、核磁共振
隐伏构造、断裂破碎带的空间分布	电阻率剖面法、音频大地电磁测深、地震法
隐伏古河道	电阻率测深法、电阻率剖面法
地质灾害体的空间分布与规模	高密度电阻率法、探地雷达、层析成像法
岩溶与土洞分布	瞬变电磁法、浅层高分辨率地震法
圈定富水地段及咸淡水分布范围	电阻率测深法、电磁测深、核磁共振

5. 钻探

主要用于查明地层结构与岩性特征、软弱夹层与特殊土层的埋藏分布特征、地质构造破碎带及裂隙发育程度、岩土体工程地质特征、含水层（组）水文地质特征、活动断裂特征等，利用钻孔进行观测、水文地质试验与工程地质试验原位测试和采样等。用于重要环境地质问题和规模大型、灾情（或危害）重大及以上的地质灾害调查，以了解环境岩土体特征，查明探测对象的位置、规模、物质组成、形成条件与活动断裂特性。

6. 实验测试

为分析研究地质环境演变规律，在地面调查阶段，采集水体、土壤和岩石等样品，利用古地磁、热释光、同位素年龄、孢粉、微体古生物、原子吸收光谱法、离子色谱法、超声波和流变仪等测试技术开展实验室测试分析，获得环境地质评价所必须的数据资料。

7. 动态监测

根据工作区地质环境条件和需要解决的问题，确定监测项目、监测网点布置原则、布设位置、监测内容与要求、监测工作量等。如用于观测地震、活动断裂、地下水、危岩体或滑坡的长期动态观测可为环境地质问题的发生发展提供重要数据，监测手段有地面位移（三角控制测量、微震台网和短基线测量等）、深部位移（多层移动测量计、测斜仪和磁标志法等）、热红外跟踪摄影与现场声发射（AE）自动记录仪和 GNSS 等。为确保监测周期，控制性的监测点应在工作初期布设并运行。

多要素监测网络体系不仅是重要的基础设施，已逐步成为环境地质调查工作实现可持续性发展的战略支撑，世界各国地质调查机构非常重视地质环境监测网络建设（表 9–2）。在原有环境地质要素现状调查基础上，更加注重对地质、资源、环境、灾害变化过程及其与人类活动相互影响的动态调查监测和数据信息的实时获取，构建起监测范围覆盖广、数据互联共享、应用服务能力强的现代化监测网络体系。

表 9–2　部分地质调查机构地质环境监测网络建设情况

地质调查机构	主要监测网络
美国地质调查局	国家水文监测网络 地下水监测网络 国家和全球地震监测网络 自然灾害监测网络 生态系统监测系统
英国地质调查局	地球能源观测站 流域观测站 海底观测站 火山观测站和试验场
欧洲地质调查联盟	地质灾害观测网络 城市地下空间检测网络 地下水监测网络 加强地球观测数据应用服务
中国地质调查局	国家地下水监测网络 地质灾害调查监测信息系统

8. 地球化学勘探

地球化学勘探在查明活动断裂分布与活动性，以及地裂缝、地下岩溶发育程度等方面具有重要的作用，通过探测汞、钍、铀和氡等放射性或挥发性元素的含量，分析评价不同区域的环境地质条件。

9. 环境地质信息系统建设

以建立环境地质空间数据库系统和评价、预警与综合整治计算机辅助决策系统为目标，实现环境地质评价数据标准化和监测数据采集的自动化，评价、预测和综合防治研究的模型化、可视化与人工智能化。

第二节 环境地质评价

一、环境地质评价的原理和一般程序

(一) 环境地质评价的原理

环境地质评价的对象是地质环境质量,它是自然要素与人类活动相互作用形成的复杂的综合体,不完全等同于自然综合体。地质环境的地域分异规律,人类活动类型与程度的差异是环境地质评价的理论依据。

组成地质环境的要素可以分解为许多构成因子,如地下水可以分解为化学组成、物理性状和动态特征。这些构成因子作为整体的一个局部,其性状是由整体的性状决定的;反之,每个因子的性状都反映整体性状的信息。正是基于这一原理,为了描述地质环境要素或整体地质环境质量的好坏,可以根据要说明的问题,选择一定数量的评价因子,将其转换为可比的指标,最后进行加权综合,得到地质环境要素的质量指标,由各个要素的质量指标又可得到整体地质环境的质量指标。例如,滑坡体是一个复杂的地质体,在其发生、发展过程中受到诸多因素的影响,如斜坡岩土体性质、地质构造、地形地貌、地表植被覆盖度、地下水动力因素、大气降水、地震振动、人为开挖斜坡等,其中,某些因素属于主导因素,另一些则属于次要因素。在进行滑坡灾害评价时,首先需要确定发生滑坡灾害的主导因素,如降雨诱发型滑坡的主导因素是大气降水、岩土体性质和植被覆盖度等;然后在主导因素中确定主要指标(主要因子),如大气降水的降雨强度或降雨持续时间、松散土体的粒度成分、岩体软弱结构面发育程度等,建立滑坡灾害评价的指标体系,通过各种定性、定量的方法揭示滑坡发生的成因机制、目前的稳定状态(现状评价)和未来的发展趋势(预测评价)。

(二) 环境地质评价的一般程序

环境地质评价是建立在地质环境各个要素质量调查、监测和趋势分析等工作基础上,并按一定的目的要求和方法进行的。环境地质评价的一般程序如下:

(1) 确定评价因子:进行环境地质评价,首先必须了解评价对象的范围、内容和功能;分析环境要素的成因、演化及其影响因素,分解地质环境的构成因子。这是环境地质评价的前期准备工作。

(2) 选择评价参数:地质环境要素的功能不同,评价的目的不一样,选择的评价参数也就有所差异。若进行地质环境质量的综合评价,则选择的参数应该尽量齐全一些;而为了某项特殊目的进行评价时,对评价参数应做专门设计。

(3) 参数标准化:各个评价参数的度量单位是不一样的,其数值大小和意义也不相同。为了评价参数在同一基准上相互比较,需要将参数等标化,即将所有的参数都和它们各自的环境标准进行比较,使它们转换成具有相同地质环境意义的定量数值,这一过程就叫参数的等标化或指标化。在进行环境地质评价时,应根据地质环境功能和评价目的选择不同的标准进行等标化处理。

(4) 确定评价参数的权重:为了说明某一要素或整体地质环境质量的好坏,需要将等标化后的评价参数进行加权综合。为此,需要确定评价参数的权重,即评价参数对地质环境质量影响程度的大小,并运用数学模型进行分析。常用的权重确定方法主要有特尔斐法、模糊数学法和序列综合法。

(5) 建立环境地质评价数学模型:根据地质环境要素及评价因子在所研究的区域地质环境中的作用,以及各个地质环境要素在多元多介质地质环境系统中的运动规律,建立一个完善的、科学反映地质环境质量状况的数学模型。

(6) 划分地质环境质量等级,绘制环境地质评价图件:由环境地质评价模型计算得到的是地质环境质量的定量表征。同样的数值,在不同的地质环境要素或单元间往往代表不同的地质环境质量内容。即便是在同一地质环境要素或单元内,这些定量化数值的物理含义也不一定相同。为此,要进行地质环境质量的分级,即根据地质环境质量指数及其对应的生态效应将地质环境质量指数划分等级。根据不同的目的和要求,绘制环境地质分区图件。

(7) 编写环境地质评价报告:给出环境地质评价的结论,对不同环境地质质量等级区的范围、特征进行分区描述,并提出地质环境保护与生态修复对策。

二、环境地质评价的基本原则

环境地质评价的目的是采用某种数学模型对一定地理或行政区域的地质环境质量进行分级,进而明确资源环境承载能力和国土空间开发适宜性,提出地质环境保护与生态修复的对策建议。因此,环境地质评价应遵循的根本原则是自然地质环境系统的一致性、保护环境与生态修复对策的一致性、行政区划或地理单元的完整性。环境地质评价,既要充分考虑到整体评价对象地质环境与生态系统的相似性和差异性,又要顾及分区间的差异性和亚区内的一致性,并充分反映环境地质问题的制约性。

从理论上讲,全面评价影响人类生存与发展的地质环境质量,应包括有利条件和不利因素,有利的是地质资源,包括矿产资源、水资源、土地资源、旅游资源等,不利的是制约国土空间开发利用的各种环境地质问题和地质灾害。

三、环境地质评价指标体系构成

地质环境是一个由众多因子构成的复杂巨系统,这些因子之间相互作用、相互制约的关系直接或间接地反映了地质环境质量的优劣程度。正确选择能够综合体现地质环境质量状况及人类居住适宜性的评价因子是真实地揭示地质环境质量好坏的前提和基础,评价因子体系是由若干个因子组成的层次分明的有机整体。要选取最敏感、最便于度量和内涵最丰富的主导性指标,使指标体系能够准确地描述地质环境质量现状和未来变化趋势。

确立地质环境质量评价指标体系应遵循科学性、系统性、可比性、针对性、时空多层次性和可操作性的原则。

一般来说,地质环境质量取决于地质环境背景条件、区域地质环境问题与地质灾害、人类工程活动三个方面，这是反映地质环境质量的第一层次因子，是环境地质评价因子选择的准则层指标。地形地貌、地层岩性、地质构造、地下水超量开采等是反映地质环境质量的第二层次因子，构成环境地质评价的指标层。有时需要细化指标层，选择、确定第三层次因子。

评价因子一般选取关键制约因子和主要的影响因子，剔除相互关联度较大的因子、对评价结果贡献较小的因子和在指标量化不易受控的因子，经过充分筛选、优化后确定，然后对每个因子进行指标分级。

四、环境地质评价方法

环境地质评价方法的选择必须考虑以下三个要素：① 必须确定与地质环境质量要素集有关联的标准或目标函数；② 可以假定调节地质环境质量要素集价值关系的模型，该模型在合理的置信度下，能够对不同评价方法得出的结果进行比较；③ 建立效用或损失概率分布来判断不确定条件下产生的评价后果。这三个要素一般不同时考虑，而是按照环境地质评价的目的和总体要求加以选择。例如，在地质灾害评价中应重点考虑第三个要素，因为地质灾害评价所要解决的矛盾是在众多不确定因素下分析地质灾害主控因素及影响因素彼此变化的可能性。

目前，国内外使用的环境质量评价方法很多，主要有：专家评价法、综合指数法、经济评价法、物元分析法、神经网络法、运筹学评价法和模糊综合评价法等。

（一）综合指数法

综合指数法是最早用于地质环境质量评价的一种方法。它具有一定的客观性和可比性，常用于地质环境质量现状评价中。其工作流程是：① 分析、整理数据和资料；② 确定所要评价的地质环境要素及其评价因子；③ 选择评价标准，对评价因子进行分级；④ 评价因子的标准化处理；⑤ 建立评价模型；⑥ 进行地质环境质量评价、分级和区划。

综合指数法是对整体地质环境质量的定量描述，只要评价因子、评价标准、因子指标分级可靠，评价结果可以基本反映地质环境质量的真实状况。综合指数法的优点是数学过程简捷，运算方便，物理概念清晰。

（二）专家评价法

专家评价法是一种古老的方法，但至今仍有重要地位。这一方法将专家们作为索取信息的对象，组织专家运用专业方面的经验和理论对地质环境质量进行评价的方法。该方法具有以下两个特点：① 评价可以考虑某些难以用数学模型定量化的因素，如社会、政治因素；② 在缺乏足够统计数据和原始资料的情况下，可以作出定量估计。有代表性的专家评价法是特尔斐法，该方法以匿名方式通过信函征求专家们的意见。通过对前一轮的意见进行汇总整理，将其作为参考资料再发给每个专家，供他们分析判断，提出新的论证。如此多次反复，专家的意见渐趋一致，结论的可靠性越来越大。其特点是：匿名性，轮回反馈沟通情况和评价结果的统计特性。它是一种系统分析方法，是在意见和价值判断领域内的有益延伸。这种方法在地质环境变化趋势预测和地质环境价值判断方面具有很大的作用。

（三）模糊综合评价法

地质环境是一个多因素耦合的复杂动态系统，其中既有确定的轨迹可循的变化规律，又有不确定的随机变化规律。不确定性主要是由于认识有限、数据不充分或不可靠、地质环境质量本身具有随机性和可变性等三个方面的因素造成的。地质环境质量的这种精确与模糊、确定与不确定的特性都具有量的特征。有的时候可以用精确的语言来表述，有的时候则需要模糊的语言来表述。

模糊综合评价又称模糊综合评判，是以模糊数学为基础，应用模糊关系合成的原理，对具有多种属性的事物，或者说其总体优劣受多种因素影响的事物，作出一个能合理地综合这些属性或因素的总体评判。模糊逻辑、模糊数学综合评判、模糊因子分析、模糊模式识别、模糊主成分分析等的广泛应用，使得更精确地刻画地质环境质量特征成为可能。模糊数学综合评价的基本思路是基于地质环境质量、影响因素、因子边界的模糊性，通过建立地质环境质量评价指标体系、指标量化分级体系、指标权值分配体系构建模糊数学评价模型，进而对区域地质环境质量进行评价和区划。模糊数学方法的关键是可用隶属度来刻画地质环境质量的分级界线，然后根据已有的分级系统和实际数据进行级别划分。

模糊评价方法的一般步骤是：建立或完善评价因子的分级系统；根据分级系统的不同标准分别建立各评价因子在相应级别的隶属函数；计算各个评价因子对于不同级别的隶属度；n 个评价因子隶属于 k 个不同级别的隶属度组成隶属度矩阵 $\boldsymbol{R}$；确定 n 个评价因子的权重值，归一化并构成权重向量 $\boldsymbol{A}$；用模糊矩阵的乘法求出运算结果 $\boldsymbol{A}\cdot\boldsymbol{R}$；取评价结果向量中最大值对应的级别为本次模糊评价的分级结论。当同时存在两个或两个以上最大值时，取次大值贴近的一个作为最后评价结果的级别。

第三节 地质环境质量现状评价

从词义上说，地质环境质量评价就是研究地质环境的优劣程度。它是认识和研究地质环境的一种科学方法。在对地质环境的开发和利用中，要确定地质环境质量状况对人类生存和发展的适宜性，就必须进行地质环境质量现状评价。

一、地质环境质量评价概述

地质环境质量评价的范畴主要包括区域地质环境、城市地质环境、地质灾害、地质地貌类自然保护区和有明显地质地貌特色的风景名胜区、与地下水有关的地质环境、矿山地质环境。

（一）区域地质环境质量评价

区域地质环境质量评价是为国土空间开发利用和生态系统修复支撑服务的。国土空间开发利用需要解决的问题，从根本上说就是处理好人类活动与资源利用、环境保护的关系，使之能够相互协调发展。

无论是区域规划或是专题规划，国土空间开发利用都具有区域性特征。国土是指一定地域范围内自然资源和地质环境的综合体，所以，区域地质环境质量评价，是进行国土空间开发利用和生态系统修复的重要基础。中国地域辽阔，自然地质环境条件各异，加强对自然的和人为的地质作用和现象的监测、评价，对保护与合理利用地质环境，搞好国土空间开发利用和生态系统修复都具有实际意义。

区域地质环境质量评价的重点是地质环境条件的区域规律、地质灾害、区域地壳稳定性和人类活动对地质环境的影响等四个方面。涉及的内容主要有各种工程建筑活动、开发矿产活动、农业生产活动、综合活动和地质灾害五个方面。区域地质环境现状评价可分为三个层次：① 在区域地质环境调查、评价的基础上，制定区域地质环境开发、利用、保护和治理规划纲要，从宏观上解决区域地质环境开发利用的方向、存在的主要问题、治理和保护的重点及应采取的措施；② 针对区域的重大工程和经济活动布局，预测人类活动对地质环境可能造成的影响，从而对工程项目的适宜性及其影响后果做出评价；③ 对区域内在建和已建的工程建筑活动、开发矿产活动、农业生产活动等，以及地质灾害和综合活动进行监测和评价，从时间、空间和强度三个方面，不断地进行变化趋势的预测、预报，为减轻和防治地质灾害提供依据。

（二）城市地质环境质量评价

这是地质环境质量评价的重点之一。因为城市是人类工程建筑活动和工业生产活动最集中的地区，对地质环境的影响最为突出。城市地质环境质量评价的重点是：① 城市区地壳稳定性评价，包括地震活动性、断层活动性及由地震诱发的各种不良地质作用的强度；② 地基稳定性，地基岩性、埋深、物理力学性质及地下水因素；③ 供水条件和水资源保护问题，水资源评价、合理开发、管理和保护；④ 城市废弃物处置的地质条件评价和监测；⑤ 建筑材料的调查和评价；⑥ 城市地质灾害（包括自然形成的和人类活动影响形成的）的评价、监测和预测。

城市地质环境质量评价必须贯穿于城市规划、建设和城市正常运行的全过程。但是，在城市建设的不同阶段，其监测、评价的内容和方式，应有所不同。

城市总体规划阶段主要围绕上述六个重点内容对城市地区各类建筑物和交通干线的规划布局，以及土地的合理利用做出评价。城市详细规划阶段则从地基条件和地质环境角度做出进一步评价，分析拟建工程的适宜性，并对地质环境可能发生的变化做出评价、预测。城市设计、开发阶段的评价主要是为各类拟建工程和场地选定提供有关地质环境质量优劣的依据，提出可采取的地质环境治理措施。城市运营阶段的地质环境质量评价任务是监测和评价城市开发过程及运行阶段可能出现的地质环境问题和灾害，及时进行预测、预报，采取有效的减灾和防治性措施。

（三）地质灾害的监测、评价

地质灾害种类繁多，对人类的危害广泛而严重。地质灾害监测与评价的重点是：① 对各类地质灾害的地质环境背景进行评价；② 研究各类灾害性地质作用发生和发展的规律、强度、形成机制及作用速率；③ 从工程建设和地质环境的相互作用出发，评价和预测各类工程建设可能产生的灾害性地质作用及危害程度；④ 对区域性和严重危害人类生产、生活的地质灾害开展长期监测，进行时间、空间、强度的预测、预报；⑤ 开展地质灾害的防治研究和防治指导。

（四）地质景观资源评价

建设自然保护区是保护自然资源和地质环境的重要手段，也是科学研究和教学、实习的良好基地。自然保护区总面积占国土总面积之比值的大小，已成为衡量一个国家科学文化水平的重要标志。为使有经济、科研、旅游或其他特殊价值的地质资源和地质景观不遭受毁坏，有必要加强地质地貌类景观资源的规划与评价。这类评价的主要内容是在区域及城市地质环境调查、评价的基础上，对地质景观资源进行科学价值、美学价值、稀有价值和自然完整价值分析与等级划分，并从环境优美性、观赏便捷性、地质安全性等方面做出前景评判，提出地质地貌景观资源开发利用规划，对拟建的保护区和风景名胜区进行环境质量评价，并建立监测、保护标志，拟订保护性方案和措施。

（五）与地下水资源有关的地质环境质量评价

包括地下水资源开发利用前期和开发过程中的评价。评价的主要内容有水源地地质环境质量评价，对水资源可能引起的地质环境问题进行预测，加强地下水动态和污染的监测评价。在开发过程中制定区域开采和人工回灌计划，进行宏观调控，防止地下水的过量开采和造成新的地质灾害。

（六）地下空间资源可利用性评价

地下空间是指位于地下岩石圈土壤和岩石中可被人类开发利用的空间体积，是一种提供和满足人类需要的虚体空间。21 世纪以来，城市地下空间资源成为世界各国开发的新的热点资源，对其可利用性进行评价成为城市地下空间开发的首要任务。城市地下空间资源评价是对城市所拥有的地下空间资源在数量、质量、种类、适用性、开发效益、利用价值、开发的有利条件和制约因素等方面进行科学的评估。地下空间资源的数量一般用地下空间容量来表示，即在当前科技水平和城市发展阶段，满足人地协调前提下的城市地下某一深度范围内可供开发并承载某些城市功能的地下空间总量。

地下空间资源可利用性评价深度，一般以 35~40 m 为宜，也可根据城市规模、总体规划和国土空间资源紧缺程度等具体情况适当调整。

地下空间可利用性评价可以是基于城市总体规划的整体性评价，也可以是结合城市具体工程项目的专项适宜性评价，如高层建筑、地铁、仓储、人防、停车场等的单项评价。

（七）矿山地质环境质量评价

随着矿产开发利用规模的加大，矿山环境的污染和破坏日趋严重。矿山排放的废气、废水、废渣及尾矿对环境造成严重的污染和破坏，如水土流失、泥石流、地面塌陷等。矿山开发还存在着边坡失稳，地温地压增大，土地合理利用，水环境条件变化和土地恢复等问题。因此，需要加强矿山地质环境的监测与评价。

在矿山开发前，要对开发区及其临近区域进行环境地质评价，确定合理的开发方式和方案，并预测开发过程中地质环境可能发生的变化，为矿山合理布局提供规划依据。在矿山开发过程中，要加强地质环境的监测与评价，掌握环境变化的动态，提出对策，减少地质灾害。矿山开发后，仍要对地质环境变化进行监测和评价。同时，围绕矿山土地复垦，进行环境评价。

二、地下水环境质量现状评价

地下水环境质量评价主要是指对那些以地下水作为供水水源的城市和工矿企业区所进行的环境质量评价。这项工作必须建立在已有的地质、水文地质和环境水文地质调查的基础上，必要时还要进行环境水文地质监测和试验。

地下水环境质量现状评价要求在全面掌握地下水污染现状、成因、范围和程度的基础上，系统地对主要环境水文地质问题做出定量评价和描述。地下水环境质量评价，必须以地下水资源和地质环境的质量变化为重点，结合研究区的环境水文地质条件类型进行评价。地下水环境质量评价的一般程序如图 9-1 所示。

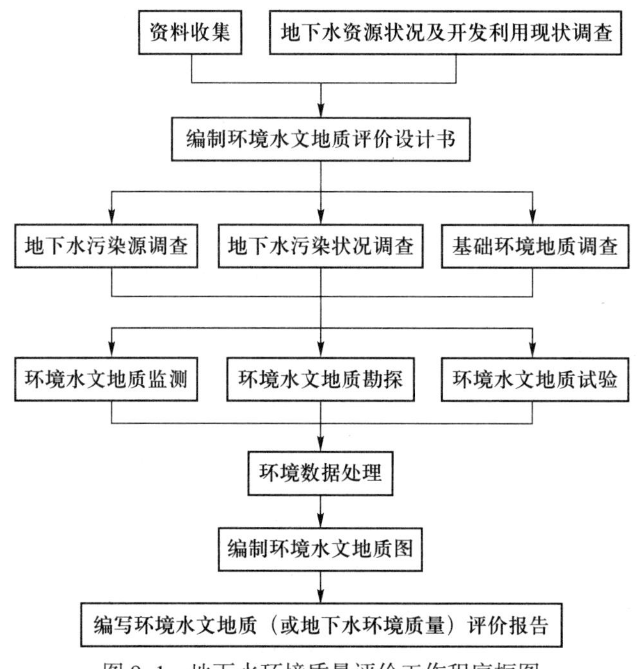

图 9-1　地下水环境质量评价工作程序框图

（一）评价因子的选择与评价标准

1. 评价因子的选择

自然界中影响地下水质量的有害物质很多。在不同城市和地区，污染源的差异很大，污染物的种类也各不相同。因此，影响地下水质量因子的选择，要根据研究区的具体情况而定。一般来说，可选用对地下水质量有决定作用的因子，如氧平衡参数、无机污染参数、有机污染物参数、生物污染指数、毒理参数、水的物理性质参数等。由于地表污染源、地层地质结构、地貌特征、植被特点、人类开发工程、水文地质条件及地下水开发现状等因素对地下水赋存、运移和质量的好坏有直接影响，也常把它们作为地下水环境质量评价因子的选择对象。

2. 评价标准

评价标准是地下水环境质量评价的前提，在中国许多地下水污染现状评价中，无论是数理统计法或是单项指标制图法，都涉及评价标准问题，而且各家认识不尽一致。目前在国内比较流行的有两种标准，一是以国家饮用水标准作为评价标准，二是以地区的污染起始值或背景值作为评价标准。通常把前者称为环境质量评价，即地下水质量是否符合各种目的的用水标准；后者称为地下水污染评价，即研究地下水的污染程度。应当指出，地下水污染是一个从量变到质变的过程。以背景值为标准，有利于研究这一过程，而且能显示研究区某些特殊的环境特征。

如果取得地下水污染背景值比较困难，有时也采用对照值作为评价标准。对照值可以是历史水质数据；或者是研究区内无明显污染水点的地下水水质数据，即基线值；或者是研究区外，与研究区地质和水文地质条件相似地区某些水点的水质数据。

（二）评价方法

地下水环境质量现状评价的方法很多，概括起来有数理统计法、环境水文地质制图法、综合指数法和模糊数学法等。在实际工作中可根据具体目的和研究程度来选择方法。

1. 数理统计法

这种方法是以监测点的检出值与背景值或生活饮用水标准做比较，算出监测样品或监测井的超标率及其分布规律，最后进行污染程度评价。它适用于环境水文地质条件简单、污染物质比较单一的地区，往往在环境质量评价的初期使用，该方法常常同环境水文地质制图法联合使用。

2. 环境水文地质制图法

环境水文地质制图法是以图件作为环境水文地质评价的主要表达形式，图件大体可分为三类：

(1) 环境水文地质条件图系：包括地质环境分区图，主要反映表层地质环境，特别是第四系表层岩性、厚度分区、地貌界限和微地貌形态；地下水资源赋存条件图，反映含水层的埋藏情况及天然防护条件；人工环境条件图，反映污染源的分布和自然环境中迁移扩散的位置，以及人类工程活动对地质环境的影响。

(2) 单要素地下水污染现状图：采用等值线或指示符号进行污染程度分级，以污染指数表示各种有害物质污染程度。

(3) 环境水文地质评价图系：包括地下水污染类型图，以污染源和地下水污染成因类型为依据，进行污染类型的划分；地下水水质综合评价图，以多项污染物质、多项指标等因素作为水质好坏的分级依据，综合反映水质的好坏。

3. 综合指数法

综合指数法也称环境指数评价法。它是为了评价某一水井或某一地段地下水中各种污染因子综合作用的结果，以便互相对比。当地下水环境质量评价以地下水的背景值或污染起始值为标准，计算结果称为污染指数；若以饮用水标准为准则进行评价，计算结果称为水质指数。

4. 模糊数学法

采用模糊数学模型，须先进行单项指标的评价，然后分别对各单项指标给予适当的权重，最后应用模糊矩阵复合运算的方法得出综合评价的结果。这一方法在地下水环境质量评价中已得到广泛的应用。

三、城市地质环境质量现状评价

城市地质环境质量主要是指地质环境(或背景)对城市发展和建设的适宜程度。城市地质环境质量现状评价是研究城市地质环境质量构成及其时空变化规律的方法,其目的是为城市规划或工程建设布局提供决策依据。

(一) 城市地质环境质量的构成

对城市而言,地质环境包括岩土体、地质构造、水资源、地形地貌、内外动力地质作用等要素。因此,城市地质环境质量的构成主要有区域地壳稳定性、水资源状况、工程建设条件、外动力作用状况、人类工程经济活动状况等方面。

1. 区域地壳稳定性

区域地壳稳定性主要反映了城市建设的总体地质构造环境的优劣,它往往决定着城市的发展规模和城市类型。与工程地质有关的地质环境质量评价的核心问题就是地壳稳定性的研究。影响区域地壳稳定性的因素很多,最主要的有三个,即断裂活动性、历史地震及地震烈度。

2. 水资源状况

水资源不仅反映了地表水、地下水的水量,而且反映了水质状况,它在很大程度上限制着城市的人口增长和工业化进程。水资源的影响因素主要包括地下水、地表水的天然储量和水质状况两个方面,如地下水水量、地表水径流量、地下水矿化度、人为排放的污水对环境的影响程度等。

3. 工程建设条件

工程建设条件直接影响城市工程建设的质量和市政设施的布局,它反映了地质环境对工程建设的适应性和敏感性,即地质环境是否会因为工程设施的修建而恶化,是否会加重或诱发不良的地质作用和地质灾害。工程建设条件还表现为天然建筑材料的数量和质量,其影响因素主要是地基稳定性、动力作用、地形地貌、地下水水位和水质、土体振动液化势等。

4. 外动力作用状况

外动力作用状况主要影响到城市市政设施的稳定性和运营状态。决定外动力作用状况的因素主要是流水、地形坡度、地貌单元等。

5. 人类活动状况

人类活动状况可能造成城市生态环境恶化,是对地质环境不合理利用的结果,它同样影响到城市的发展。如不合理开采地下水引起地面沉降而危及建筑物的安全等。

(二) 城市地质环境质量评价方法与程序

城市是在自然地质环境的本底上建立起来的人工环境。地质环境为城市提供了物质基础,城市建设在很大程度上改造了地质环境。城市地质环境质量评价包括定性评价和定量评价两种方法。

定性的评价方法有经验法、外推法、演绎法等。在城市环境质量评价中,它们常用于城市环境问题的分析、人类活动对地质环境影响分析、城市地质环境质量恶化的原因分析、综合防治对策分析等。20 世纪 80 年代以来，在城市地质环境质量评价中，人们开始利用地质环境质量指数法、模糊数学法、灰色系统及系统工程等方法进行定量和半定量评价。此外，费用效益分析方法也在城市地质环境质量评价中得到应用。

依据评价原理，城市地质环境质量评价主要按下述程序进行（图 9–2）：

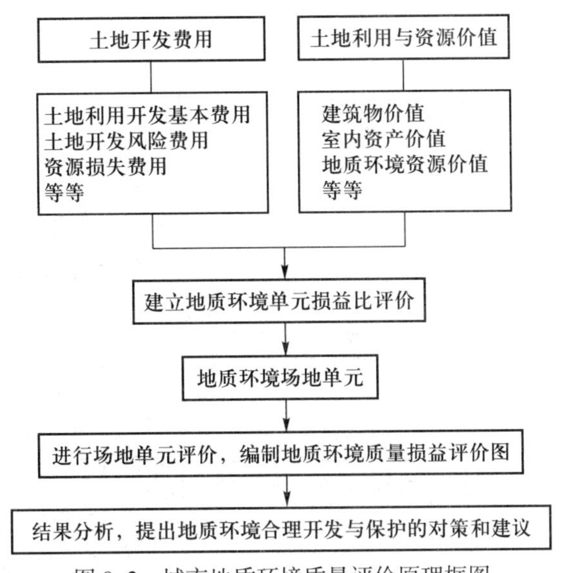

图 9–2　城市地质环境质量评价原理框图

(1) 依据城市总体规划确定城市主要用地类型；

(2) 调查获取土地利用的特征及所需的评价参数；

(3) 依据城市地质环境主题要素，建立场地岩土模型，计算土地开发的基本费用，建立风险费用模型，计算土地开发的风险费用；

(4) 建立地质环境质量损益评价模型，对地质环境场地单元进行评价；

(5) 根据评价结果，编制城市地质环境质量评价图，并进行敏感度分析，确定土地利用的最佳选择方案。

四、区域地质环境质量综合评价

区域地质环境质量综合评价实质上是评价人类与地质环境之间的相互适应性问题。在某种程度上，可以认为它是研究地质环境、地质资源与人类活动之间的对立统一问题，是某一地区地质环境人类活动容量的总体评价。所以，一个地区地质环境质量的优劣，不仅与地质环境、资源条件和环境地质问题的发育程度有关，而且与人类开发活动的饱和程度有关。

基于自然单元分级体系的区域环境质量综合评价将人类环境视为由许多不同的环境因子构成的自然单元，每一单元具有相对的均一性，高级单元的性状用低级单元的综合指标来表征。评价环境因素和整体环境的质量时，根据问题性质，选择评价因子，并将其转化为可比的指标；然后，按评价指标的相对重要性加权综合，用环境因素质量的综合指标来衡量整体环境的质量。区域地质环境质量现状评价指标体系应包括地质体对工程建筑的适宜程度、地质资源的丰富程度与开发效益、水资源的丰富程度与开发利用的可能性、地质灾害与环境地质问题的发育程度、地质环境的人类活动容量等(图 9-3)。

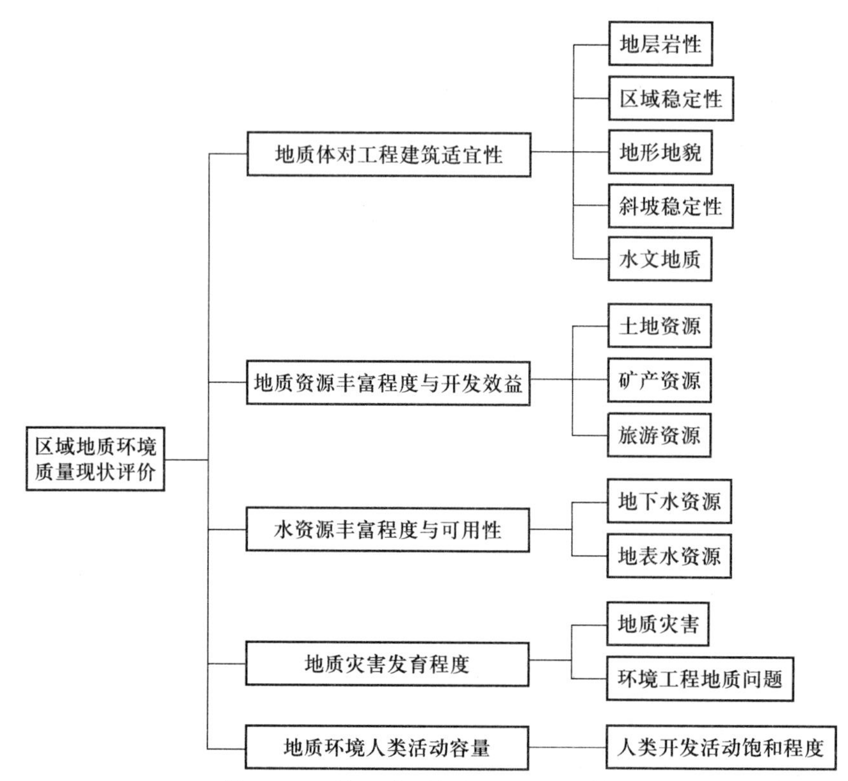

图 9-3 区域地质环境质量现状评价体系

第四节 地质环境质量预测评价

一、地质环境质量预测评价概述

地质环境质量预测评价是工程建设和开发项目可行性研究的组成部分,用以识别和预测某项人类活动对地质环境所产生的影响,论证和选择技术上可行、经济和布局上合理,对地质环境不利影响较少的最佳工程方案,合理确定某一地区产业的结构、规模和布局,为有关部门决策提供科学依据,为某一地区的社会经济发展指明方向。

预测评价过程是对一个地区的自然条件、资源条件、环境质量条件和社会经济发展现状及发展趋势进行综合分析的过程。目前,越来越多的学者和地质调查机构开始研制三维地质建模软件并构建三维地质框架模型,开展地质过程和环境演变的情景分析与趋势预测。

二、地质环境质量预测评价的基本原则

地质环境质量是某一独立地质环境系统或行政单元在某个确定时期的综合效应的静态描述，引起综合效应改变的不仅是单要素的变化，还取决于系统或单元内诸多要素之间按某种特定规律的组合关系。因此，地质环境质量预测评价应遵循以下基本原则：

① 对整体地质环境质量的预测应在单项地质环境质量预测的基础上进行。

② 评价要素应具有预测意义，需要筛选那些随时间变化显著和对地质环境质量有明显影响的因素。

③ 国土空间开发利用规划是未来的发展蓝图，用预测值与规划期望值作差值统计分析，可找出不适宜发展的地区及其原因，评价国土空间开发适宜性，并对建设规划和工程措施做出超前调整布置。

④ 地质环境系统是一个开放的、动态变化的体系，具有内部诸因素之间、子系统之间、系统内外之间的物质、能量和信息的更换、迁移与转化。因此，地质环境质量预测评价应该建立在因素种类和因素组合关系的双重预测的基础上。

三、地质环境质量预测评价方法

地质环境质量预测评价除可直接借鉴环境科学中环境影响评价的预测方法（图 9-4），还可根据地质环境自身特点采用某些定性或定量的评价方法。下面介绍几种常用的定量评价方法。

1. 时间序列分析法

“时间序列”指按时间顺序观测的有序数列。也就是说，观测值是随时间而变化的。观测值往往又可分解出趋势性的变化、周期性的变化和随机性的变化。在环境地质研究中，可以把时间序列的概念推广到按一定方向排列的有序数列。这一方向变化就比喻为时间的变化，不管它是否与时间有关系。例如，在观测某水源井中污染物的变化时，如果污染源是固定的，就可以观测到污染物在每年枯、丰水期的变化规律，在多年观测中还可看出污染物总的变化趋势。在实测数据中，除有用的趋势性变化信息外，还包括随机干扰，如将滑动平均的项数取成要消除的周期成分的长度，所得的加权或算术平均值即为趋势性变化；采用自相关方法可把周期性成分和随机干扰分离开来。此外，还可采用时间序列的互相关函数，分析预测两环境因素间的相关关系。如果趋势性成分呈现随时间变化的规律，可用回归分析方法求出该趋势与时间的关系，并进行预测。

2. 信息量法

信息量法是从信息理论中引出的一种统计预测方法，广泛用于环境地质研究中，如滑坡稳定性的空间预测。按这种方法，某种地质因素提供发生滑坡的可能性是通过计算其信息量来度量的，即用信息量大小来评价地质因素及其状态与滑坡发生的关系（即危险性）。

3. 动态系统分析方法

地质环境是一个大动态系统，它由系列的中、小系统组成。首先对整个环境作粗略的、宏观的分析，找出其关键问题，决定评价主要目标。大型水库的评价在于研究由于沿河筑坝引起水生

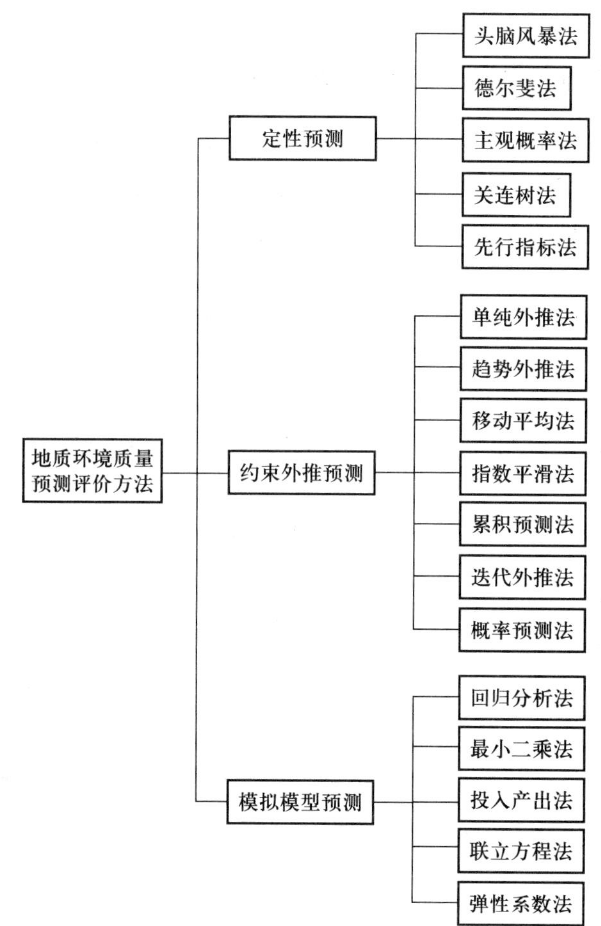

图 9-4 地质环境质量预测评价常用方法

生态系统的变化和对沿岸陆生生态系统的影响。围绕着评价主要目标进行中、小系统分析，即对自然、社会、经济环境等及其组成要素进行具体分析和评价；然后根据大量资料和实测数据，进行综合分析和评价，利用系统论、控制论和信息论等理论，从物质和能量输入、转化、输出和反馈等作用，确定物质和能量在环境中的来龙去脉，建立各种模式，分析环境质量现状及其可能变化的趋势，从而提出对策。

4. 网络法

地质环境是一个复杂的系统，受某种因素影响后，常发生连锁反应。例如，修建公路可能引起水土流失，被侵蚀的土壤进入河流、湖泊、水库使地表水体泥沙含量增高，进而使河床变浅、河流改道、水库淤积，结果导致洪水泛滥、水环境容量降低、水库功能减弱，甚至恶化水生生态系统。这样由一级影响导出二级、三级等影响，用网络法进行地质环境预测评价比较切合实际。

5. 灰色关联分析与灰色预报

在环境地质研究中，不论其影响因素还是形成机理，既有大量已知信息，也有大量未知信息，且部分信息清楚，部分信息不清楚。因而可以把该系统视为灰色系统，进行灰色关联分析和灰色预报。

(1) 灰色关联分析:对一个发展变化的系统,关联分析实际上是动态过程发展态势的量化比较分析,其结果是由关联度来表示的,关联分析对数据量没有太高的要求,可广泛用于环境地质因素之间关联程度的分析。

(2) 灰色预报:灰色预报是通过灰色建模实现的。由于原始数列呈现出离乱的情况,离乱的数列即灰色数列,称灰色过程。对灰色过程建立的模型,称为灰色模型。灰色建模是用原始数据列建立微分方程。

建立灰色模型是为了预测,比如在地下水动力场系统中,可以应用降水量变化数列与地下水位变化数列建立灰色 GM(1,1)模型。由该模型可以通过降水量的数值来预测地下水位变化。

第五节 环境地质区划与制图

一、环境地质区划

环境地质区划就是根据地质环境的结构特征和功能进行区域划分,指出各个区域的有利因素和不利因素,使人类活动充分利用有利的地质环境条件,避开和限制不利的条件。不同的区域存在着具有自身特征的环境地质问题,地质环境的容量与质量和对人类活动的相容性等也存在一定的差异。所以,环境地质区划资料是进行国土空间开发利用、生态系统修复和编制区域环境整治规划不可缺少的基础资料,也是进行地质环境管理、保护地质环境的科学依据。

(一) 环境地质区划的原则

地质环境的演变方向和对人类活动的反馈作用,既取决于自然地质条件,也取决于人类活动对地质环境作用的性质。因此,环境地质区划应当根据地质环境本身的组成与结构、人类活动的类型与强度,进行地质环境分区。

1. 自然地质条件与人类活动因素相结合的原则

地质环境是相对于人类而言的地质空间,是人类活动作用的重要客体。同一地质环境对不同形式的人类活动的反应不同,所以在考虑自然地质条件,研究组成地质环境的各种组分特征的同时,必须考虑各种人类活动因素,研究其对地质环境的影响。

2. 综合因素与主导因素相结合的原则

由于组成地质环境的有利因素和不利因素很多,同时又要考虑人类活动因素,因此必须在综合分析各要素后,抓住主要矛盾进行综合与概括。

3. 重视环境地质问题影响因素分析的原则

与环境地质问题发生、发展关系最密切的因素是地貌、岩性、构造、气候和人类活动等,所以进行区划时应以这些因素的地区差异为主要分区依据。

4. 相似性与差异性的原则

对于不同级别的区域,从地质环境、人类活动和环境地质问题等不同的角度或综合的角度,概括环境地质单元的相似性和差异性。

5. 动态原则

地质环境是一个动态系统,特别是在人类活动的影响下,有时变化十分强烈和迅速。由于区划目的之一是为国民经济服务,所以表现未来可能状况的意义更大。因此区划应具有一定的预测性。

(二) 环境地质区划的内容与步骤

环境地质区划是环境地质科学中的一个重要的理论问题,也是一个方法问题。一个好的环境地质区划,以及根据该环境地质区划编制的发展规划,有利于社会、经济与地质环境保护的协调发展。

环境地质区划的内容与步骤如下:

① 在分析研究自然地质条件的基础上,划分出不同的地质环境单元。每一类地质环境单元,都是一个具有特定地质、地理、水文和气候特征的地质空间。

② 对单元内已显露出的和潜在的环境地质问题,作出评价和预测,提出防治对策。

③ 对每一个单元进行地质环境容量和质量的评价,评定其对不同形式人类活动的承受能力。

④ 评价研究区不同形式的人类活动对各类地质环境已造成或可能造成的影响,说明影响的性质、范围和程度。

⑤ 在综合分析上述各方面条件的基础上,指出目前在各地质环境区域,开发利用中存在的不合理之处(如果有的话),提出不同地质环境区合理开发利用与保护的建议。

二、环境地质制图

(一) 环境地质制图的原则与内容

1. 环境地质制图的原则

实际上,环境地质制图是在传统地质制图基础上的一种深化和改革,两者既有联系又有区别。从实用角度看,它们如同地基和建筑物之间的关系。没有过去几十年甚至上百年的基础性的地质制图,环境地质制图工作只能是空中楼阁。环境地质制图的原则应包括以下几个方面:

① 制图目的有针对性:环境地质制图的目的,不能仅仅满足于"为了合理开发利用和保护水、土、矿产资源,把地质灾害的损失减少到最低限度"这样一个总目标,关键在于能为规划决策者服务。因此,要增加图件的实用价值,就要从调查用图者的实际需要和使用效果来着手编制图件。

② 制图内容的易读性:大量丰富的基础地质图件为工程规划设计者所忽视,原因之一就是传统的地质图不能为没有受过基本地质训练的读者所理解。因此,编制环境地质图件就必须做到图面简洁、文字简明扼要、结论确切。

③ 制图成果的及时性:按实用功能,环境地质图可分为条件图、评价图和预测图。这些图件应在制订规划决策之前,及时送到有关人员手中。如果编图时间过长,某些数据、条件和结论都将发生改变,从而影响规划决策的准确性。

④ 成果形式的灵活性：环境地质制图要求制图者时刻为用图者着想，环境地质图的编制数量应以能解决当地主要地质问题为限。条件简单的地区仅要几张图就能解决问题，对于新兴城市规划用的图件其总数可能要多些，原则上是基本满足要求，不必求全。

2. 环境地质图的内容

环境地质图系是环境地质调查、评价和区划研究成果的图件表达方式，应反映研究区域的地质环境质量现状和未来发展趋势、对人类活动的适宜性和人类活动影响下地质环境质量的变化。

环境地质图系应反映的内容大致包括以下几个方面：

① 地质环境（包括地质资源）基本条件，地质环境对人类生存和发展的制约作用，人类开发利用地质环境和地质资源的状况；

② 内外动力地质作用及其引发的地质灾害与环境地质问题；

③ 水资源、矿产资源、能源等开发利用的环境地质问题和地质灾害；

④ 各类工程建设与地质环境的相互作用关系及主要环境地质问题；

⑤ 废弃物的处理、处置及对地质环境的污染；

⑥ 开发利用地质资源与保护地质环境的对策措施。

把环境地质图系看作一个等级系统，可划分为四个图组（图 9-5），第一级图组主要为实际调查、野外勘探和室内实验所得到资料的图件表达，反映了天然地质环境要素的背景值，以及人类工程活动、环境污染和社会经济发展的现状；在第一级图组基础上，利用环境地质调查、勘探和实验分析数据，建立地质环境评价模型，对研究区进行环境地质现状评价和影响评价后编制的图件属于第二级图组，主要为环境地质专业人员所利用；第三级图组是针对不同评价目的，编制的规划图，包括环境地质专题规划图和环境地质综合区划图；第四级图是一份详尽的综合性成果，应系统、全面地反映环境地质分析评价结论、环境地质规划成果、环境地质综合整治对策，该图可提供给土地利用和城市规划人员、政府决策者使用。

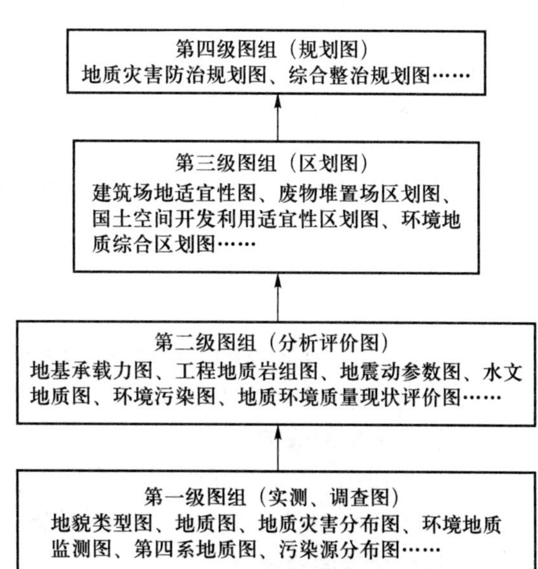

图 9-5 环境地质图图系

按这种系统编制图件，其优点是利用第二级图组的图件就能回答一个城市地区某种专门性地质问题。对于已经编制完成基础地质图的城市来说，编制第三级和第四级图件，不需要增加多少投资，仅需有针对性地二次综合，从中提炼出实用的环境地质信息，就能达到环境地质制图的目的。地质矿产部水文地质工程地质研究所在进行“沿海重点建设城市及经济特区环境地质研究”中把环境地质图系划分为条件图（或现状图）、评价图和规划图三个等级，并确定其基本内容包括灾害性地质环境因素、资源性地质环境因素和一般性地质环境因素三个方面（表 9-3）。

表 9-3 环境地质图系的内容和等级

<table>
<tr><td rowspan="2">内容</td><td colspan="2">1. 条件或现状图
(反映性认识)</td><td>2. 评价图
(评价性认识)</td><td>3. 规划图
(决策性认识)</td></tr>
<tr><td>a. 分析型</td><td>b. 综合型</td><td>综合型
(浅思维加工)</td><td>综合型
(深思维加工)</td></tr>
<tr><td>A. 灾害性地质环境因素图</td><td>地震危害图;地下水污染现状图……</td><td>地质灾害图……</td><td>地质灾害可能性图;地下水污染难易程度图……</td><td rowspan="3">最佳土地利用图或环境地质综合区划图</td></tr>
<tr><td>B. 资源性地质环境因素图</td><td>建材分布图……</td><td>矿产资源分析图……</td><td>地质资源保护图;地质资源潜力图……</td></tr>
<tr><td>C. 一般性地质环境因素图</td><td>坡度分布图;地下水位埋深图;岩土类型图……</td><td>水文地质图;工程地质图……</td><td>水资源潜力图;地基适宜性图;废物处置适宜性图……</td></tr>
</table>

环境地质图的内容应视需要而定,主要以资源开发、国土整治、污染治理和土地利用为目的的环境地质图,影响地质环境质量的自然因素和人为因素是图中必须表达的内容。一些重要的文化因素和有特殊意义的非地质因素也应作为编图要素。环境地质图高级别图组的使用对象是国土开发和城市规划人员或工程设计人员,图中应尽量减少地质专业术语,引进易懂的语言,把环境地质图作为规划人员和地质学家的共同语言,使之成为土地利用和区域(城市)规划的必要工具。

(二) 环境地质制图的步骤

编制环境地质图系的过程,实质上就是开展环境地质调查、分析、评价的过程。随着计算机技术的发展,环境地质制图工作已由过去的手工制图发展为利用计算机数字化制图。

编制某一地区或城市的环境地质图系,首先必须确定对规划和建设具有重要参考价值的制图主题,建立基于地理信息系统的环境地质空间数据库系统,运用环境地质理论与方法,构建环境地质评价模型,开展环境地质综合评价;在环境地质综合评价的基础上编制图件,编写说明书。

1. 主题选取

依据上述环境地质制图的原则,从区域或城市总体规划的需要出发,环境地质图系的内容应以实用性评价图为主体。在内容选取时,应遵循实用性、经济性和主题突出性的规则。

2. 评价方案的选定

不同的制图目的有不同的评价方案,考虑的因素和条件也各不相同。例如,以城市建设为目的的环境地质制图与污染防治为目的的制图,其评价方案不应相同。

3. 评价因素的确定

适宜性评价直接受影响因素的制约,必须把那些最重要的因素包括在内,正确选取环境地质主题特征。如城市建设与规划的环境地质图系,应侧重于土地的建筑适宜性、地基持力层埋深与厚度、软土厚度、地下岩溶发育程度、高强度人类活动影响下的环境质量变化趋势等因素,编制地壳稳定性分区图、场地地震区划图、土地工程能力与适宜性图、土地工程开发费用比率图、第四系松散地层地基承载力图、天然地基适宜性等级图、地下水水位与埋深图、地下水水质图、水资源开发利用规划图、城市地质灾害评价图、城市垃圾处理与处置规划图等。

4. 评价因素的排序及其权重赋值

处于同一系统内的诸因素对于该系统的贡献是不相等的。只有正确排定它们在系统中的重要性序次并赋予权重，评价的结论才能符合实际。

5. 评价等级的划分与地质环境质量区的圈定

编制适宜性图件时，通常需要把图幅划分成若干个单元(网格)，然后把每个网格中诸因素得分相加，逐格判别相应的评价等级。把参与评价的各因素分别计分，然后逐一统计各个网格(评价单元)的总分，并结合具体的环境地质条件，进行评价等级的划分，确定不同等级的界限值。最后，根据等级界限值和每个网格的计算分值，圈定地质环境质量区。

6. 说明书的编写

说明书是图件的辅助性成果，篇幅要尽可能短，只把图上难于表达的内容置于说明书中，如编图原则、方法、程序、数据图表和结论等。此外，说明书还应告诉读图者如何读懂图件，利用它能解决什么问题，并尽量使专业术语通俗化。

第六节　环境地质研究新技术与新方法

随着科学技术的不断发展，环境地质研究已普遍运用遥感(RS)、全球导航卫星系统(GNSS)、地理信息系统(GIS)和先进的物探及测试技术等高新技术，并正在向环境地质调查、评价、预测、决策与成果发布的全程计算机化方向发展。

一、遥感技术

遥感(RS)具有信息量大、宏观、快速、多时相动态监测的优势，在地学中的应用走过了从定性评价到半定量、定量评价，从指示要素分析到计算机模型模拟，从单一解译到综合方法互补等阶段。遥感技术，特别是卫星遥感具有常规监测技术难以比拟的优势，它能够迅速、动态地获取大量环境信息，节省环境监测与调查费用；同步或准同步地获取环境信息，受人为因素影响较小，数据信息真实；基本不受地形、地貌条件限制，可迅速提供任意区域或点的环境信息。目前已在环境地质调查、评价和预测等方面得到广泛应用。

利用遥感图像不仅可以获得地下水赋存状况、污染危险性、咸水入侵的可能性，而且还可以为地下水合理利用提供区域信息，如小范围灌溉区的适宜性、居民点位置、大小等。干旱地区的水均衡状况，常用多光谱土地利用分类来估算地下水灌溉区面积。用经验模型可概算灌溉消耗和输送过程中蒸发损失。遥感技术还在大型工程规划选址、稳定性评价、地质环境变迁及城市环境、矿山复垦、河流输沙等方面得到了广泛的应用。

高光谱遥感能在可见光、近红外、中红外和热红外波段等波谱范围内，分离成数百个很窄的波段来接收信息，与美国陆地卫星4~5号(Landsat 4~5)主题成像仪(TM)和法国地球观测卫星(SPOT)的波段相比,可以探测出许多陆地卫星不能探测的地物,为环境质量评价提供了“质”高、“量”准的手段。

遥感技术随着空间技术和计算机技术的发展,目前正进入一个能快速、及时提供多种对地观测及测量数据的新阶段。卫星遥感图像的空间分辨率、光谱分辨率和时间分辨率都有很大提高。利用 CCD 阵列传感器可以达到 1 m 的分辨率,军用甚至达到 10 cm 的分辨率。基于空间重复轨道的雷达干涉测量技术(interferometric synthetic aperture radar,InSAR)可以导出 ±5 m 精度的数字高程模型(digital elevation model,DEM),差分干涉雷达技术(D-InSAR)测定相对位移量可达到厘米甚至毫米级精度,在斜坡岩土体位移破坏、土地利用状况、环境污染和环境破坏监测方面具有广阔的应用前景。

二、全球导航卫星系统

全球导航卫星系统(GNSS)也叫全球卫星导航系统,是能在地球表面或近地空间的任何地点为用户提供全天候的三维坐标和速度、时间信息的空基无线电导航定位系统。全球卫星导航系统国际委员会公布的全球 4 大卫星导航系统供应商,包括美国的全球定位系统(global positioning system,GPS)、俄罗斯的格洛纳斯卫星导航系统(GLONASS)、欧盟的伽利略卫星导航系统(GALILEO)和中国的北斗卫星导航系统(BeiDou navigation satellite system,BDS)。

利用 GNSS 中载波相位动态实时差分技术(real-time kinematic,RTK),能够在野外实时得到厘米级的定位精度,与传统的人工测量相比,其拥有精度高、易操作、测量设备便携、可全天候操作、测量点之间无须通视等人工测量无法比拟的优势。目前,GNSS 已广泛应用于大地测量、地壳运动、资源勘查、斜坡岩土体变形破坏、环境地质调查、灾害监测、地籍测量和各种工程建设等领域。GNSS 与现代通信技术相结合,使测定地球表面三维坐标的方法,从静态发展到动态,从数据后处理发展到实时(或准实时)的定位与导航,极大地扩展了它的应用广度和深度。

三、地理信息系统

地理信息系统(GIS)是一种采集、存储、管理、分析和评价全球或区域与空间地理分布有关数据的空间信息系统。经过近 30 年的发展,GIS 已经从信息存储、建立数据库、查询检索、统计分析和自动绘图等基本功能,转向建立多功能、多目标、多层次的专业化评价分析模型实现智能化的专家系统和空间决策支持系统,为城市和矿区的土地利用、环境规划和灾害治理等走向定量化、数字化、科学化开辟了广阔的前景。以 GIS 为基础,以地质环境质量评价模型为核心,由数据库、模型库、方法库、知识库及其管理系统构成的预警决策支持系统是 GIS 的发展方向之一,并将在环境地质研究中发挥重要作用。

(一) 空间数据库的建设

环境地质研究的基本思路是调查、监测、采集数据→分析评价和解释判断→概念化并建立数值模型→进行验证、改善模型,即提供数据→评价整理数据→建立模型→验证模型、提供分析结果的数据信息流动、处理和加工过程,每一环节都与数据信息系统密不可分。

建立空间数据库系统是实现GIS在环境地质研究中广泛应用的基础，数据的规范化整理与信息资源的共建共享均依赖于空间数据库。

空间数据库系统应包括两部分，即数据库和图形库。前者由监测数据和调查数据组成，包括文本、数据、表格、图表、光电扫描信息和影像数据等；后者主要存放已形成的图件，包括地形底图、基础性地质图件、城市建设或区域开发的规划图等。

（二）专题信息系统和区域信息系统的开发

环境地质学的研究对象极为复杂，涉及多个相关学科，数据相互交叉、庞杂，加之表达对象的不确定性，建立全国性的统一的环境地质信息系统难以实现，需要在实际操作中区分数据特点，分别建立全国性的专题环境地质信息系统和特定范围内的区域环境地质信息系统。并可通过网络实现数据信息的共享。如水位监测、地质灾害等信息，在全国范围内具有统一性，适合于建立全国性的信息系统，而地下水资源管理等数据对象很难建立全国性统一标准，适合建立区域性的信息系统，为当地有关部门使用和服务。

（三）预警决策支持系统的建立

空间决策支持系统（SDSS）是近年来在常规决策支持系统与GIS相结合的基础上发展起来的一种新型的信息系统。地理信息系统具有空间数据获取、存储、更新、运算、显示及制图制表等项功能，但缺乏对环境地质复杂对象的分析、评价和决策的功能，难于满足各级决策者的需要。因此，建立基于GIS的预警决策支持系统，是GIS在环境地质研究中的重要应用方向。

中国环境地质监测院在建立全国重点地质灾害数据库的基础上，开发研制了以GIS为基础的全国地质灾害评价预测支持系统，运用GIS分析技术，对各因素进行统计分析、信息叠加复合，研究地质灾害类型、分布规律、成因机制、级别和灾害损失度等，运用专家评判、模糊综合评价和危险性指数等方法对地质灾害危险性现状进行评价和预警分析，为政府决策人员提供了强有力的辅助支持。

预警决策支持系统的发展方向是：充分考虑高速网络技术、空间信息技术、虚拟现实技术、大容量数据处理与存贮技术、预警决策智能化、计算预警结果可视化等技术和计算机硬件的发展趋势，以遥感、卫星定位系统、数字化、矢量化为数据采集、处理和识别手段，以GIS、空间数据仓库技术为数据存储、检索、集成、综合和分析工具，建立由方法库、知识库、模型库和专家系统等组成的预警与决策支持系统。

（四）专业模型模拟结果的可视化

可视化是地理信息系统的主要功能，也是直观地显示空间数据信息的主要手段。利用可视化技术，将层位结构、速度模型从不同层面、不同视角形象而动态化地展现出来，有助于人们对地质体特征的分析和更深刻的认识。

在环境地质研究中，不仅需要分析观察固体废物处置场和崩塌体、滑坡体、地面塌陷区、地裂缝、海水入侵范围的剖面和平面特征，还需要揭示它们在不同角度、不同方向和不同深度的空间特征及展布规律。因此，需要从三维角度对这些空间实体进行显示。

针对地下地质体的三维 GIS 是近几年来最热门的研究课题之一。绝大多数商业化的 GIS 软件还只是在二维平面的基础上模拟并处理现实世界所遇到的现象和问题，只有少量的 GIS 软件能进行真三维的分析和显示，但它们在几何建模和分析功能上还存在着不足。

（五）计算机辅助制图

计算机制图就是利用计算机及其辅助设备和软件技术，把地质资料转化为数据输入计算机，经过数据处理之后，最终以图形表述方式输出。

传统的在纸上绘制图件的方法已逐渐被淘汰，人工绘制图件繁杂缓慢，图件不易保存，成果图件不能更改，若有资料更新，必须进行人工重新绘制。计算机自动辅助制图大大简化了地质制图过程，提高了制图效率。可实现对地图数据分层信息成片存贮，易于管理和查询，灵活地分幅检索、添加图幅（层）、删除图幅（层）。原始资料与成果图件保存在同一系统内，可统一编目，便于查询。计算机辅助制图有利于图形数据的存储、保管和使用，利用计算机网络还可实现图形数据共享。计算机辅助制图已成为环境地质制图的必然发展趋势。

西方发达国家经过多年的探索，到 20 世纪 80 年代中期实现了计算机辅助编制和出版正式地学图件，包括对原有纸质图件的修编再版和新的地质填图项目的一次性成图。中国地学计算机辅助制图技术的研究开始于 80 年代初期，中国地质大学（武汉）自主研制开发的 MapGIS 在编制、出版地学图件方面具有国际先进水平。

计算机制图是地理信息系统的重要功能，在空间数据库系统的支持下，利用 GIS 强大的数据组织、数值计算、综合分析功能，对环境地质评价的原始数据进行运算，是决定评价和分区效果的关键。

通过辅助制图子系统，采用综合分析方法，提出各种可能的制图方案，采用人 - 机对话的方式，反复进行分析、比较、识别和最佳选择，然后简便快速地输出图形结果。这是人工编图所无法比拟的。

利用计算机编制环境地质图件的一般步骤为：① 由环境地质专业人员根据图件要求，确定制图主题，选择评价因素，建立评价指标体系。② 按评价指标体系采集数据，建立地质环境空间数据库（包括图形数据库）。③ 对评价区域按指标划分评价单元，建立各评价单元的基本信息图层。④ 定性初评，选择适宜的方法、模型，对指标数据进行计算，进行定量评价预测。⑤ 通过调整某些控制参数或另选方法模型进行计算，得出几种不同的结果，然后对比、筛选，确定符合实际的评价结果。⑥ 利用 GIS 的图形叠加分析功能，将不同的评价结果图层进行叠加分析，得出综合评价图。⑦ 添加图框、图名、图例、比例尺等地图要素，打印输出图件。

四、地球物理探测技术

物探技术能提供多种描述地质体的物理参数并具有速度快、成本低和不破坏地质环境的优点，在环境地质调查、评价、研究中已得到了广泛的应用。核磁共振、探地雷达、高分辨率地震、层析成像等技术在二十世纪九十年代的进一步改进和广泛应用，在很大程度上提高了地球物理勘探解决问题的能力，环境物探得到了世界多数国家地球物理学会的正式承认，对促进环境物探的发展具有深远的影响。本小节仅就近年来具有代表性的传统技术的改进、新技术的发展及水工环领域物探技术应用作一概括的介绍。

（一）地震勘探

地震勘探是环境地质调查的主要物探方法，利用地下介质弹性和密度的差异，通过人工手段激发地震波，通过观测和分析地震波在地层中传播遇到反射界面的传播规律，推断地下岩层的性质和形态，查明地下地质构造，获取地层岩性和地质结构信息。主要方法有反射地震、折射地震、横波勘查、面波勘查和三维地震。

多道数字仪和数据处理能力强的图形工作站的发展为三维地震创造了必要条件。三维地震勘探具有高密度采样、三维空间成像真实确定反射界面空间位置、对地表适应性强、三维显示方式多样化等特点，可探测地下复杂反射体的大小和形状，但资料采集和处理费用较为昂贵。

（二）高精度磁法勘探

高精度磁法勘探是近年发展起来的一项新技术，是观测地下介质磁性差异引起磁场变化的一种地球物理勘查方法。含有磁性矿物的各种岩层和其他磁性物体，由于具有不同的剩余磁性和感应磁性，能形成相应的磁场异常，叠加在正常地磁场上。通过仪器测量，研究地面磁异常的特征，可以达到找矿和解决环境地质问题的目的。和常规磁测比较，高精度磁法勘探具有读数精度高、观测参数多和野外施工方便快速等特点。新型的高精度磁力仪自动化程度高，可点测，也可自动连续观测，观测数据可通过接口实时传输到便携式计算机上，由专用软件进行处理和成图。

（三）高密度电阻率法

高密度电阻率法，是以岩土体的电性差异为基础的电法勘探，可获取地下电阻率分布的最大信息。既可以探测地质体在某一深度沿水平方向的电性变化，也能反映地质体沿垂直方向不同深度的电性变化，在探测地下洞穴或陷落柱等地质体时具有较高的分辨率。高密度电阻率法具有多装置、多极距的组合方法，一次布极即可进行多装置数据采集，弥补了常规电阻法的不足。主要特点是高密度排列、测点密度大；一次布极连续观测；自动变换多种装置观测获取多参数；通过参数换算取得更多突出有效异常的比值参数，更利于推断解释。在场地工程地质调查、坝址选址、采空区和地下岩溶探测、地裂缝调查等方面取得了广泛的应用和良好的效果。

（四）高精度重力勘探

高精度重力勘探，即精度可达 10^{-8} m/s^2 的微重力测量，其原理与常规重力勘探基本相同，均是通过观测、研究地下物质密度分布不均引起的重力变化，了解和推断地下物质组成和结构特征。微重力测量的对象是小尺度、小范围的物质体产生的微小重力异常，可以探测近地表的溶洞、地下河、小构造、孔穴、滑坡、地下古文物等，同时可沿不同高度进行梯度测量获取重力梯度，对划分地质体的边界十分有效。其因精度高、效果好、成本低而得到更加广泛的应用。

（五）探地雷达

探地雷达是一种既古老而又年轻的物探技术，20 世纪 90 年代以后在中国得到较多的应用。

其工作方法与地震相似，通过雷达天线向地质体内发射一短脉冲信号，信号在地质体内的传播主要取决于地质材料的电特性。当这种电特性发生变化时将发生反射、折射等现象。利用放置在相应位置上的接收器将信号接收下来，经放大、数字化处理和显示，为解释提供必要的数据和图像。

目前，有关开发公司相继推出了多态雷达系统和层析雷达系统等多种仪器。利用全自动组合地质雷达激光经纬仪系统，一人可在 2 h 内完成 25 m × 25 m 范围的三维数据采集，三维空间方向上的定位精度为 ±2.5 cm。数据处理、成图可在 1 h 内完成，比传统方法的效率提高 5~10 倍。

探地雷达可用于浅部地下环境调查、土壤与基岩面的探测、基岩节理和裂隙的确定等；还可用于地下埋藏物、岩溶、建筑地基探测，道路、桥梁、水坝探测和质量无损检测，以及滑坡、隐伏洞穴的探测等。

（六）核磁共振技术

核磁共振（nuclear magnetic resonance，NMR）技术是可用于直接探测地下水的物探技术。利用该项技术除了可以获得水源分布和水量多少的信息，还可以获得有关含水层的信息。1997 年后，中国引进了三台法国生产的核磁共振仪器，开始了地面核磁共振找水技术的应用研究。中国自主研发的 NMR 找水的理论基础是包括水中 H^+ 在内的许多原子核都具有非零磁矩，并且处于不同化学环境中的同类原子核（如水、苯或环乙烷中的氢原子）具有不同的共振频率。因此，在给定的频率范围内，如果存在 NMR 信号，就说明试样中含有该种原子核类型的物质。NMR 以核磁共振现象为基础，通过建立非均匀磁场和地球物理 NMR 层析，研究地下水的空间分布。

与其他找水方法相比，NMR 方法主要具有以下显著优势：一是直接探测地下水，快速圈定找水远景区；二是测量获得的信息量丰富且量化，可利用电阻率值的大小来区分出咸水或淡水；三是结合激发极化法异常特点，可圈定烃类（含有氢核）污染水的污染范围和程度；四是可评价堤坝和工程地质中地下水的活动情况、滑坡监测、考古等；五是经济、无损、快速。

（七）地球物理层析成像（CT）技术

地球物理层析成像（computed tomography，CT）技术是借鉴医学 CT，根据射线扫描，对所得到的信息进行反演计算，重建被测范围内岩体弹性波和电磁波参数分布规律的图像，从而达到圈定地质异常体的一种物探反演解释方法，具有扫描时间快，图像清晰等特点。一般通过在钻孔—钻孔、地面—钻孔和井下坑道间发射和接收地震波、声波或电磁波，并将相应位置上接收到的有关地球物理场的信号经 CT 处理后得到勘测区的图像。与医学 CT 比较，地球物理 CT 的目标体形状不规则、参数复杂、计算数据量大。CT 技术在矿区采矿工作方面超前探测、岩溶、断裂带等的调查中发挥了有益的作用。

随着三维高分辨率地震、探地雷达及层析成像等技术的广泛应用，将进一步增强地球物理勘探方法在环境地质调查、评价中的作用，实现对滑坡、地下水污染等环境地质问题在时间和空间域内的监测。

主要参考文献

[1] 白永健,倪化勇,葛华.青藏高原东南缘活动断裂地质灾害效应研究现状[J].地质力学学报,2019,25(6):1116-1128.

[2] 包红军,张珂,晁丽君,等.基于水土耦合机制的流域滑坡预报研究[J].气象,2017,43(9):1117-1129.

[3] 长江水利委员会.三峡工程地质研究[M].武汉:湖北科学技术出版社,1997.

[4] 常廷改,胡晓.水库诱发地震研究进展[J].水利学报,2018,49(9):1109-1122.

[5] 陈建国.岩爆灾害研究现状与思考[J].安全质量,2019,46(1):127-129.

[6] 陈岳龙,杨忠芳.环境地球化学[M].北京:地质出版社,2017.

[7] 戴塔根,刘悟辉,马国秋.环境地质学[M].长沙:中南大学出版社,1999.

[8] 代张音,唐建新,舒国钧,等.地下采空诱发顺层岩质斜坡变形破坏特征研究[J].安全与环境学报,2017,17(4):1294-1298.

[9] 狄胜同,贾超,张少鹏,等.华北平原鲁北地区地下水超采导致地面沉降区域特征及演化趋势预测[J].地质学报,2020,94(5):1638-1654.

[10] 董红霞,黄海真,刘大庆,等.黑河流域水生态环境问题及对策[J].人民黄河,2016,38(12):103-105.

[11] 方坤,景明.滑坡防治常用方法简述[J].四川地质学报,2011,31(4):452-456.

[12] 费宇红,苗晋祥,张兆吉,等.华北平原地下水降落漏斗演变及主导因素分析[J].资源科学,2009,31(3):394-399.

[13] 洪业汤,曾永平,冯新斌,等.环境地球化学研究进展(2000—2010年)简述[J].矿物岩石地球化学通报,2012,31(4):291-311.

[14] 高航,吝曼卿,熊文,等.深部岩体工程岩爆灾害的事故树分析[J].现代矿业,2013,(5):36-39.

[15] 佚名.中国21世纪议程——中国21世纪人口、环境与发展白皮书[M].北京:中国环境科学出版社,1994.

[16] 郭小燕,杨玉霞.环境地球化学与人体健康的关系[J].北方环境,2012,24(2):210-213.

[17] 哈承佑.环境地质学进展与展望[J].水文地质工程地质,1999,26(5):24-29.

[18] 施罗德.痕量元素与人[M].陈荣三,译.北京:科学出版社,1979.

[19] 韩宗珊.长江三峡工程环境地质评价与预测[M].北京:中国科学技术出版社,1993.

[20] 胡汉升.环境医学[M].北京:中国环境科学出版社,1986.

[21] 华小梅,江希流.我国农药环境污染与危害的特点及控制对策[J].环境科学研究,2000,13(3):40-43.

[22] 黄海,刘建康,杨东旭,等.泥石流容重的时空变化特征及影响因素研究[J].水文地质工程地质,2020,47(2):161-168.

[23] 贾红霞,肖昕,张双.地球化学环境与常见地方病[J].资源与环境,2010,(2):46-48.

[24] 蒋爵光.铁路工程地质学[M].北京:中国铁道出版社,1991.

[25] 康志成,李焯芬,马蔼乃,等.中国泥石流研究[M].北京:科学出版社,2004.

[26] 柯昀含.生态环境保护要求下能源转型国际实践和给中国的启示[J].环境科学与管理,2020,45(2):10-14.

[27] 寇许.煤炭矿区地下水变化对生态环境的影响研究[J].煤炭工程,2016,48(6):116-118.

[28] 李长安. 基于地貌过程的滑坡系统分析——以三峡库区为例[J]. 长江科学院院报,2020,37(6):1–7.
[29] 李德威. 地球多级循环及其资源、能源、灾害、环境效应[J]. 地质科技情报,2014,33(1):1–8.
[30] 李东丽. 草原荒漠化的成因及防治对策[J]. 林业科技情报,2020,52(1):16–18.
[31] 李鄂荣. 环境地质学[M]. 北京:地质出版社,1991.
[32] 李加林,王艳红,张忍顺,等. 海平面上升的灾害效应研究——以江苏沿海低地为例[J]. 地理科学,2006,26(1):87–93.
[33] 李家熙,吴功建,黄怀曾,等. 区域地球化学与农业和健康[M]. 北京:人民卫生出版社,2000.
[34] 李铁锋,李魁星,潘懋. 三维地理信息系统及其在滑坡灾害评价中的应用前景[J]. 工程地质学报,2000,8(增刊):507–512.
[35] 李铁锋,潘懋,刘瑞珣. 基岩斜坡变形与破坏的岩体结构模式分析[J]. 北京大学学报(自然科学版),2002,38(2):239–244.
[36] 李铁锋,潘懋. 环境地学概论[M]. 北京:中国环境科学出版社,1996.
[37] 李铁锋,孙卫东. 三峡库区万县市移民迁建新址地质环境质量经济评价研究[J]. 中国地质灾害与防治学报,2000,11(1):45–49.
[38] 李晓红. 矿产资源的合理开发与利用[M]. 重庆:重庆出版社,1994.
[39] 林良俊,李亚民,葛伟亚,等. 中国城市地质调查总体构想与关键理论技术[J]. 中国地质,2017,44(6):1086–1101.
[40] 任加国,武倩倩. 环境水文地质学[M]. 北京:地质出版社,2016.
[41] 刘昌明,陈志恺. 中国水资源现状评价和供需发展趋势分析[M]. 北京:中国水利水电出版社,2001.
[42] 刘嘉麒. 火山是地球的灵魂[J]. 城市与减灾,2018(5)2–6.
[43] 刘立,李长安,高俊华,等. 基于北斗与 InSAR 的地质灾害监测关键问题探讨[J]. 地质科技情报,2019,38(6):141–149.

[44] 刘起霞,李清波,邹剑峰. 环境工程地质[M]. 郑州:黄河水利出版社,2001.
[45] 刘兆昌. 地下水系统的污染与控制[M]. 北京:中国环境科学出版社,1991.
[46] 龙锋,阮祥. 诱发地震带来的挑战及研究前景[J]. 国际地震动态,2017,(5):11–15.
[47] 娄华君,王宏,夏军. 地质信息可视化的应用——城市环境地质研究之发展方向[J]. 中国地质,2002,29(3):330–334.
[48] 卢金友,林莉. 汉江生态经济带水生态环境问题及对策[J]. 环境科学研究,2020,33(5):1179–1186.
[49] 吕一河,傅伯杰. 旱地、荒漠和荒漠化:探寻恢复之路——第三届国际荒漠化会议述评[J]. 生态学报,2011,31(1):0293–0295.
[50] 罗国煜. 工程地质学基础[M]. 南京:南京大学出版社,1990.
[51] 罗勇,田芳,秦欢欢,等. 地下水人工回灌和停采对地面沉降控制的影响分析[J]. 水资源与水工程学报,2020,31(1):52–57.
[52] 罗元华,张梁,张业成. 地质灾害风险评价方法[M]. 北京:地质出版社,1998.
[53] 骆培云. 新滩滑坡与临阵预报. 中国典型滑坡[M]. 北京:科学出版社,1988.
[54] 麻凤海,陈霞,季峰,等. 滑坡预测预报研究现状与发展趋势[J]. 徐州工程学院学报(自然科学版),2018,33(2):30–33.
[55] 马风娟,沈骁,姚振,等. 青海贵德地区地方病与生态地质环境研究[J]. 中国锰业,2020,38(3):128–130.
[56] 马宗晋,郑功成. 灾害学导论[M]. 长沙:湖南人民出版社,1998.
[57] 马宗晋. 自然灾害与减灾[M]. 北京:地震出版社,1990.
[58] 毛同夏. 环境地质学中几个重要问题的探讨[M]// 地矿部《水文地质工程地质》编辑部. 环境地质研究. 北京:地震出版社,1991.
[59] 南京大学地理系. 自然地理基础[M]. 北京:商务印书馆,1980.
[60] 彭有宝,张宇翔,康凯. 浅层采空区塌陷危险性评价方法研究[J]. 岩土工程技术,2018,32(6):282–287.

[61] 乔吉果,宫少军,赵卫.天津滨海新区海岸带地质灾害危险性评价[J].中国地质灾害与防治学报,2014,25(2):110–114.

[62] 商宏宽.自然灾害研究中几个观念问题的讨论[J].工程地质学报,1996,4(3):17–23.

[63] 盛业华,郭达志,张书毕,等.工矿区环境动态监测与分析研究[M].北京:地质出版社,2001.

[64] 宋苑震,覃盟琳,朱梓铭,等.2050年上海大都市圈海平面上升影响预估研究[J].广西大学学报(自然科学版),2020,45(4):930–940.

[65] 隋鹏程.中国矿山地质灾害[M].长沙:湖南人民出版社,1998.

[66] 孙广忠.地质工程理论与实践[M].北京:地震出版社,1996.

[67] 孙艳萍,张苏平,陈文凯,等.汶川地震滑坡危险性评价——以武都区和文县为例[J].地震工程学报,2018,40(5):1084–1091.

[68] 孙玉科,杨志法,丁恩保,等.中国露天矿边坡稳定性研究[M].北京:中国科学技术出版社,1999.

[69] 孙竹友.环境·资源·利用·保护[M].北京:中国政法大学出版社,1989.

[70] 谭维佳,代贞伟,陈云霞,等.三峡库区反倾岩质滑坡防治措施研究[J].地质力学学报,2017,23(1):78–87.

[71] 藤田英輔.日本活动火山监测与减灾[J].城市与减灾,2018,(5):78–83.

[72] 田述军,张静,张珊珊.震后泥石流防治工程减灾效益评价研究[J].灾害学,2020,35(3):102–109.

[73] 涂成龙,何令令,崔丽峰,等.氟的环境地球化学行为及其对生态环境的影响[J].应用生态学报,2019,30(1):21–29.

[74] 许冲,戴福初,徐锡伟.汶川地震滑坡灾害研究综述[J].地质论评,2010,56(6):860–874.

[75] 王琪.矿产资源开发利用对自然环境的影响[M]// 北京大学中国持续发展研究中心.可持续发展之路.北京:北京大学出版社,1994.

[76] 王浩.中国水资源问题与可持续发展战略研究[M].北京:中国电力出版社,2010.

[77] 王寒梅,焦珣.海平面上升影响下的上海地面沉降防治策略[J].气候变化研究进展,2015,11(4):256–262.

[78] 王景明.冀京津区自然灾害及其防治[M].北京:地震出版社,1994.

[79] 王明德.环境地质制图刍议[G]// 孙昌仁.中国环境地质研究.北京:科学出版社,1988.

[80] 王时麒.我国矿产资源勘查开发形势与可持续发展战略[M]// 北京大学中国持续发展研究中心.可持续发展之路[M].北京:北京大学出版社,1994.

[81] 王士天.大型水域水岩相互作用及其环境效应研究[J].地质灾害与环境保护,1997,8(1):69–88.

[82] 王思敬.工程地质学的任务与未来[J].工程地质学报,1999,7(3):195–199.

[83] 王亚男.能源型城市的环境问题分析[J].资源管理,2013(7):454–455.

[84] 王尧,杨建锋,张翠光.欧盟地区环境地质科学研究现状、战略及启示[J].地质通报,2016,35(11):1918–1925.

[85] 王玉涛,曹晓毅.采空塌陷对红岩河水库渗漏影响研究[J].人民长江,2020,51(10):122–127.

[86] 王子平.灾害社会学[M].长沙:湖南人民出版社,1998.

[87] 王振华,李青云,汤显强.浅谈长江经济带水生态环境问题与保护管理对策[J].水生态保护与管理,2018(11):31–34.

[88] 王卓妮.USGS滑坡研究和服务进展及启示[J].气象科技进展,2013,3(增刊):62–69.

[89] 魏加华,李宇,张建立,等.人工神经网络在水源地影响评价中的应用[J].地球学报,2001,22(3):283–288.

[90] 温家洪,袁穗萍,李大力,等.海平面上升及其风险管理[J].地球科学进展,2018,33(4):350–360.

[91] 吴波.我国荒漠化现状、动态与成因[J].林业科学研究,2001,14(2):195–202.

[92] 吴次芳,叶艳妹,吴宇哲,等.国土空间规划[M].北京:地质出版社,2019.

[93] 吴积善,田连权.泥石流及其综合治理[M].北京:科学出版社,1993.

[94] 吴建国,翟盘茂.关于气候变化与荒漠化关系的新认知[J].气候变化研究进展,2020,16(1):28–36.

[95] 吴树仁,王涛,石菊松,等.工程滑坡防治关键问题初论[J].地质通报,2013,32(12):1871–1880.

[96] 吴文盛,王琳,宋泽峰,等.新时期我国矿产资源开发与生态环境保护矛盾的探讨[J].中国矿业,2020,29

(3):6-10.
[97] 武强,李松营.闭坑矿山的正负生态环境效应与对策[J].煤炭学报,2018,43(1):21-32.
[98] 夏金梧.三峡工程水库诱发地震研究概况[J].水利水电快报,2020,41(1):28-35.
[99] 肖拥军,杨昌才,何惠军.三峡库区黄土坡滑坡体原岩结构特征及演化模式研究[J].水文地质工程地质,2012,39(5):121-125.
[100] 许冲,徐锡伟,吴熙彦,等.2008年汶川地震滑坡详细编目及其空间分布规律分析[J].工程地质学报,2013,21(1):25-44.
[101] 徐雷,缪珊珊.中国清洁能源的区域能源-环境效率评价[J].西华大学学报(自然科学版),2020,39(3):71-78.
[102] 徐光宇,皇甫岗.国外火山减灾研究进展[J].地震研究,1998,21(4):397-405.
[103] 许强,彭大雷,何朝阳,等.突发型黄土滑坡监测预警理论方法研究——以甘肃黑方台为例[J].工程地质学报,2020,28(1):111-121.
[104] 徐庆勇,林健,杨庆,等.地下水的生态环境效应及控制指标研究进展[J].城市地质,2016,11(3):16-20.
[105] 徐姗.黄骅地区水-土系统地球化学环境健康风险评估[J].物探与化探,2017,41(3):570-576.
[106] 徐水源.桂林环境工程地质[M].重庆:重庆出版社,1988.
[107] 徐兴永,付腾飞,熊贵耀,等.海水入侵-土壤盐渍化灾害链研究初探[J].海洋科学进展,2020,38(1):1-10.
[108] 薛晓龙.矿产资源勘探开发闭坑地质环境一体化防治研究[J].世界有色金属,2019,(6):100-102.
[109] 闫满存,李华梅,文启忠,等.区域地质环境质量评价研究的现状与趋势[J].地球科学进展,1999,14(4):371-376.
[110] 阎世骏,刘长礼.城市地面沉降研究现状与展望[J].地学前缘,1996,3(1):93-98.
[111] 杨坤,刘文全,徐兴永,等.海南省海岸带典型区域海水入侵现状评价[J].海洋科学,2019,43(5):57-63.
[112] 杨丽萍,周志华.地面沉降与地下水开采相关关系及沉降预测[J].南水北调与水利技,2016,14(3):132-137.
[113] 杨阳,徐海峰,何勇军,等.降雨山洪引发滑坡预报预警研究现状及评述[J].人民黄河,2014,36(8):43-46.
[114] 杨忠芳,朱立,陈岳龙.现代环境地球化学[M].北京:地质出版社,1999.
[115] 杨忠耀.环境水文地质学[M].北京:原子能出版社,1990.
[116] 叶笃正.中国的全球变化预研究[M].北京:地震出版社,1992.
[117] 叶锦昭.世界水资源概论[M].北京:科学出版社,1993.
[118] 叶文虎.环境质量评价学[M].北京:高等教育出版社,1994.
[119] 叶镇杰.矿山环境工程[M].长沙:中南工业大学出版社,1987.
[120] 易庆林,王尚庆.崩塌滑坡监测方法适用性分析[J].中国地质灾害与防治学报,1996,7(增刊):93-101.
[121] 殷跃平,李媛.区域地质灾害趋势预测理论与方法[J].工程地质学报,1996,4(4):75-79.
[122] 殷跃平.三峡库区移民迁建地质灾害研究[J].中国地质灾害与防治学报,1998,9(增刊):59-67.
[123] 于红梅.火山分类[J].城市与减灾,2018,(5):12-17.
[124] 于少娟,刘立群.新能源开发与应用[M].北京:电子工业出版社,2014.
[125] 云烨,吕孝雷,付希凯,等.星载InSAR技术在地质灾害监测领域的应用[J].雷达学报,2020,9(1):73-85.
[126] 曾国安.灾害保障学[M].长沙:湖南人民出版社,1998.
[127] 翟淑花,张长敏,齐干,等.采空塌陷区地表建筑物变形特征分析及破坏机理研究[J].城市地质,2015,10(增刊):59-63.
[128] 张春潮,孙一博,魏哲,等.典型地方病病区水文地质特征与生态地球化学环境编图[J].水资源与水工程学报,2014,24(4):195-198.

[129] 张铎,吴中海,李家存,等. 国内外地震滑坡研究综述[J]. 地质力学学报,2013,19(3):225-241.
[130] 张栋杨,黄健元,焦嫚. 海平面上升对沿海地区发展脆弱性影响评价[J]. 广东海洋大学学报,2018,38(4):63-69.
[131] 张礼中,张永波,周小元,等. 城市环境地质调查信息化建设[M]. 北京:地质出版社,2011.
[132] 张梁,张业成,罗元华,等. 地质灾害灾情评估理论与实践[M]. 北京:地质出版社,1998.
[133] 张茂省,胡炜,孙萍萍,等. 黄土水敏性及水致黄土滑坡研究现状与展望[J]. 地球环境学报,2016,7(4):323-334.
[134] 张秋文,张培震. 地震中长期预测研究的进展和方向[J]. 地球科学进展,1999,14(2):147-152.
[135] 张唯佳,饶良懿. 荒漠化治理技术产业化过程中资源 - 环境 - 经济协调发展研究:以阿拉善盟为例. 草业科学,2020,37(2):383-392.
[136] 张咸恭. 工程地质学[M]. 北京:地质出版社,1983.
[137] 张怡辉,王玉广,魏庆菲,等. 地下水位变化在分析海水入侵中的应用[J]. 海洋环境科学,2015,34(5):788-791.
[138] 张永双,孙璐,殷秀兰,等. 中国环境地质研究主要进展与展望[J]. 中国地质,2017,44(5):901-912.
[139] 张倬元,王士天. 工程地质分析原理[M]. 北京:地质出版社,1994.
[140] 张宗祜,袁道先. 我国跨世纪的重大地学问题——环境地学发展前景[J]. 地质科技管理,1995,(5):60-69.
[141] 赵改栋. 煤矿采空塌陷的成因条件及政府对策选择[J]. 中国地质灾害与防治学报,1997,8(4):44-48.
[142] 赵洁,林锦,吴剑锋,等. 未来气候变化对大连周水子地区海水入侵程度的影响预测[J]. 水文地质工程地质,2020,47(3):17-24.
[143] 赵洪涛,王得楷,张连科,等. 香港山泥倾泻防灾减灾管理体系[J]. 冰川冻土,2017,39(3):696-700.
[144] 中华人民共和国水利部. 中国水资源公报(2018)[M]. 北京:中国水利水电出版社,2019.
[145]《中国自然保护纲要》编委会. 中国自然保护纲要[M]. 北京:中国环境科学出版社,1987.
[146] 中国中华人民共和国自然资源部. 中国矿产资源报告 2019 [M]. 北京:地质出版社,2019.
[147] 钟佐新. 地质环境及其功能的控制与开发[J]. 地学前缘,1996,3(1):11-16.
[148] 周密.GNSS 技术在地质灾害监测与预警系统中的应用[J]. 测绘标准化,2019,35(3):58-60.
[149] 周平根. 从系统观点论环境地质学的研究方法[J]. 地学前缘,1996,3(2):35-42.
[150] 周启星,黄国宏. 环境生物地球化学及全球环境变化[M]. 北京:科学出版社,2001.
[151] 朱冬雪,许强,李松林. 三峡库区大型 - 特大型层状岩质滑坡成因模式及地质特征分析[J]. 地质科技通报,2020,39(1):158-167.
[152] 朱静,唐川. 遥感技术在我国滑坡研究中的应用综述[J]. 遥感技术与应用,2012,27(3):458-464.
[153] 朱玲,朱文莉. 国内外防治土地荒漠化与生态修复研究综述[J]. 西部人居环境学刊,2020,35(2):97-103.
[154] 朱永峰,孙世华. 矿产资源经济学[M]. 北京:中国经济出版社,2000.
[155] Alwyn S.Volcanoes: an introduction [M].London: UCL Press Limited, 1994.
[156] Barbara W M, Brian J S, Stephen C P.Dangerous earth: an introduction to geologic hazards [M].New York: John.Wiley & sons, Inc, 1997.
[157] Barbara W M, Brian J S, Stephen C P.Environmental geology [M].New York: John Wiley & sons, Inc, 1996.
[158] Coates D R.Environmental geology [M]. New York: John Willey & Sons, Inc, 1992.
[159] Keith S.Environmental hazards: assessing risk and reducing disaster [M].London: Routledge, 1996.
[160] Keller E A.Environmental geology [M].New Jersey: Prentice Hall, Inc, 1996.
[161] Montgomery C W.Environmental geology [M].Boston: Wm C Brown, 1997.
[162] Patrick L A.Natural disasters [M].Dubuque: Wm C Brown, 1996.
[163] Robert W D, Barbara B D.Mountains of fire: the nature of volcanoes [M].Cambridge: Cambridge University Press, 1991.

郑重声明

读者意见反馈

为收集对教材的意见建议,进一步完善教材编写并做好服务工作,读者可将对本教材的意见建议通过如下渠道反馈至我社。

咨询电话 400-810-0598

反馈邮箱 hepsci@pub.hep.cn

通信地址 北京市朝阳区惠新东街4号富盛大厦1座
高等教育出版社理科事业部

邮政编码 100029

防伪查询说明

用户购书后刮开封底防伪涂层,使用手机微信等软件扫描二维码,会跳转至防伪查询网页,获得所购图书详细信息。

防伪客服电话

(010)58582300